奇异马尔科夫跳变系统的有限时间控制

张应奇　石　碰　刘彩侠　慕小武　著

郑州大学出版社

内容提要

本书内容是作者及其团队近年来在奇异马尔科夫跳变系统及有限时间控制理论方面的最新研究成果.本书以奇异马尔科夫跳变系统为研究对象,详细介绍了这类奇异随机系统的有限时间稳定性分析与综合问题,主要内容包括奇异马尔科夫系统的奇异随机有限时间稳定、奇异随机有限时间有界及奇异随机 H_∞ 有限时间有界,并给出了这类奇异系统的有限时间控制器设计、有限时间观测器设计、有限时间滤波器设计等相关的结论.

本书可作为从事自动控制、数学类等工作的科研人员、工程技术人员,高等院校自动化、数学等专业教师、本科高年级学生和研究生的教材或参考用书.

图书在版编目(CIP)数据

奇异马尔科夫跳变系统的有限时间控制 / 张应奇等著. — 郑州 : 郑州大学出版社, 2021.12(2024.6 重印)

ISBN 978-7-5645-8214-2

Ⅰ. ①奇… Ⅱ. ①张… Ⅲ. ①马尔柯夫链 Ⅳ. ①O211.62

中国版本图书馆 CIP 数据核字(2021)第 200849 号

奇异马尔科夫跳变系统的有限时间控制

QIYI MAERKEFU TIAOBIAN XITONG DE YOUXIAN SHIJIAN KONGZHI

策划编辑	袁翠红	封面设计	苏永生
责任编辑	王莲霞	版式设计	凌 青
责任校对	刘永静	责任监制	李瑞卿
出版发行	郑州大学出版社	地 址	郑州市大学路 40 号(450052)
出 版 人	孙保营	网 址	http://www.zzup.cn
经 销	全国新华书店	发行电话	0371-66966070
印 刷	廊坊市印艺阁数字科技有限公司		
开 本	787 mm×1 092 mm 1 / 16		
印 张	9.25	字 数	239 千字
版 次	2021 年 12 月第 1 版	印 次	2024 年 6 月第 2 次印刷
书 号	ISBN 978-7-5645-8214-2	定 价	68.00 元

前言

奇异系统，又称广义系统、微分代数系统或广义状态空间系统，目前这类系统已广泛应用于力学系统、电子线路、化学系统、电力系统和互联系统等，并且许多状态空间系统的结果被延伸到奇异系统，诸如稳定与镇定、鲁棒控制、H_∞ 控制、H_∞ 滤波、保性能控制、输出反馈控制等结果已被广泛研究. 经典的李雅普诺夫稳定性主要刻画系统在无限时间内的渐近行为，主要反映系统的稳态性能，但不反映暂态或动态性能。但实际工程应用中更关注的是研究对象在某段时间内的动态特性，有时暂态性能尤其重要，例如，通信网络系统、导弹系统和机器人操控系统。这些系统工作时间短暂，不仅要求稳态性能，而且更关注系统的暂态性能. 由于工程实际应用中，不仅要求所研究的系统是李雅普诺夫稳定的，而且要求系统轨线在有限时间内也是有界的. 有限时间稳定性和李雅普诺夫渐近稳定性是相互独立的概念. 有限时间稳定性在数学、电力、网络、信息、控制等领域都有广泛应用，已成为控制界研究的重要热点及前言课题.

目前，混杂系统、随机系统、模糊系统等系统的有限时间有界、输入输出有限时间稳定、有限时间 H_∞ 控制、有限时间 H_∞ 滤波设计等有限时间稳定理论得到了丰富与发展. 然而，对奇异系统的有限时间控制研究相对较晚，而且结论相对较少. 本书以奇异马尔科夫跳变系统（简称为奇异跳变系统）为研究对象，研究这类奇异随机系统的有限时间稳定性分析与综合问题，主要研究连续或离散奇异跳变系统的奇异随机有限时间稳定、奇异随机有限时间有界及奇异随机 H_∞ 有限时间有界，给出了奇异跳变系统的有限时间控制器设计、有限时间观测器设计、有限时间滤波器设计等相关的结果.

本书内容是笔者及其团队近几年的研究成果，丰富了奇异控制系统理论. 本书第 6 章到第 8 章由刘彩侠执笔，其他由张应奇执笔，石碰和慕小武老师对此书进行了审定. 在本书写作过程中，得到了许多专家的帮助与支持. 本书得到了国家自然科学基金项目（61773154，11571322）、粮食信息处理与控制教育部重点实验室开发基金（KFJJ2016111）等资助，在此一并表示感谢！由于水平有限，时间仓促，错误难免，敬请读者朋友批评指正.

河南工业大学张应奇
2021 年 4 月于郑州

符号说明

符号	说明
$\mathbb{R}$	实数域
$\mathbb{R}^{n}$	n 维实向量集合
$\mathbb{R}^{n\times m}$	$n\times m$ 维矩阵集合
$\boldsymbol{Q}>\boldsymbol{O}(<\boldsymbol{O})$	矩阵 $\boldsymbol{Q}$ 是正定(负定)
$\boldsymbol{Q}\geqslant\boldsymbol{O}(\leqslant\boldsymbol{O})$	矩阵 $\boldsymbol{Q}$ 是半正定(半负定)
$\boldsymbol{I}$	适当维数的单位矩阵
$\boldsymbol{I}_n$	n 阶的单位矩阵
0	零
$\boldsymbol{0}$	零向量
$\boldsymbol{O}$	零矩阵
$\boldsymbol{x}^{\mathrm{T}}$	向量 $\boldsymbol{x}$ 的转置
$\boldsymbol{X}^{\mathrm{T}}$	矩阵 $\boldsymbol{X}$ 的转置
$\mathrm{He}\{\boldsymbol{A}\}$	$\boldsymbol{A}+\boldsymbol{A}^{\mathrm{T}}$
$\lambda(\boldsymbol{A})$	矩阵 $\boldsymbol{A}$ 的特征值
$\lambda_{\min}(\boldsymbol{A})$	矩阵 $\boldsymbol{A}$ 的最小特征值
$\lambda_{\max}(\boldsymbol{A})$	矩阵 $\boldsymbol{A}$ 的最大特征值
$\sup\{A\}(\inf\{A\})$	集合 A 的上确界(或下确界)
$\boldsymbol{P}^{-1}$	矩阵 $\boldsymbol{P}$ 的逆矩阵
$\boldsymbol{E}$	数学期望
$*$	对称矩阵中对应分块的转置矩阵
$\mathcal{J}$	弱无穷小算子
LMI	线性矩阵不等式
$\mathrm{diag}\{\cdot\}$	对角矩阵
$\sum_{i=1}^{m}\boldsymbol{A}_i$	求和
$\triangleq$	定义为
$\forall$	对所有的
$\not\equiv$	不恒等于
$\equiv$	恒等于

目录

第1章 概 论

奇异系统,又称广义系统、微分代数系统或广义状态空间系统,目前这类系统已广泛应用于力学系统、电子线路、化学系统、电力系统和互联系统等,并且许多状态空间系统的结果被延伸到奇异系统,诸如稳定与镇定、鲁棒控制、H_∞ 控制、H_∞ 滤波、保性能控制、输出反馈控制等结果已被广泛研究.本章主要介绍奇异跳变系统的研究背景和现状、有限时间控制的研究背景和现状、几个重要的概念和本书常用的引理等.

1.1 奇异跳变系统的研究背景和现状

奇异系统是二十世纪七十年代开始形成并发展起来的现代控制理论的一个分支,这类系统已广泛应用于力学系统、电子线路、化学系统、电力系统和互联系统等[1-4].1974年英国学者 Rosenbrock 在文献[5]中对奇异系统的解耦零点及系统首先等价性做了研究,首次提出了奇异系统的概念.随后,Luenberger 在文献[6]中对奇异线性系统的存在性和唯一性做了深入研究,自此,奇异系统理论得到学者的广泛关注.例如,Cobb 在文献[7]中提出了奇异系统的能控性、能观性及对偶原理;Dai 在文献[8]中把奇异系统理论推广到离散奇异系统,并研究了奇异系统的动态补偿器;Fahmy 等在文献[9]中研究了奇异系统的观测器设计问题;Dai 在 1989 年总结了奇异控制理论,出版了奇异控制理论的第一本专著[1],系统总结了奇异系统的基础理论,标志着奇异系统理论的形成.奇异系统的一般形式为 $\boldsymbol{E}(t)\boldsymbol{x}(t)=\boldsymbol{f}(\boldsymbol{x},\boldsymbol{u},t)$,奇异系统从结构上主要分为线性奇异系统(包含线性时不变奇异系统与线性时变奇异系统)和非线性奇异系统(主要形式为仿射非线性奇异系统).奇异系统与正常系统既存在联系又有本质的区别:当矩阵 $\boldsymbol{E}(t)$ 可逆时,奇异系统转化为一般的正常系统;当 $\boldsymbol{E}(t)$ 不可逆时,则系统可转为一个微分系统和一个代数系统,此时该系统解的存在性、唯一性等与一般系统有着本质的区别[1-4].关于奇异系统的更多的成果,读者也可参阅专著和随后的参考文献[10-30].

另一方面,马尔科夫跳变系统是一类特殊的混杂系统和随机系统,非常适合于对参数易受随机突变影响的对象进行建模[31].因此,学者们提出了许多吸引人的结果和各种各样的控制问题,如随机李雅普诺夫稳定性、滑模控制、鲁棒控制、H_∞ 滤波器、耗散控制、保性能控制和跟踪控制等[32-44].考虑到随机跳变参数的影响,Boukas 在文献[45]中首先给出了奇异跳变随机系统的稳定与鲁棒稳定性分析,系统证明了连续奇异跳变系统的正则性与脉冲自由的条件,并在文献[46,47]中研究了连续奇异跳变随机系统的状态反馈鲁棒镇定问题. 1989 年,Boukas 出版了奇异跳变系统的稳定分析与镇定问题的专著[48],讨论了连续奇异跳变系统的 H_∞ 控制、H_∞ 滤波设计、观测器设计、保性能控制、静态输出反馈与动态输出反馈等结果,标志着奇异跳变系统理论的形成. 目前,奇异跳变随机系统理论已经得到充分发展和逐渐完善[49-53].

1.2 有限时间控制的研究背景和现状

经典的李雅普诺夫稳定性主要刻画系统在无限时间内的渐近行为,主要反映系统的稳态性能,但不反映暂态或动态性能. 但实际工程应用中更关注的是研究对象在某段时间内的动态特性,有时暂态性能尤其重要,例如,通信网络系统、导弹系统和机器人操控系统[54-56],这些系统工作时间短暂,不仅要求稳态性能,而且更关注系统的暂态性能. 由于工程实际应用中,不仅要求所研究的系统是李雅普诺夫稳定的,而且要求系统轨线在有限时间内也是有界的. 有限时间稳定性和李雅普诺夫渐近稳定性是相互独立的概念,事实上,一个系统可以是有限时间稳定而非李雅普诺夫渐近稳定,反之亦然. 李雅普诺夫渐近稳定性讨论在充分长的时间区间上的系统性能,而很多情况下,有限时间稳定性是更切合实际的概念,它用于研究在有限时间区间(可能很小)上的系统轨线的暂态性能,所以,当状态变量在短暂时间区间内不超过给定边界时,有限时间稳定性就可以加以应用. 有限时间稳定性在数学、电力、网络、信息、控制等领域都有广泛应用,已成为控制界研究的重要热点课题之一.

有限时间有界(或有限时间稳定)是指所研究的系统轨线在规定的有限时间范围内是有界的,而有限时间有界综合问题主要是指在有限时间范围内系统的控制器设计、状态估计、滤波设计或满足某种暂态性能指标等. 关于有限时间稳定的概念可追溯到 1953 年,作者 Kamenkov 在文献[57]提出短时间稳定的概念,即在给定的一个有限的时间区间上,对应的系统轨线满足一定的预定要求. 随后,Dorato 在文献[58]中放松了有限时间稳定的条件,给出在闭环系统下短时间镇定的充分必要条件. 文献[59]借助类似于经典的李雅普诺夫方法,给出了有限时间稳定的相关结论. 在文献[58,59]的基础上,Weiss 在文献[60]中提出了更为准确的有限时间稳定的定义. 直到 2001 年,Amato 等在文献[61]中应用 LMI 理论,给出了带有时变参数不确定性和外部扰动的线性系统的有限时间稳定与有限时间有界的充分条件,并应用数值算例验证了所建议方法的有效性. 文献[62]把有限时间控制问题延伸到离散系统的情形,研究了带有参数不确定性及外部扰动的离散线性系统有限时间控制问题. 随后,应用李雅普诺夫理论和凸优化方法,混杂系统、随机系统、模糊系统等系统的有限时间有界、输入输出有限时间稳定、有限时间 H_∞ 控制、有限时间 H_∞ 滤波设计等有限时间稳定理论得到丰富与发展[63-87].

对奇异系统的有限时间控制的研究相对较晚,直到 1998 年,Kablar 等在文献[88]中提出了线性时变奇异系统的有限时间稳定性分析. 文献[89,90]讨论了线性奇异系统的有限时间控制问题,给出了奇异线性系统的有限时间控制器设计. 2008 年,Zhao 等在文献[91]中研究了带有脉冲行为的线性时变奇异系统的有限时间稳定性分析与控制问题. 直到 2012 年,Zhang 等在文献[92]中给出了连续时间奇异跳变系统的奇异随机有限时间稳定、奇异随机有限时间有界及奇异随机 H_∞ 有限时间有界的定义,给出了这类随机奇异系统的奇异随机有限时间有界及奇异随机 H_∞ 有限时间有界性判据;Zhang 等在文献[93-96]中也给出了连续时间奇异跳变系统的输出反馈有限时间控制器设计、有限时间观测器设计、有限时间滤波设计等相关的结果. 在 2014 年,Zhang 等在文献[97,98]中把连续奇异跳变系统有限时间控制等结果推广到离散情形,应用广义系统等价技巧,给出了离散时间奇异跳变系统的有限时间控制器设计、有限时间观测器设计等结论. 2016 年,Li 和 Zhang 在文献[99]中研究了带有部分未知转移概率的奇异跳变系统的鲁棒有限时间 H_∞ 控制问题,应用文献[100]中降阶 H_∞ 控制器的设计方法,导出了具有较小保守性的有限时间控制律设计方案. 2018 年,Ma 等在文献[101,102]中研究了基于观测器的带有执行器饱和的离散跳变时滞系统的有限时间 H_∞ 控制问题. Zhang 等在文献[103]中讨论了基于事件驱动的离散奇异跳变系统的奇异随机有限时间滤波问题,应用事件驱动与矩阵变量分离技巧,设计了奇异随机有限时间滤波器,使得所导出的增广系统是奇异随机有限时间有界的. Wang 等在文献[104,105]中给出了模糊奇异跳变系统的有限时间 H_∞ 控制和有限时间 H_∞ 滤波设计问题.

1.3 基本概念和常用引理

奇异系统已广泛应用于电力系统、机器人系统、电子线路、经济系统等,奇异系统分为连续奇异系统与离散奇异系统. 本书主要研究线性奇异跳变系统模型. 用微分方程表示的连续线性奇异跳变系统,状态方程通常描述如下:

$$\boldsymbol{E}(r_t)\dot{\boldsymbol{x}}(t)=\boldsymbol{A}(r_t)\boldsymbol{x}(t)+B(r_t)\boldsymbol{u}(t), \tag{1.1a}$$

$$\boldsymbol{z}(t)=\boldsymbol{C}(r_t)\boldsymbol{x}(t)+\boldsymbol{D}_1(r_t)\boldsymbol{u}(t), \tag{1.1b}$$

这里 $\boldsymbol{x}(t)\in\mathbb{R}^n$ 是状态变量,$\boldsymbol{u}(t)\in\mathbb{R}^m$ 是控制输入,$\boldsymbol{z}(t)\in\mathbb{R}^l$ 是控制输出,是满足 $\mathrm{rank}(\boldsymbol{E}(r_t))=r(r_t)<n$ 的奇异矩阵;$\{r_t,t\geqslant0\}$ 是取值在有限空间 $\mathbb{M}\triangleq\{1,2,\cdots,k\}$ 上的连续时间马尔科夫跳变随机过程,并且带有转移矩阵 $\boldsymbol{\Gamma}=(\pi_{ij})_{k\times k}$,其转移概率满足:

$$\Pr(r_{t+\Delta t}=j\mid r_t=i)=\begin{cases}\pi_{ij}\Delta t+o(\Delta t), & \text{if}\quad i\neq j,\\ 1+\pi_{ij}\Delta t+o(\Delta t), & \text{if}\quad i=j,\end{cases}$$

这里 $\lim\limits_{\Delta t\to0}\dfrac{o(\Delta t)}{\Delta t}=0$,$\pi_{ij}$ 满足 $\pi_{ij}\geqslant0(i\neq j)$ 和 $\pi_{ii}=-\sum\limits_{j=1,j\neq i}^{k}\pi_{ij}(i\in\mathbb{M})$;并且对所有的 $r_t\in\mathbb{M}$,矩阵 $\boldsymbol{A}(r_t)$,$\boldsymbol{B}(r_t)$,$\boldsymbol{C}(r_t)$ 和 $\boldsymbol{D}_1(r_t)$ 是具有适当维数的系数矩阵.

类似的,用差分方程表示的离散线性奇异跳变系统,状态方程通常描述如下:

$$\boldsymbol{E}(r_k)\boldsymbol{x}(k+1)=\boldsymbol{A}(r_k)\boldsymbol{x}(k)+\boldsymbol{B}(r_k)\boldsymbol{u}(k), \tag{1.2a}$$

$$\boldsymbol{z}(k)=\boldsymbol{C}(r_k)\boldsymbol{x}(k)+\boldsymbol{D}_1(r_k)\boldsymbol{u}(k), \tag{1.2b}$$

这里 $\boldsymbol{x}(k)\in\mathbb{R}^n$ 是状态变量,$\boldsymbol{z}(k)\in\mathbb{R}^l$ 是系统的控制输入. 系数矩阵是取值在有限集合 $\Lambda\triangleq\{1,2,\cdots,s\}$ 上的离散时间,离散状态马尔科夫随机跳变过程的矩阵,其转移概率为

$$\Pr\{r_{k+1}=j\mid r_k=i\}=\pi_{ij},$$

这里 $\pi_{ij}\geqslant 0$ 和 $\sum_{j=1}^{s}\pi_{ij}=1(i\in\Lambda)$,$\boldsymbol{A}(r_k)$,$\boldsymbol{B}(r_k)$,$\boldsymbol{G}(r_t)$,$\boldsymbol{C}(r_k)$,$\boldsymbol{D}_1(r_k)$ 和 $\boldsymbol{D}_2(r_k)$ 是具有适当维数的常数矩阵. 对于离散情形,为研究方便,通常假定 $\boldsymbol{E}(r_k)$ 与跳变模态 r_k 是无关的,即 $\boldsymbol{E}(r_k)\equiv\boldsymbol{E}$.

定义 1.1 (正则和无脉冲的,文献[45,48])

(i)满足 $\boldsymbol{u}(t)\equiv\boldsymbol{0}$ 的连续奇异跳变系统(1.1a)(或矩阵对$(\boldsymbol{E}(r_t),\boldsymbol{A}(r_t))$)被称为正则的,如果 $\forall t\in[0,+\infty)$,$r_t\in\mathbb{M}$,特征多项式 $\det(s\boldsymbol{E}(r_t)-\boldsymbol{A}(r_t))\neq 0$;

(ii)满足 $\boldsymbol{u}(t)\equiv\boldsymbol{0}$ 的连续奇异跳变系统(1.1a)(或矩阵对$(\boldsymbol{E}(r_t),\boldsymbol{A}(r_t))$)被称为无脉冲的,如果 $\forall t\in[0,+\infty)$ 或 $r_t\in\mathbb{M}$,有 $\deg(\det(s\boldsymbol{E}(r_t)-\bar{\boldsymbol{A}}(r_t)))=\operatorname{rank}(\boldsymbol{E}(r_t))$.

定义 1.2 (正则和因果的,文献[53])

(i)满足 $\boldsymbol{u}(t)\equiv\boldsymbol{0}$ 的离散奇异跳变系统(1.2a)被称为正则的,如果 $\forall k\in\{0,1,\cdots\}$ 或 $r_k\in\Lambda$,特征多项式 $\det(s\boldsymbol{E}-\boldsymbol{A}(r_k))\neq 0$;

(ii)满足 $\boldsymbol{u}(t)\equiv\boldsymbol{0}$ 的离散奇异跳变系统(1.2a)被称为因果的,如果 $\forall k\in\{0,1,\cdots\}$ 或 $r_k\in\Lambda$,有 $\deg(\det(s\boldsymbol{E})-\bar{\boldsymbol{A}}(r_k))=\operatorname{rank}(\boldsymbol{E})$.

定义 1.3 (在区间$[0,T]$上正则和无脉冲的,文献[92,93])

(i)满足 $\boldsymbol{u}(t)\equiv\boldsymbol{0}$ 的连续奇异跳变系统(1.1a)在区间$[0,T]$被称为正则的,如果 $\forall t\in[0,T]$,特征多项式 $\det(s\boldsymbol{E}(r_t)-\boldsymbol{A}(r_t))\neq 0$;

(ii)满足 $\boldsymbol{u}(t)\equiv\boldsymbol{0}$ 的连续奇异跳变系统(1.1a)在区间$[0,T]$被称为无脉冲的;如果 $\forall t\in[0,T]$,满足 $\deg(\det(s\boldsymbol{E}(r_t)-\boldsymbol{A}(r_t)))=\operatorname{rank}(\boldsymbol{E}(r_t))$.

定义 1.4 (在集合$\{0,1,\cdots,K^*\}$上正则和因果的,文献[97,98])

(i)满足 $\boldsymbol{u}(k)\equiv\boldsymbol{0}$ 的离散奇异跳变系统(1.2a)在集合$\{0,1,\cdots,K^*\}$上被称为正则的,如果 $\forall k\in\{0,1,\cdots,K^*\}$,特征多项式 $\det(s\boldsymbol{E}(r_k)-\boldsymbol{A}(r_k))\neq 0$;

(ii)满足 $\boldsymbol{u}(k)\equiv\boldsymbol{0}$ 的离散奇异跳变系统(1.2a)在集合$\{0,1,\cdots,K^*\}$上被称为因果的;如果 $\forall k\in\{0,1,\cdots,K^*\}$,满足 $\deg(\det(s\boldsymbol{E}(r_k)-\boldsymbol{A}(r_k)))=\operatorname{rank}(\boldsymbol{E}(r_k))$.

注 1.1 矩阵对$(\boldsymbol{E}(r_t),\boldsymbol{A}(r_t))$是正则和无脉冲的,由文献[45,48]可知,系统(1.1a)的解是存在且唯一的. 类似的,若矩阵对$(\boldsymbol{E}(r_t),\boldsymbol{A}(r_t))$在时间区间$[0,T]$上是正则和无脉冲的,系统(1.2a)在$[0,T]$上的解也是存在且唯一的.

注 1.2 矩阵对$(\boldsymbol{E}(r_k),\boldsymbol{A}(r_k))$是正则和因果的,由文献[6,22]可知,系统(1.2a)的解是存在且唯一的. 类似的,若矩阵对$(\boldsymbol{E}(r_k),\boldsymbol{A}(r_k))$在集合$\{0,1,\cdots,K^*\}$上是正则和因果的,系统(1.2a)在$\{0,1,\cdots,K^*\}$上的解也是存在且唯一的.

定义 1.5 (奇异随机有限时间稳定,文献[92,93])若 $0\leqslant c_1<c_2$ 和 $\boldsymbol{R}(r_t)>0$. 在 $\boldsymbol{u}(t)\equiv\boldsymbol{0}$ 的情形下,连续奇异跳变系统(1.1a)被说成是关于$(c_1,c_2,T,\boldsymbol{R}(r_t))$奇异随机有限时间稳定的,如果该随机系统在区间$[0,T]$上是正则和无脉冲的,并且 $\forall t\in[0,T]$,下面的约束成立:

$$E\{\boldsymbol{x}_0^{\mathrm{T}}\boldsymbol{E}^{\mathrm{T}}(r_t)\boldsymbol{R}(r_t)\boldsymbol{E}(r_t)\boldsymbol{x}_0\}\leqslant c_1^2\Rightarrow E\{\boldsymbol{x}^{\mathrm{T}}(t)\boldsymbol{E}^{\mathrm{T}}(r_t)\boldsymbol{R}(r_t)\boldsymbol{E}(r_t)\boldsymbol{x}(t)\}<c_2^2. \tag{1.3}$$

定义1.6 (奇异随机有限时间稳定,文献[97])若$0\leqslant\delta<\varepsilon,\boldsymbol{R}(r_k)>\boldsymbol{O}$. 在$\boldsymbol{u}(k)\equiv\boldsymbol{0}$的情形下,离散奇异跳变系统(1.2a)被说成是关于$(\delta,\varepsilon,K^*,\boldsymbol{R}(r_k))$奇异随机有限时间稳定的,如果该随机系统在集合$\{0,1,\cdots,K^*\}$上是正则和因果的,并且$\forall k\in\{0,1,\cdots,K^*\}$,使得下面的约束成立:

$$E\{\boldsymbol{x}_0^{\mathrm{T}}\boldsymbol{E}^{\mathrm{T}}(r_k)\boldsymbol{R}(r_k)\boldsymbol{E}(r_k)\boldsymbol{x}_0\}\leqslant\delta^2\Rightarrow E\{\boldsymbol{x}^{\mathrm{T}}(k)\boldsymbol{E}^{\mathrm{T}}(r_k)\boldsymbol{R}(r_k)\boldsymbol{E}(r_k)\boldsymbol{x}(k)\}<\varepsilon^2. \tag{1.4}$$

注1.3 显然,当$\boldsymbol{E}(r_t)$为单位矩阵且跳变系统只有一个子系统,则奇异有限时间稳定的概念转化为正常系统的有限时间稳定.

引理1.1 (舒尔补引理,文献[106]) 若$\boldsymbol{S}_{11}=\boldsymbol{S}_{11}^{\mathrm{T}}$和$\boldsymbol{S}_{22}=\boldsymbol{S}_{22}^{\mathrm{T}}$,则

$$\boldsymbol{S}=\begin{pmatrix}\boldsymbol{S}_{11} & \boldsymbol{S}_{12}\\ * & \boldsymbol{S}_{22}\end{pmatrix}<\boldsymbol{O}$$

等价于$\boldsymbol{S}_{22}<\boldsymbol{O},\boldsymbol{S}_{11}-\boldsymbol{S}_{12}\boldsymbol{S}_{22}^{-1}\boldsymbol{S}_{12}^{\mathrm{T}}<\boldsymbol{O}$或者$\boldsymbol{S}_{11}<\boldsymbol{O},\boldsymbol{S}_{22}-\boldsymbol{S}_{21}\boldsymbol{S}_{11}^{-1}\boldsymbol{S}_{21}^{\mathrm{T}}<\boldsymbol{O}$.

引理1.2 (文献[106])若$\boldsymbol{X},\boldsymbol{Y}$和$\boldsymbol{Z}$是适当维数的矩阵,$\boldsymbol{X}$是对称矩阵,并且$\forall t\in\mathbb{R}$,$\boldsymbol{F}(t)$满足$\boldsymbol{F}^{\mathrm{T}}(t)\boldsymbol{F}(t)\leqslant\boldsymbol{I}$,那么$\boldsymbol{X}+\boldsymbol{Y}\boldsymbol{F}(t)\boldsymbol{Z}+[\boldsymbol{Y}\boldsymbol{F}(t)\boldsymbol{Z}]^{\mathrm{T}}<\boldsymbol{O}$成立的充要条件是存在一个正常数$\varepsilon$,使得下面不等式成立:

$$\boldsymbol{X}+\varepsilon\boldsymbol{Y}\boldsymbol{Y}^{\mathrm{T}}+\varepsilon^{-1}\boldsymbol{Z}^{\mathrm{T}}\boldsymbol{Z}<\boldsymbol{O}.$$

引理1.3 (文献[93])

(i)假设$\mathrm{rank}(\boldsymbol{E})=r<n$,则存在两个正交矩阵$\boldsymbol{U}$和$\boldsymbol{V}$,使得$\boldsymbol{E}$具有以下分解:

$$\boldsymbol{E}=\boldsymbol{U}\begin{pmatrix}\Sigma_r & \boldsymbol{O}\\ * & \boldsymbol{O}\end{pmatrix}\boldsymbol{V}^{\mathrm{T}}=\boldsymbol{U}\begin{pmatrix}\boldsymbol{I}_r & \boldsymbol{O}\\ * & \boldsymbol{O}\end{pmatrix}\mathcal{V}^{\mathrm{T}}. \tag{1.5}$$

其中$\Sigma_r=\mathrm{diag}\{\delta_1,\delta_2,\cdots,\delta_r\},\delta_k>0(k=1,2,\cdots,r)$. 划分$\boldsymbol{U}=(\boldsymbol{U}_1\quad\boldsymbol{U}_2),\boldsymbol{V}=(\boldsymbol{V}_1\quad\boldsymbol{V}_2)$和$\mathcal{V}=(\boldsymbol{V}_1\Sigma_r\quad\boldsymbol{V}_2)$并且$\boldsymbol{E}\boldsymbol{V}_2=\boldsymbol{O},\boldsymbol{U}_2^{\mathrm{T}}\boldsymbol{E}=\boldsymbol{O}$.

(ii)如果$\boldsymbol{P}$满足

$$\boldsymbol{E}\boldsymbol{P}^{\mathrm{T}}=\boldsymbol{P}\boldsymbol{E}^{\mathrm{T}}\geqslant\boldsymbol{O}, \tag{1.6}$$

则满足(1.5)的$\boldsymbol{U}$和$\mathcal{V}$,使得$\tilde{\boldsymbol{P}}=\boldsymbol{U}^{\mathrm{T}}\boldsymbol{P}\,\mathcal{V}$成立的充要条件是

$$\tilde{\boldsymbol{P}}=\begin{pmatrix}\boldsymbol{P}_{11} & \boldsymbol{P}_{12}\\ \boldsymbol{O} & \boldsymbol{P}_{22}\end{pmatrix}, \tag{1.7}$$

其中$\boldsymbol{P}_{11}\geqslant\boldsymbol{O}\in\mathbb{R}^{r\times r}$. 此外,当$\boldsymbol{P}$是非奇异矩阵时,易得$\boldsymbol{P}_{11}>\boldsymbol{O}$且$\det(\boldsymbol{P}_{22})\neq0$. 另外,满足(1.6)的$\boldsymbol{P}$可以参数化为

$$\boldsymbol{P}=\boldsymbol{E}\,\mathcal{V}^{-\mathrm{T}}\boldsymbol{X}\,\mathcal{V}^{-1}+\boldsymbol{U}\boldsymbol{Z}\boldsymbol{V}_2^{\mathrm{T}}. \tag{1.8}$$

其中$\boldsymbol{X}=\mathrm{diag}\{\boldsymbol{P}_{11},\boldsymbol{\Psi}\},\boldsymbol{Z}=(\boldsymbol{P}_{12}^{\mathrm{T}}\quad\boldsymbol{P}_{22}^{\mathrm{T}})^{\mathrm{T}}$和$\boldsymbol{\Psi}\in\mathbb{R}^{(n-r)\times(n-r)}$是一个任意参数矩阵.

(iii)如果$\boldsymbol{P}$是一个非奇异矩阵,$\boldsymbol{R}$和$\boldsymbol{\Psi}$是两个对称正定矩阵,$\boldsymbol{P}$和$\boldsymbol{E}$满足(1.6),$\boldsymbol{X}$来自(1.8),且下列等式成立:

$$\boldsymbol{P}^{-1}\boldsymbol{E}=\boldsymbol{E}^{\mathrm{T}}\boldsymbol{R}^{\frac{1}{2}}\boldsymbol{S}\boldsymbol{R}^{\frac{1}{2}}\boldsymbol{E}. \tag{1.9}$$

则对称正定矩阵$\boldsymbol{S}=\boldsymbol{R}^{-\frac{1}{2}}\boldsymbol{U}\boldsymbol{X}^{-1}\boldsymbol{U}^{\mathrm{T}}\boldsymbol{R}^{-\frac{1}{2}}$是(1.9)的一个解.

证明 只需要证明(ii)和(iii)成立. 让

$$\tilde{\boldsymbol{P}}=\begin{pmatrix}\boldsymbol{P}_{11} & \boldsymbol{P}_{12}\\ \boldsymbol{P}_{21} & \boldsymbol{P}_{22}\end{pmatrix}, \tag{1.10}$$

则 $\tilde{\boldsymbol{P}}=\boldsymbol{U}^{\mathrm{T}}\boldsymbol{P}\mathcal{V}$成立的充要条件为 $\boldsymbol{P}_{21}=\boldsymbol{O}$ 及 $\boldsymbol{P}_{11}\geqslant\boldsymbol{O}\in\mathbb{R}^{r\times r}$. 另外,当 $\boldsymbol{P}$ 可逆时,显然 $\boldsymbol{P}_{11}>\boldsymbol{O}$ 及 $\det(\boldsymbol{P}_{22})\neq 0$. 注意到式(1.5)、式(1.6),$\boldsymbol{U}$ 与 $\boldsymbol{V}=(\boldsymbol{V}_1\quad \boldsymbol{V}_2)$是正交矩阵,易得

$$\begin{aligned}
\boldsymbol{P}&=\boldsymbol{U}\begin{pmatrix}\boldsymbol{P}_{11} & \boldsymbol{P}_{12}\\ \boldsymbol{O} & \boldsymbol{P}_{22}\end{pmatrix}\mathcal{V}^{-1}\\
&=\left(\boldsymbol{U}\begin{pmatrix}\boldsymbol{I}_r & \boldsymbol{O}\\ * & \boldsymbol{O}\end{pmatrix}\mathcal{V}^{\mathrm{T}}\right)\left(\mathcal{V}^{-\mathrm{T}}\begin{pmatrix}\boldsymbol{P}_{11} & \boldsymbol{O}\\ * & \boldsymbol{\Psi}\end{pmatrix}\mathcal{V}^{-1}\right)+\boldsymbol{U}\begin{pmatrix}\boldsymbol{O} & \boldsymbol{P}_{12}\\ \boldsymbol{O} & \boldsymbol{P}_{22}\end{pmatrix}\mathcal{V}^{-1}\\
&=\boldsymbol{E}\left(\mathcal{V}^{-\mathrm{T}}\begin{pmatrix}\boldsymbol{P}_{11} & \boldsymbol{O}\\ * & \boldsymbol{\Psi}\end{pmatrix}\mathcal{V}^{-1}\right)+\boldsymbol{U}\begin{pmatrix}\boldsymbol{O} & \boldsymbol{P}_{12}\\ \boldsymbol{O} & \boldsymbol{P}_{22}\end{pmatrix}\begin{pmatrix}\Sigma_r^{-1}\boldsymbol{V}_1^{\mathrm{T}}\\ \boldsymbol{V}_2^{\mathrm{T}}\end{pmatrix}\\
&=\boldsymbol{E}\left(\mathcal{V}^{-\mathrm{T}}\begin{pmatrix}\boldsymbol{P}_{11} & \boldsymbol{O}\\ * & \boldsymbol{\Psi}\end{pmatrix}\mathcal{V}^{-1}\right)+\boldsymbol{U}\begin{pmatrix}\boldsymbol{P}_{12}\\ \boldsymbol{P}_{22}\end{pmatrix}\boldsymbol{V}_2^{\mathrm{T}}\\
&=\boldsymbol{E}\mathcal{V}^{-\mathrm{T}}\boldsymbol{X}\mathcal{V}^{-1}+\boldsymbol{U}\boldsymbol{Y}\boldsymbol{V}_2^{\mathrm{T}},
\end{aligned} \tag{1.11}$$

这里 $\boldsymbol{X}=\operatorname{diag}\{\boldsymbol{P}_{11},\boldsymbol{\Psi}\}$,$\boldsymbol{Y}=(\boldsymbol{P}_{12}^{\mathrm{T}}\quad \boldsymbol{P}_{22}^{\mathrm{T}})^{\mathrm{T}}$,而且 $\boldsymbol{\Psi}\in\mathbb{R}^{(n-r)\times(n-r)}$. 因此,(ii)成立.

由(i)和(ii),并注意到 $\boldsymbol{P}=\boldsymbol{E}\mathcal{V}^{-\mathrm{T}}\boldsymbol{X}\mathcal{V}^{-1}+\boldsymbol{U}\boldsymbol{Y}\boldsymbol{V}_2^{\mathrm{T}}$,$\boldsymbol{E}\boldsymbol{V}_2=\boldsymbol{O}$,$\boldsymbol{Q}=\boldsymbol{R}^{-1/2}\boldsymbol{U}\boldsymbol{X}^{-1}\boldsymbol{U}^{\mathrm{T}}\boldsymbol{R}^{-1/2}$,$\boldsymbol{U}^{\mathrm{T}}\boldsymbol{U}=\boldsymbol{I}$,$\boldsymbol{E}=\boldsymbol{U}\operatorname{diag}\{\boldsymbol{I}_r,\boldsymbol{O}\}\mathcal{V}^{\mathrm{T}}$,$\boldsymbol{X}=\operatorname{diag}\{\boldsymbol{P}_{11},\boldsymbol{\Psi}\}$,则

$$\begin{aligned}
\boldsymbol{P}\boldsymbol{E}^{\mathrm{T}}\boldsymbol{R}^{1/2}\boldsymbol{Q}\boldsymbol{R}^{1/2}\boldsymbol{E}&=(\boldsymbol{E}\mathcal{V}^{-\mathrm{T}}\boldsymbol{X}\mathcal{V}^{-1}+\boldsymbol{U}\boldsymbol{Y}\boldsymbol{V}_2^{\mathrm{T}})\boldsymbol{E}^{\mathrm{T}}\boldsymbol{R}^{1/2}\boldsymbol{Q}\boldsymbol{R}^{1/2}\boldsymbol{E}\\
&=(\boldsymbol{E}\mathcal{V}^{-\mathrm{T}}\boldsymbol{X}\mathcal{V}^{-1})\boldsymbol{E}^{\mathrm{T}}\boldsymbol{R}^{1/2}\boldsymbol{Q}\boldsymbol{R}^{1/2}\boldsymbol{E}\\
&=(\boldsymbol{E}\mathcal{V}^{-\mathrm{T}}\boldsymbol{X}\mathcal{V}^{-1})\boldsymbol{E}^{\mathrm{T}}(\boldsymbol{U}\boldsymbol{X}^{-1}\boldsymbol{U}^{\mathrm{T}})\boldsymbol{E}\\
&=((\boldsymbol{U}\operatorname{diag}\{\boldsymbol{I}_r,\boldsymbol{O}\}\mathcal{V}^{\mathrm{T}})\mathcal{V}^{-\mathrm{T}}\operatorname{diag}\{\boldsymbol{P}_{11},\boldsymbol{\Psi}\}\mathcal{V}^{-1})(\boldsymbol{U}\operatorname{diag}\{\boldsymbol{I}_r,\boldsymbol{O}\}\mathcal{V}^{\mathrm{T}})^{\mathrm{T}}\\
&\quad\times(\boldsymbol{U}\operatorname{diag}\{\boldsymbol{P}_{11}^{-1},\boldsymbol{\Psi}^{-1}\}\boldsymbol{U}^{\mathrm{T}})(\boldsymbol{U}\operatorname{diag}\{\boldsymbol{I}_r,\boldsymbol{O}\}\mathcal{V}^{\mathrm{T}})\\
&=\boldsymbol{U}\operatorname{diag}\{\boldsymbol{I}_r,\boldsymbol{O}\}\mathcal{V}^{\mathrm{T}}\\
&=\boldsymbol{E}.
\end{aligned} \tag{1.12}$$

因此,式(1.9)成立. 证毕.

第 2 章　连续奇异跳变系统的鲁棒有限时间控制

本章主要讨论了不确定连续奇异跳变系统的鲁棒有限时间控制问题. 首先,给出了奇异随机有限时间有界和奇异随机 H_∞ 有限时间有界的定义. 其次,带有不确定参数和时变模有界扰动的奇异随机系统的奇异随机有限时间有界的充分条件被给出. 随后,这些结果延伸到这类奇异随机系统的奇异随机 H_∞ 有限时间有界性分析,而且导出了闭环系统是奇异随机有限时间有界和奇异随机 H_∞ 有限时间有界的充分性判据. 这些判据可归结为带有一个固定参数的基于 LMI 的可行性问题. 最后,数值算例证明了所建议方法的有效性.

2.1　定义和系统描述

考虑下面的连续奇异跳变系统:

$$\boldsymbol{E}\dot{\boldsymbol{x}}(t)=[\boldsymbol{A}(r_t)+\Delta\boldsymbol{A}(r_t)]\boldsymbol{x}(t)+[\boldsymbol{B}(r_t)+\Delta\boldsymbol{B}(r_t)]\boldsymbol{u}(t)+[\boldsymbol{G}(r_t)+\Delta\boldsymbol{G}(r_t)]\boldsymbol{w}(t), \tag{2.1a}$$

$$\boldsymbol{z}(t)=\boldsymbol{C}(r_t)\boldsymbol{x}(t)+\boldsymbol{D}_1(r_t)\boldsymbol{u}(t)+\boldsymbol{D}_2(r_t)\boldsymbol{w}(t), \tag{2.1b}$$

这里 $\boldsymbol{x}(t)\in\mathbb{R}^n$ 是状态变量,$\boldsymbol{u}(t)\in\mathbb{R}^m$ 是控制输入,$\boldsymbol{z}(t)\in\mathbb{R}^l$ 是控制输出,奇异矩阵 $\boldsymbol{E}$ 满足 $\mathrm{rank}(\boldsymbol{E})=r<n$;$\{r_t,t\geqslant 0\}$ 是取值在有限空间 $\mathbb{M}\triangleq\{1,2,\cdots,k\}$ 上的连续时间马尔科夫跳变随机过程,并且带有转移概率矩阵 $\boldsymbol{\Gamma}=(\pi_{ij})_{k\times k}$,其转移概率满足

$$\Pr(r_{t+\Delta t}=j\mid r_t=i)=\begin{cases}\pi_{ij}\Delta t+o(\Delta t), & \text{if}\quad i\neq j,\\ 1+\pi_{ij}\Delta t+o(\Delta t), & \text{if}\quad i=j,\end{cases} \tag{2.2}$$

这里 $\lim\limits_{\Delta t\to 0}\dfrac{o(\Delta t)}{\Delta t}=0$,$\pi_{ij}$ 满足 $\pi_{ij}\geqslant 0\,(i\neq j)$ 和 $\pi_{ii}=-\sum\limits_{j=1,j\neq i}^{k}\pi_{ij}\,(i\in\mathbb{M})$;$\Delta\boldsymbol{A}(r_t)$,$\Delta\boldsymbol{B}(r_t)$ 和 $\Delta\boldsymbol{G}(r_t)$ 是不确定矩阵,并且满足

$$[\Delta\boldsymbol{A}(r_t),\Delta\boldsymbol{B}(r_t),\Delta\boldsymbol{G}(r_t)]=\boldsymbol{F}(r_t)\Delta(r_t)[\boldsymbol{E}_1(r_t),\boldsymbol{E}_2(r_t),\boldsymbol{E}_3(r_t)], \tag{2.3}$$

这里 $\Delta(r_t)$ 是不确定矩阵,并且满足

$$\Delta^{\mathrm{T}}(r_t)\Delta(r_t)\leqslant\boldsymbol{I},\ \forall r_t\in\mathbb{M}; \tag{2.4}$$

而且,扰动 $\boldsymbol{w}(t)\in\mathbb{R}^p$ 满足

$$E\{\int_0^T \boldsymbol{w}^{\mathrm{T}}(t)\boldsymbol{w}(t)\mathrm{d}t\} \leqslant d^2, d \geqslant 0, \tag{2.5}$$

并且 $\forall r_t \in \mathbb{M}$，矩阵 $\boldsymbol{A}(r_t)$，$\boldsymbol{B}(r_t)$，$\boldsymbol{G}(r_t)$，$\boldsymbol{C}(r_t)$，$\boldsymbol{D}_1(r_t)$ 和 $\boldsymbol{D}_2(r_t)$ 是具有适当维数的系数矩阵.

考虑状态反馈控制律

$$\boldsymbol{u}(t)=\boldsymbol{L}(r_t)\boldsymbol{x}(t), \tag{2.6}$$

这里 $\boldsymbol{L}(r_t)$ 是将要设计的矩阵. 带有控制律(2.6)的奇异跳变系统(2.1a)和(2.1b)可写为下面的闭环控制系统：

$$\boldsymbol{E}\dot{\boldsymbol{x}}(t)=\overline{\boldsymbol{A}}(r_t)\boldsymbol{x}(t)+\overline{\boldsymbol{G}}(r_t)\boldsymbol{w}(t), \tag{2.7a}$$

$$\boldsymbol{z}(t)=\overline{\boldsymbol{C}}(r_t)\boldsymbol{x}(t)+\boldsymbol{D}_2(r_t)\boldsymbol{w}(t), \tag{2.7b}$$

这里 $\overline{\boldsymbol{A}}(r_t)=\boldsymbol{A}(r_t)+\Delta\boldsymbol{A}(r_t)+(\boldsymbol{B}(r_t)+\Delta\boldsymbol{B}(r_t))\boldsymbol{L}(r_t)$，$\overline{\boldsymbol{G}}(r_t)=\boldsymbol{G}(r_t)+\Delta\boldsymbol{G}(r_t)$ 和 $\overline{\boldsymbol{C}}(r_t)=\boldsymbol{C}(r_t)+\boldsymbol{D}_1(r_t)\boldsymbol{L}(r_t)$.

定义 2.1 （正则和无脉冲的，文献[92,93]）

(i) 连续奇异跳变系统(2.7a)在区间 $[0,T]$ 上被说成是正则的，如果 $\forall t \in [0,T]$，特征多项式 $\det(s\boldsymbol{E}-\overline{\boldsymbol{A}}(r_t)) \neq 0$；

(ii) 连续奇异跳变系统(2.7a)在区间 $[0,T]$ 上被说成是无脉冲的，如果 $\forall t \in [0,T]$，有 $\deg(\det(s\boldsymbol{E}-\overline{\boldsymbol{A}}(r_t)))=\mathrm{rank}(\boldsymbol{E})$.

定义 2.2 ［奇异随机有限时间稳定(SSFTS)］

若 $c_1<c_2$，$\boldsymbol{R}(r_t)>\boldsymbol{O}$，带有 $\boldsymbol{w}(t)\equiv\boldsymbol{0}$ 的闭环奇异跳变系统(2.7a)被说成是关于 $(c_1,c_2,T,\boldsymbol{R}(r_t))$ 奇异随机有限时间稳定的，如果随机系统在区间 $[0,T]$ 上是正则和无脉冲的，并且 $\forall t \in [0,T]$，使得下面的不等式成立：

$$E\{\boldsymbol{x}^{\mathrm{T}}(0)\boldsymbol{E}^{\mathrm{T}}\boldsymbol{R}(r_t)\boldsymbol{E}\boldsymbol{x}(0)\} \leqslant c_1^2 \Rightarrow E\{\boldsymbol{x}^{\mathrm{T}}(t)\boldsymbol{E}^{\mathrm{T}}\boldsymbol{R}(r_t)\boldsymbol{E}\boldsymbol{x}(t)\}<c_2^2. \tag{2.8}$$

定义 2.3 ［奇异随机有限时间有界(SSFTB)］

若 $c_1<c_2$，$\boldsymbol{R}(r_t)>\boldsymbol{O}$，满足(2.5)的闭环奇异跳变系统(2.7a)被说成是关于 $(c_1,c_2,T,\boldsymbol{R}(r_t),d)$ 奇异随机有限时间有界的，如果这个随机系统在区间 $[0,T]$ 上是正则和无脉冲的，并且满足条件(2.8).

注 2.1 奇异随机有限时间有界暗示了不仅这个随机系统的动态模是随机有限时间有界的，而且由于静态模是正则和无脉冲的，因此这个随机系统的所有模都是随机有限时间有界的. 在没有外部扰动时，奇异随机有限时间有界导致了奇异随机有限时间稳定. 因此，奇异随机有限时间有界暗示了奇异有限时间稳定，但是反过来不一定成立.

定义 2.4 ［奇异随机 H_∞ 有限时间有界(SSH_∞FTB)］

闭环系统(2.7a)和(2.7b)被说成是关于 $(c_1,c_2,T,\boldsymbol{R}(r_t),\gamma,d)$ 奇异随机 H_∞ 有限时间有界的，如果连续闭环奇异跳变系统(2.7a)和(2.7b)是关于 $(c_1,c_2,T,\boldsymbol{R}(r_t),d)$ 奇异随机有限时间有界的，并且在零初始条件下，下面条件满足：

$$E\{\int_0^T \boldsymbol{z}^{\mathrm{T}}(t)\boldsymbol{z}(t)\mathrm{d}t\} < \gamma^2 E\{\int_0^T \boldsymbol{w}^{\mathrm{T}}(t)\boldsymbol{w}(t)\mathrm{d}t\}, \tag{2.9}$$

这里 $\boldsymbol{w}(t)$ 是非零的满足(2.5)的扰动输入，而且 γ 是一个实常量.

定义 2.5　(文献[31])

让 $V(\boldsymbol{x}(t),r_t,t>0)$ 是闭环奇异跳变系统(2.7a)和(2.7b) $V(\boldsymbol{x}(t),r_t,t>0)$ 的随机李雅普诺夫函数,定义弱无穷小算子$\mathcal{J}$为

$$\mathcal{J}\, V(\boldsymbol{x}(t),r_t=i,t)=\lim_{\Delta t\to 0}\frac{1}{\Delta t}\{E\{V(\boldsymbol{x}(t+\Delta t),r_{t+\Delta t},t+\Delta t)\mid \boldsymbol{x}(t)=\boldsymbol{x},r_t=i)\}-V(\boldsymbol{x}(t),i,t)\}$$

$$=V_t(\boldsymbol{x}(t),i,t)+V_x(\boldsymbol{x}(t),i,t)\dot{\boldsymbol{x}}(t,i)+\sum_{j=1}^{N}\pi_{ij}V(\boldsymbol{x}(t),j,t).\tag{2.10}$$

2.2　连续奇异跳变系统的奇异有限时间稳定性分析与 H_∞ 合成问题

在本节中,首先设计随机有限时间状态反馈控制器,使得闭环奇异跳变系统(2.7a)和(2.7b)是奇异随机有限时间有界或奇异随机有限时间稳定的,然后将这些结果推广到奇异跳变系统是奇异随机 H_∞ 有限时间有界的结论.

定理 2.1　闭环奇异跳变系统(2.7a)是关于$(c_1,c_2,T,\boldsymbol{R}(r_t),d)$奇异随机有限时间有界的,如果存在一个标量 $\alpha\geqslant 0$,一个非奇异矩阵集合$\{\boldsymbol{P}(i),i\in\mathbb{M}\}$,两个对称正定矩阵集合$\{\boldsymbol{Q}_1(i),i\in\mathbb{M}\}$和$\{\boldsymbol{Q}_2(i),i\in\mathbb{M}\}$,对于所有 $i\in\mathbb{M}$,使得下面不等式成立:

$$\boldsymbol{P}(i)\boldsymbol{E}^{\mathrm{T}}=\boldsymbol{E}\boldsymbol{P}^{\mathrm{T}}(i)\geqslant\boldsymbol{O},\tag{2.11a}$$

$$\begin{pmatrix}\mathrm{He}\{\bar{\boldsymbol{A}}(i)\boldsymbol{P}^{\mathrm{T}}(i)\}+\sum_{j=1}^{k}\pi_{ij}\boldsymbol{P}(i)\boldsymbol{P}^{-1}(j)\boldsymbol{E}\boldsymbol{P}^{\mathrm{T}}(i)-\alpha\boldsymbol{E}\boldsymbol{P}^{\mathrm{T}}(i) & \bar{\boldsymbol{G}}(i)\\ * & -\boldsymbol{Q}_2(i)\end{pmatrix}<\boldsymbol{O},\tag{2.11b}$$

$$\boldsymbol{P}^{-1}(i)\boldsymbol{E}=\boldsymbol{E}^{\mathrm{T}}\boldsymbol{R}^{\frac{1}{2}}(i)\boldsymbol{Q}_1(i)\boldsymbol{R}^{\frac{1}{2}}(i)\boldsymbol{E},\tag{2.11c}$$

$$c_1^2\sup_{i\in\mathbb{M}}\{\lambda_{\max}(\boldsymbol{Q}_1(i))\}+d^2\sup_{i\in\mathbb{M}}\{\lambda_{\max}(\boldsymbol{Q}_2(i))\}<c_2^2\mathrm{e}^{-\alpha T}\inf_{i\in\mathbb{M}}\{\lambda_{\min}(\boldsymbol{Q}_1(i))\}.\tag{2.11d}$$

证明　首先,证明奇异跳变系统(2.7a)在区间$[0,T]$内是正则和无脉冲的. 根据引理 1.1 和条件(2.11b),得

$$\mathrm{He}\{\bar{\boldsymbol{A}}(i)\boldsymbol{P}^{\mathrm{T}}(i)\}+(\pi_{ii}-\alpha)\boldsymbol{E}\boldsymbol{P}^{\mathrm{T}}(i)<-\sum_{j=1,j\neq i}^{k}\pi_{ij}\boldsymbol{P}(i)\boldsymbol{P}^{-1}(j)\boldsymbol{E}\boldsymbol{P}^{\mathrm{T}}(i)\leqslant\boldsymbol{O}.\tag{2.12}$$

现在,选择非奇异矩阵 $\boldsymbol{M}$ 和 $\boldsymbol{N}$,使得 $\boldsymbol{MEN}=\mathrm{diag}\{\boldsymbol{I}_r,\boldsymbol{O}\}$,且令

$$\boldsymbol{M}\bar{\boldsymbol{A}}(i)\boldsymbol{N}=\begin{pmatrix}\tilde{\boldsymbol{A}}_{11}(i) & \tilde{\boldsymbol{A}}_{12}(i)\\ \tilde{\boldsymbol{A}}_{21}(i) & \tilde{\boldsymbol{A}}_{22}(i)\end{pmatrix},\boldsymbol{MP}(i)\boldsymbol{N}^{-\mathrm{T}}=\begin{pmatrix}\tilde{\boldsymbol{P}}_{11}(i) & \tilde{\boldsymbol{P}}_{12}(i)\\ \tilde{\boldsymbol{P}}_{21}(i) & \tilde{\boldsymbol{P}}_{22}(i)\end{pmatrix}.\tag{2.13}$$

然后,从(2.11a)和(2.13),不难证明 $\tilde{\boldsymbol{P}}_{21}(i)=\boldsymbol{O}$ 和 $\det(\tilde{\boldsymbol{P}}_{22}(i))\neq 0$. 让 $\boldsymbol{M}$ 和 $\boldsymbol{M}^{\mathrm{T}}$ 分别左右乘以(2.12)的两边,易得 $\tilde{\boldsymbol{A}}_{22}(i)\tilde{\boldsymbol{P}}_{22}^{\mathrm{T}}(i)+\tilde{\boldsymbol{P}}_{22}(i)\tilde{\boldsymbol{A}}_{22}^{\mathrm{T}}(i)<\boldsymbol{O}$. 因此 $\tilde{\boldsymbol{A}}_{22}(i)$ 是非奇异的,这说明系统(2.7a)在$[0,T]$时间区间内是正则和无脉冲的. 考虑系统(2.7a)的二次李雅普诺夫函数为 $V(\boldsymbol{x}(t),i)=\boldsymbol{x}^{\mathrm{T}}(t)\boldsymbol{P}^{-1}(i)\boldsymbol{E}\boldsymbol{x}(t)$. 沿系统(2.7a)的解计算 $V(t)$ 的导数$\mathcal{J}\,V$,注

意到条件(2.11a),可得

$$\mathcal{J} V(\boldsymbol{x}(t),i)=\begin{pmatrix}\boldsymbol{x}(t)\\ \boldsymbol{w}(t)\end{pmatrix}^{\mathrm{T}}\begin{pmatrix}\mathrm{He}\{\boldsymbol{P}^{-1}(i)\bar{\boldsymbol{A}}(i)\}+\sum_{j=1}^{k}\pi_{ij}\boldsymbol{P}^{-1}(j)\boldsymbol{E} & \boldsymbol{P}^{-1}(i)\bar{\boldsymbol{G}}(i)\\ * & \boldsymbol{O}\end{pmatrix}\begin{pmatrix}\boldsymbol{x}(t)\\ \boldsymbol{w}(t)\end{pmatrix}. \tag{2.14}$$

让 diag$\{\boldsymbol{P}^{-1}(i),\boldsymbol{I}\}$ 和 diag$\{\boldsymbol{P}^{-\mathrm{T}}(i),\boldsymbol{I}\}$ 分别左右乘以式(2.11b)的两边,得到下面的矩阵不等式

$$\begin{pmatrix}\mathrm{He}\{\boldsymbol{P}^{-1}(i)\bar{\boldsymbol{A}}(i)\}+\sum_{j=1}^{k}\pi_{ij}\boldsymbol{P}^{-1}(j)\boldsymbol{E}-\alpha\boldsymbol{P}^{-1}(i)\boldsymbol{E} & \boldsymbol{P}^{-1}(i)\bar{\boldsymbol{G}}(i)\\ * & -\boldsymbol{Q}_2(i)\end{pmatrix}<\boldsymbol{O}. \tag{2.15}$$

从式(2.14)和式(2.15),得

$$\mathcal{J} V(\boldsymbol{x}(t),i)<\alpha V(\boldsymbol{x}(t),i)+\boldsymbol{w}^{\mathrm{T}}(t)\boldsymbol{Q}_2(i)\boldsymbol{w}(t). \tag{2.16}$$

另外,式(2.16)可以改写为

$$\mathcal{J}[\mathrm{e}^{-\alpha t}V(\boldsymbol{x}(t),i)]<\mathrm{e}^{-\alpha t}\boldsymbol{w}^{\mathrm{T}}(t)\boldsymbol{Q}_2(i)\boldsymbol{w}(t). \tag{2.17}$$

将式(2.16)从0到 t 进行积分,并使用 Dynkin 公式,可得

$$\mathrm{e}^{-\alpha t}E\{V(\boldsymbol{x}(t),i)\}<E\{V(\boldsymbol{x}(0),i=r_0)\}+\int_0^t E\{\mathrm{e}^{-\alpha\tau}\boldsymbol{w}^{\mathrm{T}}(\tau)\boldsymbol{Q}_2(i)\boldsymbol{w}(\tau)\}\mathrm{d}\tau. \tag{2.18}$$

注意到 $\alpha\geqslant 0,t\in[0,T]$ 和条件(2.11c),得

$$\begin{aligned}E\{V(\boldsymbol{x}(t),i)\}&=E\{\boldsymbol{x}^{\mathrm{T}}(t)\boldsymbol{P}^{-1}(i)\boldsymbol{E}\boldsymbol{x}(t)\}\\ &<\mathrm{e}^{\alpha t}E\{V(\boldsymbol{x}(0),i=r_0)\}+\mathrm{e}^{\alpha t}\int_0^t E\{\mathrm{e}^{-\alpha\tau}\boldsymbol{w}^{\mathrm{T}}(\tau)\boldsymbol{Q}_2(i)\boldsymbol{w}(\tau)\}\mathrm{d}\tau\\ &\leqslant\mathrm{e}^{\alpha t}E\{V(\boldsymbol{x}(0),i=r_0)\}+\mathrm{e}^{\alpha t}\int_0^t E\{\boldsymbol{w}^{\mathrm{T}}(\tau)\boldsymbol{Q}_2(i)\boldsymbol{w}(\tau)\}\mathrm{d}\tau\\ &\leqslant\mathrm{e}^{\alpha t}\{\sup_{i\in\mathcal{M}}\{\lambda_{\max}(\boldsymbol{Q}_1(i))\}c_1^2+\sup_{i\in\mathcal{M}}\{\lambda_{\max}(\boldsymbol{Q}_2(i))\}d^2\}.\end{aligned} \tag{2.19}$$

考虑到

$$\begin{aligned}E\{\boldsymbol{x}^{\mathrm{T}}(t)\boldsymbol{P}^{-1}(i)\boldsymbol{E}\boldsymbol{x}(t)\}&=E\{\boldsymbol{x}^{\mathrm{T}}(t)\boldsymbol{E}^{\mathrm{T}}\boldsymbol{R}^{\frac{1}{2}}(i)\boldsymbol{Q}_1(i)\boldsymbol{R}^{\frac{1}{2}}(i)\boldsymbol{E}\boldsymbol{x}(t)\}\\ &\geqslant\inf_{i\in\mathcal{M}}\{\lambda_{\min}(\boldsymbol{Q}_1(i))\}E\{\boldsymbol{x}^{\mathrm{T}}(t)\boldsymbol{E}^{\mathrm{T}}\boldsymbol{R}(i)\boldsymbol{E}\boldsymbol{x}(t)\},\end{aligned} \tag{2.20}$$

从(2.19)和(2.20),可得

$$E\{\boldsymbol{x}^{\mathrm{T}}(t)\boldsymbol{E}^{\mathrm{T}}\boldsymbol{R}(i)\boldsymbol{E}\boldsymbol{x}(t)\}<\mathrm{e}^{\alpha T}\frac{\sup_{i\in\mathcal{M}}\{\lambda_{\max}(\boldsymbol{Q}_1(i))\}c_1^2+\sup_{i\in\mathcal{M}}\{\lambda_{\max}(\boldsymbol{Q}_2(i))\}d^2}{\inf_{i\in\mathcal{M}}\{\lambda_{\min}(\boldsymbol{Q}_1(i))\}}. \tag{2.21}$$

因此,条件(2.11d)意味着对于任意的 $t\in[0,T]$,$E\{\boldsymbol{x}^{\mathrm{T}}(t)\boldsymbol{E}^{\mathrm{T}}\boldsymbol{R}(r_t)\boldsymbol{E}\boldsymbol{x}(t)\}\leqslant c_2^2$. 证毕.

推论 2.1 在 $\boldsymbol{w}(t)\equiv\boldsymbol{0}$ 的假设下,闭环奇异跳变系统(2.7a)是关于$(c_1,c_2,T,\boldsymbol{R}(r_t))$奇异随机有限时间稳定的,如果存在一个标量 $\alpha\geqslant 0$,一个非奇异矩阵集合$\{\boldsymbol{P}(i),i\in\mathcal{M}\}$和一个对称正定矩阵集合$\{\boldsymbol{Q}_1(i),i\in\mathcal{M}\}$,对于所有 $i\in\mathcal{M}$,使得(2.11a),(2.11c)和下面的不等式成立:

$$\mathrm{He}\{\bar{\boldsymbol{A}}(i)\boldsymbol{P}^{\mathrm{T}}(i)\}+\sum_{j=1}^{k}\pi_{ij}\boldsymbol{P}(i)\boldsymbol{P}^{-1}(j)\boldsymbol{E}\boldsymbol{P}^{\mathrm{T}}(i)-\alpha\boldsymbol{E}\boldsymbol{P}^{\mathrm{T}}(i)<\boldsymbol{O},\tag{2.22a}$$

$$c_1^2\sup_{i\in\mathbb{M}}\{\lambda_{\max}(\boldsymbol{Q}_1(i))\}<c_2^2\mathrm{e}^{-\alpha T}\inf_{i\in\mathbb{M}}\{\lambda_{\min}(\boldsymbol{Q}_1(i))\}.\tag{2.22b}$$

定理 2.2 存在一个状态反馈控制器 $\boldsymbol{L}(r_t)=\boldsymbol{L}_1^{\mathrm{T}}(r_t)\boldsymbol{P}^{-\mathrm{T}}(r_t)$，使得闭环系统(2.7a)是关于$(c_1,c_2,T,\boldsymbol{R}(r_t),d)$奇异随机有限时间有界的，如果存在一个标量 $\alpha\geqslant 0$，两个对称正定矩阵集合$\{\boldsymbol{Q}_2(i),i\in\mathbb{M}\}$和$\{\boldsymbol{H}(i),i\in\mathbb{M}\}$，一个正定块对角矩阵集合$\{\boldsymbol{X}(i),i\in\mathbb{M}\}$，两个矩阵集合$\{\boldsymbol{Y}(i),i\in\mathbb{M}\}$和$\{\boldsymbol{L}_1(i),i\in\mathbb{M}\}$，一个正标量集合$\{\varepsilon_i,i\in\mathbb{M}\}$，对于所有 $i\in\mathbb{M}$，使得(2.11d)和下面的不等式成立：

$$\boldsymbol{O}\leqslant\boldsymbol{E}\boldsymbol{P}^{\mathrm{T}}(i)=\boldsymbol{P}(i)\boldsymbol{E}^{\mathrm{T}}=\boldsymbol{E}\boldsymbol{N}\boldsymbol{X}(i)\boldsymbol{N}^{\mathrm{T}}\boldsymbol{E}^{\mathrm{T}}\leqslant\boldsymbol{H}(i),\tag{2.23a}$$

$$\begin{pmatrix}\boldsymbol{\Omega}_{11}(i) & \boldsymbol{G}(i) & \boldsymbol{\Omega}_{13}(i) & \boldsymbol{U}_i\\ * & -\boldsymbol{Q}_2(i) & \boldsymbol{E}_3^{\mathrm{T}}(i) & \boldsymbol{O}\\ * & * & -\varepsilon_i\boldsymbol{I} & \boldsymbol{O}\\ * & * & * & -\boldsymbol{W}_i\end{pmatrix}<\boldsymbol{O},\tag{2.23b}$$

其中 $\boldsymbol{\Omega}_{11}(i)=\mathrm{He}\{\boldsymbol{P}(i)\boldsymbol{A}^{\mathrm{T}}(i)+\boldsymbol{L}_1(i)\boldsymbol{B}^{\mathrm{T}}(i)\}+\varepsilon_i\boldsymbol{F}(i)\boldsymbol{F}^{\mathrm{T}}(i)+(\pi_{ii}-\alpha)\boldsymbol{P}(i)\boldsymbol{E}^{\mathrm{T}}$，

$\boldsymbol{U}_i=(\sqrt{\pi_{i,1}}\boldsymbol{P}(i),\cdots,\sqrt{\pi_{i,i-1}}\boldsymbol{P}(i),\sqrt{\pi_{i,i+1}}\boldsymbol{P}(i),\cdots,\sqrt{\pi_{i,k}}\boldsymbol{P}(i))$，

$\boldsymbol{W}_i=\mathrm{diag}\{\mathrm{He}\{\boldsymbol{P}(1)\}-\boldsymbol{H}(1),\cdots,\mathrm{He}\{\boldsymbol{P}(i-1)\}-\boldsymbol{H}(i-1),\mathrm{He}\{\boldsymbol{P}(i+1)\}-\boldsymbol{H}(i+1),\cdots,\mathrm{He}\{\boldsymbol{P}(k)\}-\boldsymbol{H}(k)\}$，

$\boldsymbol{\Omega}_{13}(i)=\boldsymbol{P}(i)\boldsymbol{E}_1^{\mathrm{T}}(i)+\boldsymbol{L}_1(i)\boldsymbol{E}_2^{\mathrm{T}}(i)$，$\boldsymbol{P}(i)=\boldsymbol{E}\boldsymbol{N}\boldsymbol{X}(i)\boldsymbol{N}^{\mathrm{T}}+\boldsymbol{M}^{-1}\boldsymbol{Y}(i)\Pi^{\mathrm{T}}$，

$\boldsymbol{M}\boldsymbol{E}\boldsymbol{N}=\mathrm{diag}\{\boldsymbol{I}_r,\boldsymbol{O}\}$，$\Pi=\boldsymbol{N}(\boldsymbol{O},\boldsymbol{I}_{n-r})^{\mathrm{T}}$，$\boldsymbol{Q}_1(i)=\boldsymbol{R}^{-\frac{1}{2}}(i)\boldsymbol{M}^{\mathrm{T}}\boldsymbol{X}^{-1}(i)\boldsymbol{M}\boldsymbol{R}^{-\frac{1}{2}}(i)$；

此外，$\boldsymbol{X}(i)$和$\boldsymbol{Y}(i)$来自式(2.34)。

证明 首先证明条件(2.23b)暗示了条件(2.11b)成立. 由条件(2.23a)，得到

$$\boldsymbol{P}^{-1}(j)\boldsymbol{E}\leqslant\boldsymbol{P}^{-1}(j)\boldsymbol{H}(j)\boldsymbol{P}^{-\mathrm{T}}(j),\ \forall j\in\mathbb{M}.\tag{2.24}$$

因此，可得下面的不等式成立：

$$\begin{aligned}\sum_{j=1,j\neq i}^{k}\pi_{ij}\boldsymbol{P}(i)\boldsymbol{P}^{-1}(j)\boldsymbol{E}\boldsymbol{P}^{\mathrm{T}}(i)&\leqslant\sum_{j=1,j\neq i}^{k}\pi_{ij}\boldsymbol{P}(i)\boldsymbol{P}^{-1}(j)\boldsymbol{H}(j)\boldsymbol{P}^{-\mathrm{T}}(j)\boldsymbol{P}^{\mathrm{T}}(i)\\&\leqslant\boldsymbol{U}_i\boldsymbol{V}_i^{-1}\boldsymbol{U}_i^{\mathrm{T}},\end{aligned}\tag{2.25}$$

这里

$$\begin{aligned}\boldsymbol{V}_i=\mathrm{diag}\{&\boldsymbol{P}^{\mathrm{T}}(1)\boldsymbol{H}^{-1}(1)\boldsymbol{P}(1),\cdots,\boldsymbol{P}^{\mathrm{T}}(i-1)\boldsymbol{H}^{-1}(i-1)\boldsymbol{P}(i-1),\\&\boldsymbol{P}^{\mathrm{T}}(i+1)\boldsymbol{H}^{-1}(i+1)\boldsymbol{P}(i+1),\cdots,\boldsymbol{P}^{\mathrm{T}}(k)\boldsymbol{H}^{-1}(k)\boldsymbol{P}(k)\},\\\boldsymbol{U}_i=(&\sqrt{\pi_{i,1}}\boldsymbol{P}(i),\cdots,\sqrt{\pi_{i,i-1}}\boldsymbol{P}(i),\sqrt{\pi_{i,i+1}}\boldsymbol{P}(i),\cdots,\sqrt{\pi_{i,k}}\boldsymbol{P}(i)).\end{aligned}$$

注意到不等式

$$\begin{aligned}0&\leqslant(\boldsymbol{H}^{-\frac{1}{2}}(j)\boldsymbol{P}(j)-\boldsymbol{H}^{\frac{1}{2}}(j))^{\mathrm{T}}(\boldsymbol{H}^{-\frac{1}{2}}(j)\boldsymbol{P}(j)-\boldsymbol{H}^{\frac{1}{2}}(j))\\&=\boldsymbol{P}^{\mathrm{T}}(j)\boldsymbol{H}^{-1}(j)\boldsymbol{P}(j)-\boldsymbol{P}^{\mathrm{T}}(j)-\boldsymbol{P}(j)+\boldsymbol{H}(j),\ j\in\mathbb{M}\end{aligned}\tag{2.26}$$

成立，得

$$\boldsymbol{P}^{\mathrm{T}}(j)\boldsymbol{H}^{-1}(j)\boldsymbol{P}(j)\geqslant\boldsymbol{P}^{\mathrm{T}}(j)+\boldsymbol{P}(j)-\boldsymbol{H}(j),\ j\in\mathbb{M}.\tag{2.27}$$

因此

$$\sum_{j=1,j\neq i}^{k}\pi_{ij}\boldsymbol{P}(i)\boldsymbol{P}^{-1}(j)\boldsymbol{E}\boldsymbol{P}^{\mathrm{T}}(i)\leqslant \boldsymbol{U}_i\boldsymbol{W}_i^{-1}\boldsymbol{U}_i^{\mathrm{T}},\tag{2.28}$$

这里 $\boldsymbol{W}_i=\mathrm{diag}\{\mathrm{He}\{\boldsymbol{P}(1)\}-\boldsymbol{H}(1),\cdots,\mathrm{He}\{\boldsymbol{P}(i-1)\}-\boldsymbol{H}(i-1),\mathrm{He}\{\boldsymbol{P}(i+1)\}-\boldsymbol{H}(i+1),\cdots,\mathrm{He}\{\boldsymbol{P}(k)\}-\boldsymbol{H}(k)\}$.

因此,确保式(2.11b)成立的一个充分条件是

$$\boldsymbol{\Omega}(i)\triangleq\begin{pmatrix}\mathrm{He}\{\bar{\boldsymbol{A}}(i)\boldsymbol{P}^{\mathrm{T}}(i)\}+\boldsymbol{U}_i\boldsymbol{W}_i^{-1}\boldsymbol{U}_i^{\mathrm{T}}+(\pi_{ii}-\alpha)\boldsymbol{E}\boldsymbol{P}^{\mathrm{T}}(i) & \bar{\boldsymbol{G}}(i)\\ * & -\boldsymbol{Q}_2(i)\end{pmatrix}<\boldsymbol{O}.\tag{2.29}$$

注意到

$$\boldsymbol{\Omega}(i)=\begin{pmatrix}\boldsymbol{\Xi}(i)+\boldsymbol{U}_i\boldsymbol{W}_i^{-1}\boldsymbol{U}_i^{\mathrm{T}} & \boldsymbol{G}(i)\\ * & -\boldsymbol{Q}_2(i)\end{pmatrix}+\boldsymbol{\Omega}_1(i),\tag{2.30}$$

这里

$$\boldsymbol{\Omega}_1(i)=\begin{pmatrix}\mathrm{He}\{(\Delta\boldsymbol{A}(i)+\Delta\boldsymbol{B}(i)L(i))\boldsymbol{P}^{\mathrm{T}}(i)\} & \Delta\boldsymbol{G}(i)\\ * & \boldsymbol{O}\end{pmatrix}\tag{2.31a}$$

$$=\mathrm{He}\left\{\begin{pmatrix}\boldsymbol{F}(i)\\ O\end{pmatrix}\Delta(i)\begin{pmatrix}\boldsymbol{E}_{12}(i)\boldsymbol{P}^{\mathrm{T}}(i) & \boldsymbol{E}_3(i)\end{pmatrix}\right\},$$

$$\boldsymbol{\Xi}(i)=\mathrm{He}\{\tilde{\boldsymbol{A}}(i)\boldsymbol{P}^{\mathrm{T}}(i)\}+(\pi_{ii}-\alpha)\boldsymbol{E}\boldsymbol{P}^{\mathrm{T}}(i),\tag{2.31b}$$

$$\boldsymbol{E}_{12}(i)=\boldsymbol{E}_1(i)+\boldsymbol{E}_2(i)\boldsymbol{L}(i),\tilde{\boldsymbol{A}}(i)=\boldsymbol{A}(i)+\boldsymbol{B}(i)\boldsymbol{L}(i).\tag{2.31c}$$

由引理1.2,得到

$$\begin{aligned}\boldsymbol{\Omega}(i)&\leqslant\begin{pmatrix}\boldsymbol{\Xi}(i)+\boldsymbol{U}_i\boldsymbol{W}_i^{-1}\boldsymbol{U}_i^{\mathrm{T}} & \boldsymbol{G}(i)\\ * & -\boldsymbol{Q}_2(i)\end{pmatrix}+\varepsilon_i\begin{pmatrix}\boldsymbol{F}(i)\boldsymbol{F}^{\mathrm{T}}(i) & \boldsymbol{O}\\ \boldsymbol{O} & \boldsymbol{O}\end{pmatrix}\\&\quad+\varepsilon_i^{-1}\begin{pmatrix}\boldsymbol{P}(i)\boldsymbol{E}_{12}^{\mathrm{T}}(i)\\ \boldsymbol{E}_3^{\mathrm{T}}(i)\end{pmatrix}\begin{pmatrix}\boldsymbol{E}_{12}(i)\boldsymbol{P}^{\mathrm{T}}(i) & \boldsymbol{E}_3(i)\end{pmatrix}\\&\triangleq\bar{\boldsymbol{\Omega}}(i).\end{aligned}\tag{2.32}$$

这里

$$\begin{aligned}\bar{\boldsymbol{\Omega}}(i)=&\begin{pmatrix}\boldsymbol{\Xi}(i)+\varepsilon_i\boldsymbol{F}(i)\boldsymbol{F}^{\mathrm{T}}(i) & \boldsymbol{G}(i)\\ * & -\boldsymbol{Q}_2\end{pmatrix}\\&-\begin{pmatrix}\boldsymbol{P}(i)\boldsymbol{E}_{12}^{\mathrm{T}}(i) & \boldsymbol{U}_i\\ \boldsymbol{E}_3^{\mathrm{T}}(i) & \boldsymbol{O}\end{pmatrix}\begin{pmatrix}-\varepsilon_i & \boldsymbol{O}\\ \boldsymbol{O} & -\boldsymbol{W}_i\end{pmatrix}^{-1}\begin{pmatrix}\boldsymbol{P}(i)\boldsymbol{E}_{12}^{\mathrm{T}}(i) & \boldsymbol{U}_i\\ \boldsymbol{E}_3^{\mathrm{T}}(i) & \boldsymbol{O}\end{pmatrix}^{\mathrm{T}}.\end{aligned}$$

由引理1.1,$\bar{\boldsymbol{\Omega}}(i)<\boldsymbol{O}$ 成立的充要条件是下列不等式成立:

$$\begin{pmatrix}\boldsymbol{\Omega}_{11}(i) & \boldsymbol{G}(i) & \boldsymbol{P}(i)\boldsymbol{E}_{12}^{\mathrm{T}}(i) & \boldsymbol{U}_i\\ * & -\boldsymbol{Q}_2(i) & \boldsymbol{E}_3^{\mathrm{T}}(i) & \boldsymbol{O}\\ * & * & -\varepsilon_i\boldsymbol{I} & \boldsymbol{O}\\ * & * & * & -\boldsymbol{W}_i\end{pmatrix}<\boldsymbol{O},\tag{2.33}$$

这里$\boldsymbol{\Omega}_{11}(i)=\mathrm{He}\{\tilde{\boldsymbol{A}}(i)\boldsymbol{P}^{\mathrm{T}}(i)\}+\varepsilon_i\boldsymbol{F}(i)\boldsymbol{F}^{\mathrm{T}}(i)+(\pi_{ii}-\alpha)\boldsymbol{E}\boldsymbol{P}^{\mathrm{T}}(i)$和$\tilde{\boldsymbol{A}}(i)=\boldsymbol{A}(i)+\boldsymbol{B}(i)\boldsymbol{L}(i)$.

因此,让$\boldsymbol{L}_1(i)=\boldsymbol{P}(i)\boldsymbol{L}^{\mathrm{T}}(i)$,并注意到$\boldsymbol{E}\boldsymbol{P}^{\mathrm{T}}(i)=\boldsymbol{P}(i)\boldsymbol{E}^{\mathrm{T}}$,从式(2.33)易知条件(2.23b)暗示了条件(2.11b)成立.

注意到$\boldsymbol{P}(i)$是非奇异矩阵,由引理1.3,存在两个非奇异矩阵$\boldsymbol{M}$和$\boldsymbol{N}$,满足$\boldsymbol{MEN}=\mathrm{diag}\{\boldsymbol{I}_r,\boldsymbol{O}\}$. 让$\bar{\boldsymbol{P}}(i)=\boldsymbol{MP}(i)\boldsymbol{N}^{-\mathrm{T}}$,则$\bar{\boldsymbol{P}}(i)$具有以下形式$\begin{pmatrix}\boldsymbol{P}_{11}(i) & \boldsymbol{P}_{12}(i)\\ \boldsymbol{O} & \boldsymbol{P}_{22}(i)\end{pmatrix}$,$\boldsymbol{P}_{11}(i)\geqslant\boldsymbol{O}$,$\boldsymbol{P}_{12}(i)\in\mathbb{R}^{r\times(n-r)}$,$\boldsymbol{P}_{22}(i)\in\mathbb{R}^{(n-r)\times(n-r)}$,且

$$\boldsymbol{P}(i)=\boldsymbol{ENX}(i)\boldsymbol{N}^{\mathrm{T}}+\boldsymbol{M}^{-1}\boldsymbol{Y}(i)(\boldsymbol{N}(\boldsymbol{O}\quad \boldsymbol{I}_{n-r})^{\mathrm{T}})^{\mathrm{T}},\tag{2.34}$$

其中$\boldsymbol{X}(i)=\mathrm{diag}\{\boldsymbol{P}_{11}(i),\Lambda(i)\}$和$\Lambda(i)$是自由参数矩阵,$\boldsymbol{Y}(i)=(\boldsymbol{P}_{12}^{\mathrm{T}}(i)\quad \boldsymbol{P}_{22}^{\mathrm{T}}(i))^{\mathrm{T}}$. 让

$$\boldsymbol{Q}_1(i)=\boldsymbol{R}^{-\frac{1}{2}}(i)\boldsymbol{M}^{\mathrm{T}}\boldsymbol{X}^{-1}(i)\boldsymbol{M}\boldsymbol{R}^{-\frac{1}{2}}(i),$$

则$\boldsymbol{Q}_1(i)$是(2.11c)的一个解,而且$\boldsymbol{P}(i)$满足$\boldsymbol{P}(i)\boldsymbol{E}^{\mathrm{T}}=\boldsymbol{E}\boldsymbol{P}^{\mathrm{T}}(i)=\boldsymbol{ENX}(i)\boldsymbol{N}^{\mathrm{T}}\boldsymbol{E}^{\mathrm{T}}$. 证毕.

推论2.2 存在一个状态反馈控制器$\boldsymbol{L}(r_t)=\boldsymbol{L}_1^{\mathrm{T}}(r_t)\boldsymbol{P}^{-\mathrm{T}}(r_t)$,使得具有扰动$\boldsymbol{w}(t)\equiv\boldsymbol{0}$的闭环奇异跳变系统(2.7a)关于$(c_1,c_2,T,\boldsymbol{R}(r_t))$是奇异随机有限时间稳定的,如果存在一个标量$\alpha\geqslant0$,一个对称正定矩阵集合$\{\boldsymbol{H}(i),i\in\mathbb{M}\}$,一个正定块对角矩阵集合$\{\boldsymbol{X}(i),i\in\mathbb{M}\}$,两个矩阵集合$\{\boldsymbol{Y}(i),i\in\mathbb{M}\}$和$\{\boldsymbol{L}_1(i),i\in\mathbb{M}\}$,一个正标量集合$\{\varepsilon_i,i\in\mathbb{M}\}$,对于所有$i\in\mathbb{M}$,使得式(2.22b)、式(2.23a)和下面的不等式成立:

$$\begin{pmatrix}\boldsymbol{\Omega}_{11}(i) & \boldsymbol{P}(i)\boldsymbol{E}_1^{\mathrm{T}}(i)+\boldsymbol{L}_1(i)\boldsymbol{E}_2^{\mathrm{T}}(i) & \boldsymbol{U}_i\\ * & -\varepsilon_i\boldsymbol{I} & \boldsymbol{O}\\ * & * & -\boldsymbol{W}_i\end{pmatrix}<\boldsymbol{O},\tag{2.35}$$

这里$\boldsymbol{\Omega}_{11}(i)$,$\boldsymbol{P}(i)$和其他矩阵变量与定理2.2相同.

注2.2 推论2.2将奇异随机系统的镇定推广到奇异随机系统的有限时间稳定. 事实上,如果固定$\alpha=0$,不仅可以得到奇异随机系统是随机稳定的,而且奇异跳变系统的状态也是奇异随机有界的.

定理2.3 闭环奇异跳变系统(2.7a)和(2.7b)是关于$(c_1,c_2,T,\boldsymbol{R}(r_t),\gamma,d)$奇异随机$H_\infty$有限时间有界的,如果存在一个标量$\alpha\geqslant0$,一个对称正定矩阵集合$\{\boldsymbol{Q}_1(i),i\in\mathbb{M}\}$和一个非奇异矩阵集合$\{\boldsymbol{P}(i),i\in\mathbb{M}\}$,对于所有$i\in\mathbb{M}$,使得式(2.11a)、式(2.11c)和下面的不等式成立:

$$\begin{pmatrix}\boldsymbol{\Phi}(i) & \boldsymbol{P}(i)\bar{\boldsymbol{C}}^{\mathrm{T}}(i)\boldsymbol{D}_2(i)+\bar{\boldsymbol{G}}(i)\\ * & \boldsymbol{D}_2^{\mathrm{T}}(i)\boldsymbol{D}_2(i)-\gamma^2\mathrm{e}^{-\alpha T}\boldsymbol{I}\end{pmatrix}<\boldsymbol{O},\tag{2.36a}$$

$$c_1^2\sup_{i\in\mathbb{M}}\{\lambda_{\max}(\boldsymbol{Q}_1(i))\}+d^2\gamma^2\mathrm{e}^{-\alpha T}<c_2^2\mathrm{e}^{-\alpha T}\inf_{i\in\mathbb{M}}\{\lambda_{\min}(\boldsymbol{Q}_1(i))\},\tag{2.36b}$$

其中,$\boldsymbol{\Phi}(i)=\mathrm{He}\{\bar{\boldsymbol{A}}(i)\boldsymbol{P}^{\mathrm{T}}(i)\}+\sum_{j=1}^{k}\pi_{ij}\boldsymbol{P}(i)\boldsymbol{P}^{-1}(j)\boldsymbol{E}\boldsymbol{P}^{\mathrm{T}}(i)+\boldsymbol{P}(i)\bar{\boldsymbol{C}}^{\mathrm{T}}(i)\bar{\boldsymbol{C}}(i)\boldsymbol{P}^{\mathrm{T}}(i)-\alpha\boldsymbol{E}\boldsymbol{P}^{\mathrm{T}}(i)$.

证明 让$\mathrm{diag}\{\boldsymbol{P}^{-1}(i),\boldsymbol{I}\}$和$\mathrm{diag}\{\boldsymbol{P}^{-\mathrm{T}}(i),\boldsymbol{I}\}$分别乘以(2.36a)的左右两边,得到以下矩阵不等式

$$\begin{pmatrix} \overline{\boldsymbol{\Phi}}(i) & \overline{\boldsymbol{C}}^{\mathrm{T}}(i)\boldsymbol{D}_2(i)+\boldsymbol{P}^{-1}(i)\overline{\boldsymbol{G}}(i) \\ * & \boldsymbol{D}_2^{\mathrm{T}}(i)\boldsymbol{D}_2(i)-\boldsymbol{Q}_2(i) \end{pmatrix}<\boldsymbol{O}, \tag{2.37}$$

这里

$$\overline{\boldsymbol{\Phi}}(i)=\mathrm{He}\{\boldsymbol{P}^{-1}(i)\overline{\boldsymbol{A}}(i)\}+\sum_{j=1}^{k}\pi_{ij}\boldsymbol{P}^{-1}(j)\boldsymbol{E}+\overline{\boldsymbol{C}}^{\mathrm{T}}(i)\overline{\boldsymbol{C}}(i)-\alpha\boldsymbol{P}^{-1}\boldsymbol{E}.$$

注意到

$$\begin{pmatrix} \overline{\boldsymbol{C}}^{\mathrm{T}}(i)\overline{\boldsymbol{C}}(i) & \overline{\boldsymbol{C}}^{\mathrm{T}}(i)\boldsymbol{D}_2(i) \\ * & \boldsymbol{D}_2^{\mathrm{T}}(i)\boldsymbol{D}_2(i) \end{pmatrix}=\begin{pmatrix} \overline{\boldsymbol{C}}^{\mathrm{T}}(i) \\ \boldsymbol{D}_2^{\mathrm{T}}(i) \end{pmatrix}\begin{pmatrix} \overline{\boldsymbol{C}}(i) & \boldsymbol{D}_2(i) \end{pmatrix}\geqslant\boldsymbol{O}. \tag{2.38}$$

因此条件(2.37)暗示了

$$\begin{pmatrix} \mathrm{He}\{\boldsymbol{P}^{-1}(i)\overline{\boldsymbol{A}}(i)\}+\sum_{j=1}^{k}\pi_{ij}\boldsymbol{P}^{-1}(j)\boldsymbol{E}-\alpha\boldsymbol{P}^{-1}\boldsymbol{E} & \boldsymbol{P}^{-1}(i)\overline{\boldsymbol{G}}(i) \\ * & -\gamma^2\mathrm{e}^{-\alpha T}\boldsymbol{I} \end{pmatrix}<\boldsymbol{O}. \tag{2.39}$$

让 $\boldsymbol{Q}_2(i)=-\gamma^2\mathrm{e}^{-\alpha T}\boldsymbol{I}$,由定理 2.1,条件(2.11a)、(2.11c)、(2.36b)和(2.39)能确保系统(2.7a)和(2.7b)是关于$(c_1,c_2,T,\boldsymbol{R},d)$奇异随机有限时间有界的. 因此,只需要证明约束关系(2.9)成立. 取李雅普诺夫函数为 $V(\boldsymbol{x}(t),i)=\boldsymbol{x}^{\mathrm{T}}(t)\boldsymbol{P}^{-1}(i)\boldsymbol{E}\boldsymbol{x}(t)$,且注意到式(2.14)和式(2.39),得

$$\mathcal{J}V(\boldsymbol{x}(t),i)<\alpha V(\boldsymbol{x}(t),i)+\gamma^2\mathrm{e}^{-\alpha T}\boldsymbol{w}^{\mathrm{T}}(t)\boldsymbol{w}(t)-\boldsymbol{z}^{\mathrm{T}}(t)\boldsymbol{z}(t). \tag{2.40}$$

另外,式(2.40)可以改写为

$$\mathcal{J}[\mathrm{e}^{-\alpha t}V(\boldsymbol{x}(t),i)]<\mathrm{e}^{-\alpha t}[\gamma^2\mathrm{e}^{-\alpha T}\boldsymbol{w}^{\mathrm{T}}(t)\boldsymbol{w}(t)-\boldsymbol{z}^{\mathrm{T}}(t)\boldsymbol{z}(t)]. \tag{2.41}$$

将式(2.41)从 0 到 T 进行积分,并注意到在 $\alpha\geqslant0$ 和零初始条件下,可以得到

$$\begin{aligned} 0 &\leqslant \mathrm{e}^{-\alpha T}V(\boldsymbol{x}(T),i) \\ &< V(\boldsymbol{x}(0),r_0)+\int_0^T\mathrm{e}^{-\alpha\tau}[\gamma^2\mathrm{e}^{-\alpha T}\boldsymbol{w}^{\mathrm{T}}(\tau)\boldsymbol{w}(\tau)-\boldsymbol{z}^{\mathrm{T}}(\tau)\boldsymbol{z}(\tau)]\mathrm{d}\tau \\ &= \int_0^T\mathrm{e}^{-\alpha\tau}[\gamma^2\mathrm{e}^{-\alpha T}\boldsymbol{w}^{\mathrm{T}}(\tau)\boldsymbol{w}(\tau)-\boldsymbol{z}^{\mathrm{T}}(\tau)\boldsymbol{z}(\tau)]\mathrm{d}\tau. \end{aligned} \tag{2.42}$$

因此,在零初始条件下,得到

$$\begin{aligned} E\{\int_0^T\boldsymbol{z}^{\mathrm{T}}(\tau)\boldsymbol{z}(\tau)\mathrm{d}\tau\} &\leqslant \mathrm{e}^{\alpha T}E\{\int_0^T\mathrm{e}^{-\alpha\tau}\boldsymbol{z}^{\mathrm{T}}(\tau)\boldsymbol{z}(\tau)\mathrm{d}\tau\} \\ &< \mathrm{e}^{\alpha T}E\{\int_0^T\gamma^2\mathrm{e}^{-\alpha(\tau+T)}\boldsymbol{w}^{\mathrm{T}}(\tau)\boldsymbol{w}(\tau)\mathrm{d}\tau\} \\ &\leqslant \gamma^2E\{\int_0^T\boldsymbol{w}^{\mathrm{T}}(\tau)\boldsymbol{w}(\tau)\mathrm{d}\tau\}. \end{aligned} \tag{2.43}$$

证毕.

定理 2.4 存在一个状态反馈控制器 $\boldsymbol{L}(r_t)=\boldsymbol{L}_1^{\mathrm{T}}(r_t)\boldsymbol{P}^{-\mathrm{T}}(r_t)\boldsymbol{x}(t)$,使得闭环奇异跳变系统(2.7a)和(2.7b)是关于$(c_1,c_2,T,\boldsymbol{R}(r_t),\gamma,d)$奇异随机 H_∞ 有限时间有界的,如果存在一个标量 $\alpha\geqslant0$,一个对称正定矩阵集合$\{\boldsymbol{H}(i),i\in\mathcal{M}\}$,一个对称正定矩阵集合$\{\boldsymbol{X}(i),i\in\mathcal{M}\}$,两个矩阵集合$\{\boldsymbol{Y}(i),i\in\mathcal{M}\}$和$\{\boldsymbol{L}_1(i),i\in\mathcal{M}\}$,一个正标量集合$\{\varepsilon_i,i\in\mathcal{M}\}$,

$\forall i\in\mathbb{M}$,使得式(2.23a)、式(2.36b)和下面不等式成立:

$$\begin{pmatrix}\boldsymbol{\Gamma}_{11}(i)+\varepsilon_i\boldsymbol{F}(i)\boldsymbol{F}^{\mathrm{T}}(i) & \boldsymbol{G}(i) & \boldsymbol{\Gamma}_{13}(i) & \boldsymbol{\Gamma}_{14}(i) & \boldsymbol{U}(i)\\ * & -\gamma^2\mathrm{e}^{-\alpha T}\boldsymbol{I} & \boldsymbol{E}_3^{\mathrm{T}}(i) & \boldsymbol{D}_2^{\mathrm{T}}(i) & \boldsymbol{O}\\ * & * & -\varepsilon_i\boldsymbol{I} & \boldsymbol{O} & \boldsymbol{O}\\ * & * & * & -\boldsymbol{I} & \boldsymbol{O}\\ * & * & * & * & -\boldsymbol{W}_i\end{pmatrix}<\boldsymbol{O},\tag{2.44}$$

其中,$\boldsymbol{\Gamma}_{11}(i)=\mathrm{He}\{\boldsymbol{P}(i)\boldsymbol{A}^{\mathrm{T}}(i)+\boldsymbol{L}_1(i)\boldsymbol{B}^{\mathrm{T}}(i)\}+(\pi_{ii}-\alpha)\boldsymbol{P}(i)\boldsymbol{E}^{\mathrm{T}}$,

$\boldsymbol{\Gamma}_{13}(i)=\boldsymbol{P}(i)\boldsymbol{E}_1^{\mathrm{T}}(i)+\boldsymbol{L}_1(i)\boldsymbol{E}_2^{\mathrm{T}}(i)$,$\boldsymbol{\Gamma}_{14}(i)=\boldsymbol{P}(i)\boldsymbol{C}^{\mathrm{T}}(i)+\boldsymbol{L}_1(i)\boldsymbol{D}_1^{\mathrm{T}}(i)$,

$\boldsymbol{U}_i=\boldsymbol{P}(i)(\sqrt{\pi_{i,1}}\boldsymbol{I}_n,\cdots,\sqrt{\pi_{i,i-1}}\boldsymbol{I}_n,\sqrt{\pi_{i,i+1}}\boldsymbol{I}_n,\cdots,\sqrt{\pi_{i,k}}\boldsymbol{I}_n)$,

$\boldsymbol{W}_i=\mathrm{diag}\{\mathrm{He}\{\boldsymbol{P}(1)\}-\boldsymbol{H}(1),\cdots,\mathrm{He}\{\boldsymbol{P}(i-1)\}-\boldsymbol{H}(i-1),\mathrm{He}\{\boldsymbol{P}(i+1)\}-\boldsymbol{H}(i+1),\cdots,$
$\mathrm{He}\{\boldsymbol{P}(k)\}-\boldsymbol{H}(k)\}$;

此外,其他矩阵变量和定理2.2相同.

该定理的证明类似于定理2.2的证明,省略其证明.

推论2.3　存在一个状态反馈控制器$\boldsymbol{L}(r_t)=\boldsymbol{L}_1^{\mathrm{T}}(r_t)\boldsymbol{P}^{-\mathrm{T}}(r_t)\boldsymbol{x}(t)$,使得闭环奇异跳变系统(2.7a)和(2.7b)是关于$(c_1,c_2,T,\boldsymbol{R}(r_t),\gamma,d)$奇异随机$H_\infty$有限时间有界的,如果存在一个标量$\alpha\geqslant0$,一个对称正定矩阵集合$\{\boldsymbol{H}(i),i\in\mathbb{M}\}$,一个正定块对角矩阵集合$\{\boldsymbol{X}(i),i\in\mathbb{M}\}$,两个矩阵集合$\{\boldsymbol{Y}(i),i\in\boldsymbol{M}\}$和$\{\boldsymbol{L}_1(i),i\in\mathbb{M}\}$,$\forall i\in\mathbb{M}$,使得式(2.23a)、式(2.36)和下面的不等式成立:

$$\begin{pmatrix}\boldsymbol{\Gamma}_{11}(i) & \boldsymbol{G}(i) & \boldsymbol{P}(i)\boldsymbol{C}^{\mathrm{T}}(i)+\boldsymbol{L}_1(i)\boldsymbol{D}_1^{\mathrm{T}}(i) & \boldsymbol{U}(i)\\ * & -\gamma^2\mathrm{e}^{-\alpha T}\boldsymbol{I} & \boldsymbol{D}_2^{\mathrm{T}}(i) & \boldsymbol{O}\\ * & * & -\boldsymbol{I} & \boldsymbol{O}\\ * & * & * & -\boldsymbol{W}_i\end{pmatrix}<\boldsymbol{O},\tag{2.45}$$

这里$\boldsymbol{\Gamma}_{11}(i)$和其他矩阵变量与定理2.4相同.

注2.3　通过上面的讨论,参数$\alpha=0$时,如果能找到可行解,可以得到所设计的状态反馈控制器,不仅能保证这类奇异跳变系统是奇异随机有限时间有界和随机稳定的,而且被控制输出与扰动输入满足$\|\boldsymbol{T}_{wz}\|<\gamma$.

注2.4　通过分别施加以下条件,很容易检查条件(2.11d)、(2.22b)和(2.36b)成立:

$$\begin{cases}\eta_1\boldsymbol{I}<\boldsymbol{R}^{\frac{1}{2}}(i)\boldsymbol{M}^{-1}\boldsymbol{X}(i)\boldsymbol{M}^{-\mathrm{T}}\boldsymbol{R}^{\frac{1}{2}}(i)<\boldsymbol{I},\\ \boldsymbol{O}<\boldsymbol{Q}_2(i)<\eta_2\boldsymbol{I},\\ \begin{pmatrix}d^2\eta_2-\mathrm{e}^{-\alpha T}c_2^2 & c_1\\ * & -\eta_1\end{pmatrix}<\boldsymbol{O},\end{cases}\tag{2.46}$$

$$\begin{cases}\eta\boldsymbol{I}<\boldsymbol{R}^{\frac{1}{2}}(i)\boldsymbol{M}^{-1}\boldsymbol{X}(i)\boldsymbol{M}^{-\mathrm{T}}\boldsymbol{R}^{\frac{1}{2}}(i)<\boldsymbol{I},\\ \begin{pmatrix}-\mathrm{e}^{-\alpha T}c_2^2 & c_1\\ * & -\eta\end{pmatrix}<\boldsymbol{O},\end{cases}\tag{2.47}$$

$$
\begin{cases}
\eta \boldsymbol{I} < \boldsymbol{R}^{\frac{1}{2}}(i)\boldsymbol{M}^{-1}\boldsymbol{X}(i)\boldsymbol{M}^{-\mathrm{T}}\boldsymbol{R}^{\frac{1}{2}}(i) < \boldsymbol{I}, \\
\begin{pmatrix} \mathrm{e}^{-\alpha T}(d^2\gamma^2 - c_2^2) & c_1 \\ * & -\eta \end{pmatrix} < \boldsymbol{O}.
\end{cases} \tag{2.48}
$$

注 2.5 定理 2.2、推论 2.2、定理 2.4 和推论 2.3 中陈述的条件的可行性可以分别转化为以下带有固定参数 α 的基于 LMI 的可行性问题:

$$
\begin{gathered}
\min_{\boldsymbol{X}(i),\boldsymbol{Y}(i),\boldsymbol{L}_1(i),\boldsymbol{Q}_2(i),\boldsymbol{H}(i),\varepsilon_i,\eta_1,\eta_2} c_2^2 \\
\text{s. t. } (2.23\text{a}),(2.23\text{b}) \text{和} (2.46)
\end{gathered} \tag{2.49}
$$

$$
\begin{gathered}
\min_{\boldsymbol{X}(i),\boldsymbol{Y}(i),\boldsymbol{L}_1(i),\boldsymbol{H}(i),\varepsilon_i,\eta} c_2^2 \\
\text{s. t. } (2.23\text{a}),(2.35) \text{和} (2.47)
\end{gathered} \tag{2.50}
$$

$$
\begin{gathered}
\min_{\boldsymbol{X}(i),\boldsymbol{Y}(i),\boldsymbol{L}_1(i),\boldsymbol{H}(i),\varepsilon_i,\eta} (c_2^2+\gamma^2) \\
\text{s. t. } (2.23\text{a}),(2.44) \text{和} (2.48)
\end{gathered} \tag{2.51}
$$

$$
\begin{gathered}
\min_{\boldsymbol{X}(i),\boldsymbol{Y}(i),\boldsymbol{L}_1(i),\boldsymbol{H}(i),\eta} (c_2^2+\gamma^2) \\
\text{s. t. } (2.23\text{a}),(2.45) \text{和} (2.48).
\end{gathered} \tag{2.52}
$$

此外,还可以利用 Matlab 优化工具箱中的非线性优化方法,通过无约束优化搜索 fminsearch 程序,找到参数 α,得到局部最优解.

2.3 数值算例

在这部分,三个数值算例表明建议方法的有效性.

例 2.1 考虑两个跳模的带有如下参数的奇异跳变系统(2.1a):

- Mode 1:

$$
\boldsymbol{A}(1)=\begin{pmatrix} -0.8 & 1.5 \\ 2 & 3 \end{pmatrix},\boldsymbol{B}(1)=\begin{pmatrix} -1 & 0.2 \\ 0.5 & -0.1 \end{pmatrix},\boldsymbol{G}(1)=\begin{pmatrix} 0.2 \\ 0.1 \end{pmatrix},\boldsymbol{F}(1)=\begin{pmatrix} 0.2 & 0 \\ 0 & 0.1 \end{pmatrix},
$$

$$
\boldsymbol{E}_1(1)=\begin{pmatrix} 0.03 & 0 \\ 0.01 & 0.02 \end{pmatrix},\boldsymbol{E}_2(1)=\begin{pmatrix} 0.02 & 0 \\ 0.01 & 0.01 \end{pmatrix},\boldsymbol{E}_3(1)=\begin{pmatrix} 0.01 \\ 0.01 \end{pmatrix},
$$

- Mode 2:

$$
\boldsymbol{A}(2)=\begin{pmatrix} -2 & 1.2 \\ 1 & 4 \end{pmatrix},\boldsymbol{B}(2)=\begin{pmatrix} -1 & 1 \\ 0.5 & -2 \end{pmatrix},\boldsymbol{G}(2)=\begin{pmatrix} 0.2 \\ 0.3 \end{pmatrix},\boldsymbol{F}(2)=\begin{pmatrix} 0.1 & 0.02 \\ 0 & 0.1 \end{pmatrix},
$$

$$
\boldsymbol{E}_1(2)=\begin{pmatrix} 0.02 & 0 \\ 0.1 & 0.02 \end{pmatrix},\boldsymbol{E}_2(2)=\begin{pmatrix} 0.04 & 0 \\ 0.1 & 0.01 \end{pmatrix},\boldsymbol{E}_3(2)=\begin{pmatrix} 0.04 \\ 0.01 \end{pmatrix},
$$

和 $d=1$, $\Delta(i)=\mathrm{diag}\{r_1(i),r_2(i)\}$,这里 $r_j(i)$ 满足 $|r_j(i)|\leqslant 1$, $i,j=1,2$. 另外,转移概率矩

阵和奇异矩阵分别由下式给出：

$$\boldsymbol{\Gamma}=\begin{pmatrix}-1.2 & 1.2\\ 1 & -1\end{pmatrix},\quad \boldsymbol{E}=\begin{pmatrix}1 & 0\\ 0 & 0\end{pmatrix}.$$

现在，选择 $\boldsymbol{R}(1)=\boldsymbol{R}(2)=\boldsymbol{I}_2, T=2, c_1=1, \alpha=2.5$，由定理 2.2，可得可行解为 $c_2=19.4720$ 及下面的参数：

$$\boldsymbol{X}(1)=\begin{pmatrix}0.6241 & 0\\ 0 & 0.8113\end{pmatrix}, \boldsymbol{Y}(1)=\begin{pmatrix}-0.3111\\ 0.0776\end{pmatrix},$$

$$\boldsymbol{L}_1(1)=\begin{pmatrix}316.7809 & -529.4373\\ -158.9742 & 264.9400\end{pmatrix}, \boldsymbol{X}(2)=\begin{pmatrix}0.9985 & 0\\ 0 & 0.8113\end{pmatrix},$$

$$\boldsymbol{Y}(2)=\begin{pmatrix}-0.2489\\ 2.0384\end{pmatrix}, \boldsymbol{L}_1(2)=10^4\times\begin{pmatrix}3.6966 & 1.9159\\ 2.6476 & 3.4063\end{pmatrix},$$

$$\boldsymbol{H}(1)=\begin{pmatrix}1.0410 & -0.2078\\ -0.2078 & 0.1036\end{pmatrix}, \boldsymbol{H}(2)=\begin{pmatrix}1.0000 & -0.0007\\ -0.0007 & 2.6766\end{pmatrix},$$

$$\eta_1=0.6227, \eta_2=0.9449,$$

$$\varepsilon_1=0.1077, \varepsilon_2=3.3836\times10^4,$$

$$Q_2(1)=0.9410, Q_2(2)=0.6290.$$

因此，可得以下状态反馈控制器增益

$$\boldsymbol{L}(1)=10^3\times\begin{pmatrix}-0.5140 & -2.0497\\ 0.8542 & 3.4160\end{pmatrix},$$

$$\boldsymbol{L}(2)=10^4\times\begin{pmatrix}4.0258 & 1.2989\\ 2.3353 & 1.6711\end{pmatrix}.$$

另外，让 $\boldsymbol{R}(1)=\boldsymbol{R}(2)=\boldsymbol{I}_2, T=2, c_1=1$，通过定理 2.2，$c_2^2$ 最小值的最优解依赖于参数 α. 当 $1.57\leqslant\alpha\leqslant10.35$ 时，可以找到可行解. 图 2.1 显示了不同的 α 值的最优值. 然后，通过应用 Matlab 优化工具箱中的搜索 fminsearch 程序，参数 α 的初始值取为 2，则在 $\alpha=2.2042$ 时，得到如下的局部收敛解：

$$\boldsymbol{L}(1)=10^3\times\begin{pmatrix}-0.4670 & -1.8614\\ 0.7760 & 3.1017\end{pmatrix},$$

$$\boldsymbol{L}(2)=10^5\times\begin{pmatrix}1.0147 & 0.3694\\ 0.5858 & 0.4773\end{pmatrix},$$

和局部最优值 $c_2=18.3111$.

注 2.6　考虑上面例 2.1 的带有 $d=0$ 的奇异跳变系统. 让 $\boldsymbol{R}(1)=\boldsymbol{R}(2)=\boldsymbol{I}_2, T=2, c_1=1$，由推论 2.2，$c_2^2$ 的最小值的最优解取决于参数 α. 当 $1.54\leqslant\alpha\leqslant10.36$ 时，可以找到可行解. 图 2.2 显示了不同的 α 值的最优值. 然后，通过应用 Matlab 优化工具箱中的搜索 fminsearch 程序，参数 α 的初始值取为 2，则在 $\alpha=1.9439$ 时，可以得到局部最优解 $c_2=11.1870$. 从例 2.1 和注 2.6 可以看出扰动的存在导致了 c_2 值增加.

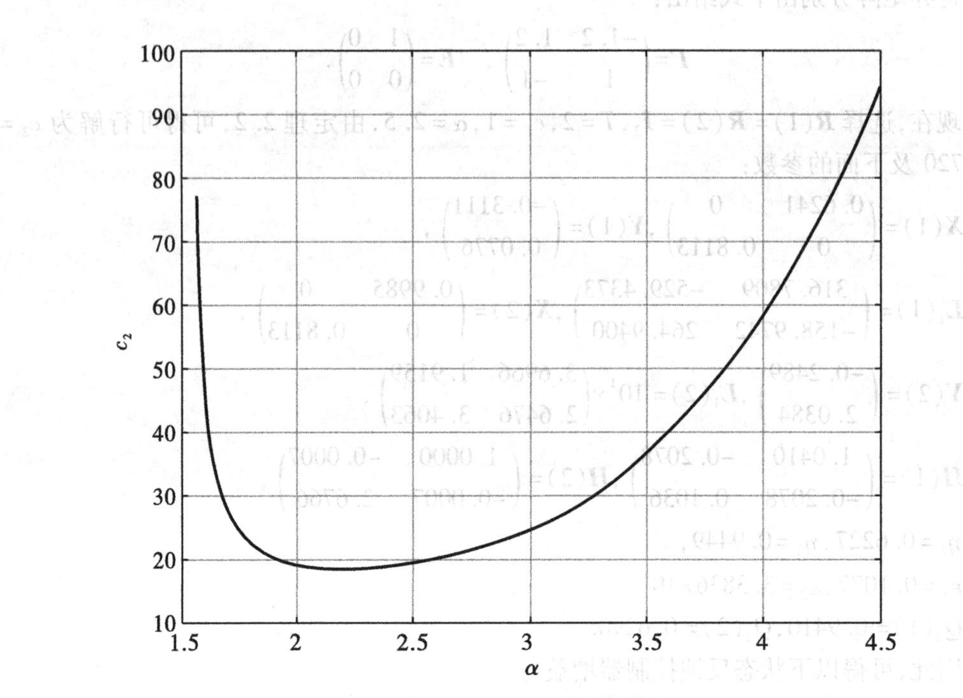

图 2.1　在例 2.1 中 c_2 的局部最优界

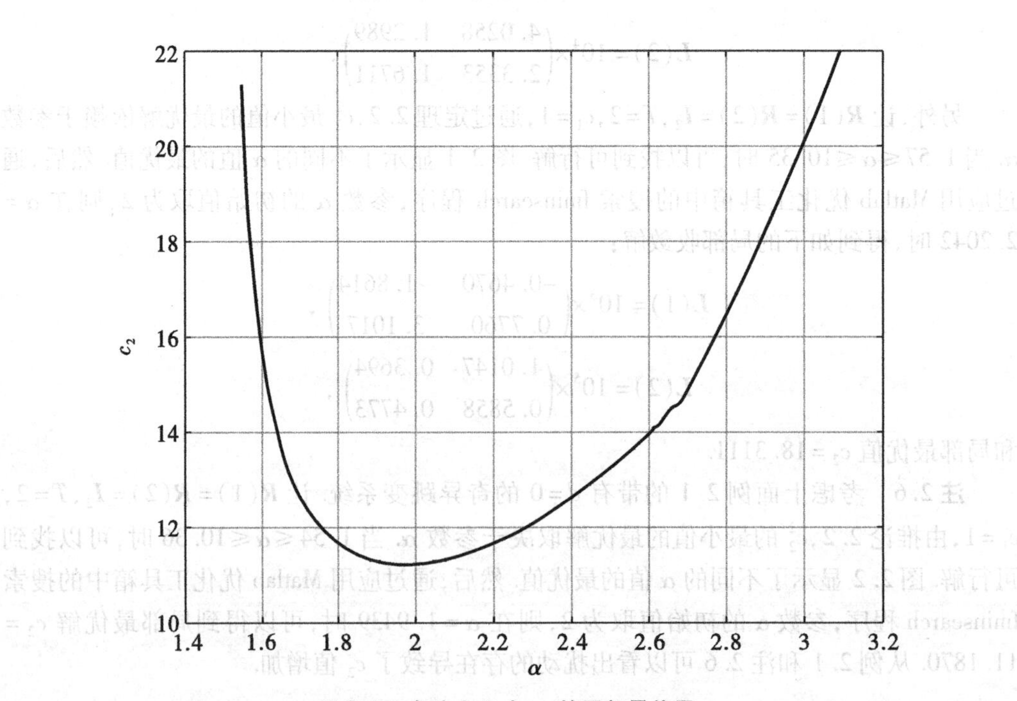

图 2.2　在注 2.6 中 c_2 的局部最优界

例 2.2　考虑带有如下参数的奇异跳变系统(2.1a)和(2.1b)：

$$\boldsymbol{C}(1)=\boldsymbol{C}(2)=(1\quad 1),$$

$$\boldsymbol{D}_1(1)=\boldsymbol{D}_1(2)=(0.1\quad 0.2),\boldsymbol{D}_2(1)=\boldsymbol{D}_2(2)=0.1.$$

此外,其他矩阵变量和转移概率矩阵与例 2.1 相同.

然后,让 $\boldsymbol{R}(1)=\boldsymbol{R}(2)=\boldsymbol{I}_2,T=2,c_1=1$,通过定理 2.4,$c_2^2+\gamma^2$ 的最小值的最优解取决于参数 α. 当 $1.85\leqslant\alpha\leqslant 10.34$ 时,可以找到可行解. 图 2.3 显示了不同的 α 值的最优值. 然后,通过应用 Matlab 优化工具箱中的搜索 fminsearch 程序,参数 α 的初始值取为 3,则在 $\alpha=2.4283$ 时,得到如下局部收敛解：

$$\boldsymbol{L}(1)=10^3\times\begin{pmatrix}-0.7756 & -3.1933\\ 0.4011 & 1.6681\end{pmatrix},\boldsymbol{L}(2)=10^4\times\begin{pmatrix}-1.7703 & -8.3396\\ 0.9245 & 4.3451\end{pmatrix},$$

和局部最优值 $c_2=21.0775$ 和 $\gamma=13.1171$.

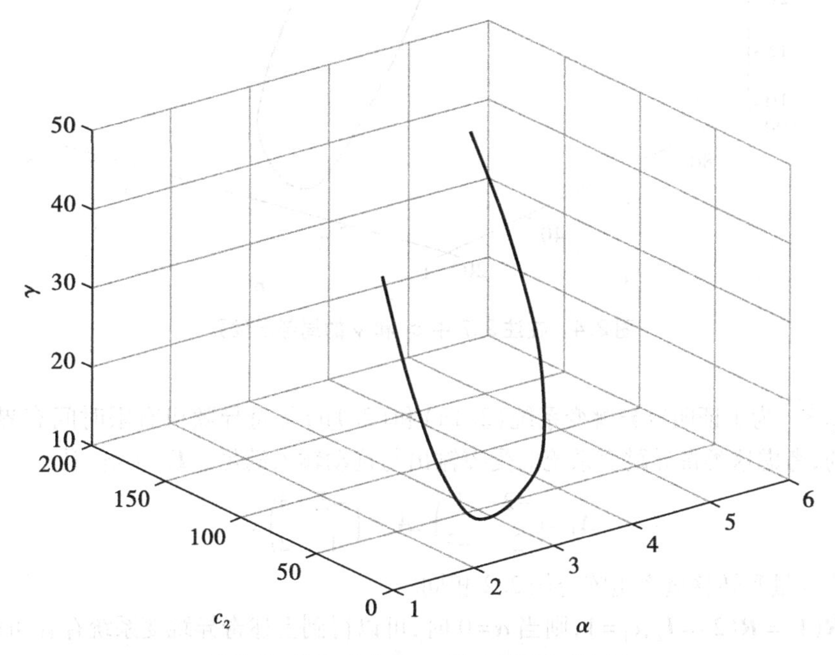

图 2.3　在例 2.2 中 c_2 和 γ 的局部最优界

注 2.7　考虑例 2.2 的奇异跳变系统. 让 $\boldsymbol{R}(1)=\boldsymbol{R}(2)=\boldsymbol{I}_2,T=2,c_1=1$. 由推论 2.3,$c_2^2+\gamma^2$ 的最小值的最优界取决于参数 α. 当 $1.74\leqslant\alpha\leqslant 10.34$ 时,可以找到可行解. 图 2.4 显示了不同的 α 值的最优值. 然后,通过应用 Matlab 优化工具箱中的搜索 fminsearch 程序,参数 α 的初值取为 3,则在 $\alpha=2.3648$ 时,可以得到局部最优解 $c_2=20.0345$ 和 $\gamma=12.5486$.

注 2.8　考虑例 2.2 的奇异跳变系统. 让 $\boldsymbol{R}(1)=\boldsymbol{R}(2)=\boldsymbol{I}_2,T=2,c_1=1$,则当 $\alpha=0$ 时,上述奇异跳变系统的可行解存在. 注意到当 $\alpha=0$ 时,从推论 2.3 得到最优值 $c_2=1.0254$ 和 $\gamma=0.2262$. 因此,上述奇异随机系统也是随机可镇定的,且控制输出与扰动输入满足 $\|\boldsymbol{T}_{wz}\|<0.2262$.

从注 2.7 和注 2.8 可以看出，不确定参数的存在也会导致 c_2 和 γ 的值增大.

注 2.9 为了得到较少保守性结果，可采用文献[99]或文献[100]中的 H_∞ 控制器的设计方法，设计有限时间 H_∞ 控制器，得到具有较小保守性的结论.

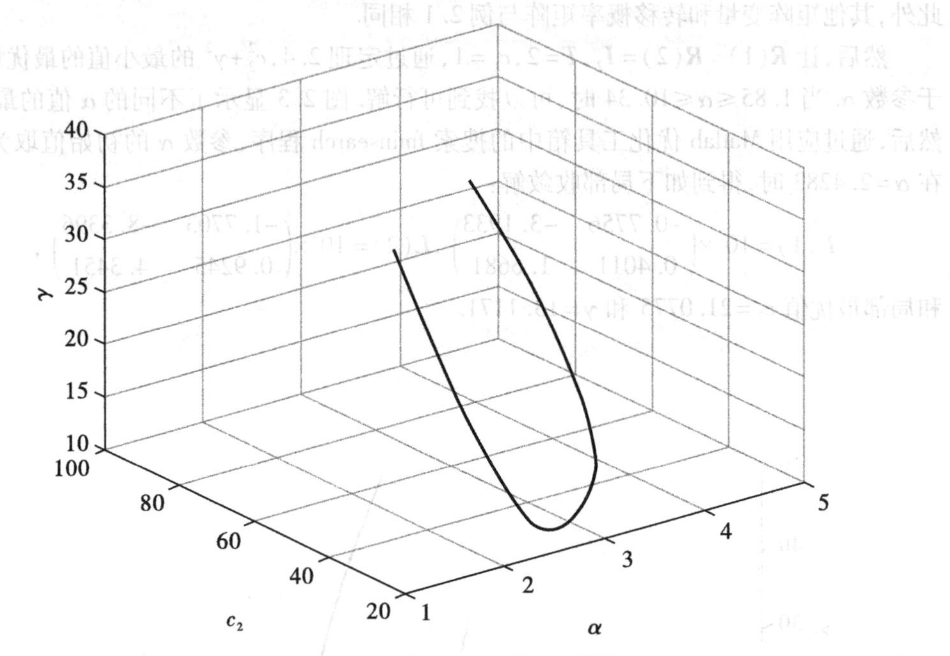

图 2.4 在注 2.7 中 c_2 和 γ 的局部最优界

例 2.3 为了证明奇异跳变系统(2.1a)和(2.1b)是奇异随机有限时间有界和随机可镇定的，考虑这类奇异跳变系统的受控输出与扰动输入满足 $\|\boldsymbol{T}_{wz}\|<\gamma$，让

$$\boldsymbol{A}_1=\begin{pmatrix}-2 & 1\\ 2 & -3\end{pmatrix},\boldsymbol{A}_2=\begin{pmatrix}-2 & 3\\ 1 & 2\end{pmatrix},$$

其他矩阵变量和转移概率矩阵与例 2.2 相同.

让 $\boldsymbol{R}(1)=\boldsymbol{R}(2)=\boldsymbol{I}_2, c_1=1$，则当 $\alpha=0$ 时，可以得到上述奇异跳变系统存在可行解. 注意到当 $\alpha=0$ 时，由定理 2.4 得到最优解 $c_2=1.0281$ 和 $\gamma=0.2315$. 因此，上述奇异随机系统也是随机可镇定的，且控制输出与扰动输入满足 $\|\boldsymbol{T}_{wz}\|<0.2315$.

第3章 离散奇异跳变系统的鲁棒有限时间控制

本章主要讨论不确定离散奇异跳变系统的鲁棒有限时间控制问题. 首先,给出了离散奇异随机系统的奇异随机有限时间有界和奇异随机 H_∞ 有限时间有界的定义. 其次,给出了离散奇异随机系统的奇异有限时间有界、奇异 H_∞ 有限时间有界充分条件. 使用 Fridman 与 Shaked 建议的广义系统方法,设计了有限时间控制器,使得闭环系统是奇异随机有限时间有界和奇异随机 H_∞ 有限时间有界的,导出了问题可解性的基于 LMI 的充分性判据. 数值算例也证明了所建议方法的有效性.

3.1 定义和系统描述

考虑下面的离散奇异跳变系统:

$$\boldsymbol{E}\boldsymbol{x}(k+1)=\mathcal{A}(r_k)\boldsymbol{x}(k)+\mathcal{B}(r_k)\boldsymbol{u}(k)+\boldsymbol{G}(r_k)\boldsymbol{w}(k), \tag{3.1a}$$

$$\boldsymbol{z}(k)=\boldsymbol{C}(r_k)\boldsymbol{x}(k)+D(r_k)\boldsymbol{w}(k), \tag{3.1b}$$

这里 $\boldsymbol{x}(k)\in\mathbb{R}^n$ 是状态变量,$\boldsymbol{z}(k)\in\mathbb{R}^l$ 是系统的控制输入. 系数矩阵是取值在有限集合 $\Lambda=\{1,2,\cdots,s\}$ 上的离散时间、离散状态马尔科夫随机跳变过程的参数矩阵,其转移概率为

$$\Pr\{r_{k+1}=j\mid r_k=i\}=\pi_{ij}, \tag{3.2}$$

这里 $\pi_{ij}\geqslant 0$ 和 $\sum_{j=1}^{s}\pi_{ij}=1(i\in\Lambda)$. $\mathcal{A}(r_k)$ 和 $\mathcal{B}(r_k)$ 是不确定矩阵,并且满足

$$\begin{aligned}&[\mathcal{A}(r_k),\mathcal{B}(r_k)]=\\&[\boldsymbol{A}(r_k),\boldsymbol{B}(r_k)]+\boldsymbol{Y}(r_t)\Delta(r_k,k)[\boldsymbol{Z}_1(r_k),\boldsymbol{Z}_2(r_k)],\end{aligned} \tag{3.3}$$

这里 $\Delta(r_k,k)$ 是一个未知的时变矩阵函数,并且 $\forall k\in\{0,1,\cdots\}$,有 $\Delta^{\mathrm{T}}(r_k,k),\Delta(r_k,k)\leqslant \boldsymbol{I}$. $\boldsymbol{A}(r_k)$,$\boldsymbol{B}(r_k)$,$\boldsymbol{Y}(r_t)$,$\boldsymbol{Z}_1(r_k)$,$\boldsymbol{Z}_2(r_k)$,$\boldsymbol{G}(r_k)$,$\boldsymbol{C}(r_k)$ 和 $\boldsymbol{D}(r_k)$ 是已知的具有适当维数的常数矩阵,而且,噪声信号 $\boldsymbol{w}(k)\in\mathbb{R}^p$ 满足

$$E\{\sum_{k=0}^{N}\boldsymbol{w}^{\mathrm{T}}(k)\boldsymbol{w}(k)\}\leqslant d^2,d\geqslant 0. \tag{3.4}$$

首先,奇异跳变系统(3.1a)和(3.1b)的名义系统可表示为

$$\boldsymbol{E}\boldsymbol{x}(k+1)=\boldsymbol{A}_i\boldsymbol{x}(k)+\boldsymbol{B}_i\boldsymbol{u}(k)+\boldsymbol{G}_i\boldsymbol{w}(k), \tag{3.5a}$$

$$\boldsymbol{z}(k)=\boldsymbol{C}_i\boldsymbol{x}(k)+\boldsymbol{D}_i\boldsymbol{w}(k). \tag{3.5b}$$

本章考虑下面的状态反馈控制律：

$$\boldsymbol{u}(k)=\boldsymbol{K}_i\boldsymbol{x}(k), \tag{3.6}$$

这里 $\boldsymbol{K}_i$ 是将要设计的状态反馈控制增益矩阵，则闭环奇异系统能重新写为下面的形式：

$$\boldsymbol{E}\boldsymbol{x}(k+1)=(\mathcal{A}_i+\mathcal{B}_i\boldsymbol{K}_i)\boldsymbol{x}(k)+\boldsymbol{G}_i\boldsymbol{w}(k), \tag{3.7a}$$

$$\boldsymbol{z}(k)=\boldsymbol{C}_i\boldsymbol{x}(k)+\boldsymbol{D}_i\boldsymbol{w}(k). \tag{3.7b}$$

注 3.1 注意到在假设无脉冲切换及满足某种代偿的条件下，有的学者在文献[108, 109]中给出了切换连续与离散奇异系统的稳定性条件. 观察到在切换奇异系统中，学者们都默认各个子系统的矩阵 $\boldsymbol{E}$ 是相同的. 正如在文献[108-110]中讨论的，尽管这个条件具有一定的局限性，在本章中也需要假设这个条件.

在本章中，需要下面的定义和引理.

定义 3.1 （文献[97]）

(i)称矩阵对 $(\boldsymbol{E},\boldsymbol{A}_i)$ 在 $\{0,1,\cdots,N\}$ 上是正则的，如果 $\forall k\in\{0,1,\cdots,N\}$，多项式 $\det(s\boldsymbol{E}-\boldsymbol{A}_i)\neq 0$；

(ii)称矩阵对 $(\boldsymbol{E},\boldsymbol{A}_i)$ 在 $\{0,1,\cdots,N\}$ 上是因果的，如果 $\forall k\in\{0,1,\cdots,N\}$，有 $\deg(\det(s\boldsymbol{E}-\boldsymbol{A}_i))=\mathrm{rank}(\boldsymbol{E})$.

定义 3.2 （奇异随机有限时间稳定）

假定 $0<\delta<\varepsilon,\boldsymbol{R}_i>\boldsymbol{O}$ 和 $N\in\{0,1,\cdots\}$. 在 $\boldsymbol{u}(k)\equiv\boldsymbol{0}$ 和 $\boldsymbol{w}(k)\equiv\boldsymbol{0}$ 的条件下，奇异系统(3.5a)称作是关于 $(\delta,\varepsilon,\boldsymbol{R}_i,N)$ 奇异随机有限时间稳定的，如果系统(3.5a)是正则和因果的，并且 $\forall k\in\{1,2,\cdots N\}$，下面的不等式成立：

$$E\{\boldsymbol{x}^{\mathrm{T}}(0)\boldsymbol{E}^{\mathrm{T}}\boldsymbol{R}_i\boldsymbol{E}\boldsymbol{x}(0)\}\leqslant\delta^2\Rightarrow E\{\boldsymbol{x}^{\mathrm{T}}(k)\boldsymbol{E}^{\mathrm{T}}\boldsymbol{R}_i\boldsymbol{E}\boldsymbol{x}(k)\}<\varepsilon^2. \tag{3.8}$$

定义 3.3 （奇异随机有限时间有界）

假定 $0<\delta<\varepsilon,\boldsymbol{R}_i>\boldsymbol{O}$ 和 $N\in\{0,1,\cdots\}$. 在 $\boldsymbol{u}(k)\equiv\boldsymbol{0}$ 的条件下，奇异系统(3.5a)称作是关于 $(\delta,\varepsilon,\boldsymbol{R}_i,N,d)$ 奇异随机有限时间有界的，如果系统(3.5a)在 $\{0,1,\cdots,N\}$ 上是正则和因果的，并且约束(3.8)成立.

注 3.2 奇异随机有限时间有界不仅隐含了这个奇异系统的动态模是有限时间有界的，而且由于静态模是正则和因果的，因而这个系统的整个模态是有限时间有界的.

注 3.3 有限时间稳定或有限时间有界暗示了系统轨线在一个预先给定的有限时间区间内不超过给定门槛. 显然，当噪声信号在 $\boldsymbol{w}(k)\equiv\boldsymbol{0}(k\in\{0,1,\cdots\})$ 时，有限时间有界暗示了有限时间稳定. 需要指出的是李雅普诺夫稳定与有限时间稳定是两个不同的概念，前者主要涉及系统在无穷区间上系统的控制性能，而后者主要对付在某个给定有限时间区间上系统状态的有界性分析. 显然，李雅普诺夫稳定并不能保证系统是有限时间稳定的，反之亦然[61,62]. 然而，本章把离散确定系统有限时间稳定与有限时间有界的概念延伸到奇异随机有限时间稳定与奇异随机有限时间有界.

定义 3.4 （奇异随机 H_∞ 有限时间有界）

假定$0<\delta<\varepsilon,\boldsymbol{R}_i>\boldsymbol{O},\gamma>0$和$N\in\{0,1,\cdots\}$. 奇异系统(3.5a)称作是关于$(\delta,\varepsilon,\boldsymbol{R}_i,N,\gamma,d)$是奇异随机$H_\infty$有限时间有界的,如果系统(3.5a)和(3.1b)关于$(\delta,\varepsilon,\boldsymbol{R}_i,N,d)$是奇异随机有限时间有界的,并且在零初值条件下,输出$\boldsymbol{z}(k)$和满足(3.4)的$\boldsymbol{w}(k)$确保下面的约束条件:

$$E\{\sum_{k=0}^{N}\boldsymbol{z}^{\mathrm{T}}(k)\boldsymbol{z}(k)\}<\gamma^2E\{\sum_{k=0}^{N}\boldsymbol{w}^{\mathrm{T}}(k)\boldsymbol{w}(k)\}. \tag{3.9}$$

而且,控制律(3.6)称为系统(3.1a)和(3.1b)的奇异随机有限时间H_∞控制律.

引理3.1　(文献[105])对具有适当维数的矩阵$\boldsymbol{\Omega},\boldsymbol{\Phi}$和$\boldsymbol{\Psi},\boldsymbol{\Omega}$是对称矩阵,$\Delta(k)$满足

$\Delta^{\mathrm{T}}(k)\Delta(k)\leqslant\boldsymbol{I}(\forall k\in\{0,1,\cdots\})$,

则

$$\boldsymbol{\Omega}+\mathrm{He}\{\boldsymbol{\Phi}\Delta(k)\boldsymbol{\Psi}\}<\boldsymbol{O} \tag{3.10}$$

成立的充要条件是存在一个正常数ε,使得$\boldsymbol{\Omega}+\varepsilon\boldsymbol{\Phi}\boldsymbol{\Phi}^{\mathrm{T}}+\varepsilon^{-1}\boldsymbol{\Psi}^{\mathrm{T}}\boldsymbol{\Psi}<\boldsymbol{O}$成立.

3.2　离散奇异跳变系统的有限时间稳定性分析与H_∞合成问题

这部分首先给出名义奇异系统(3.5a)和(3.5b)是奇异随机有限时间有界的结果,随后,应用广义系统方法,奇异跳变系统(3.7a)和(3.7b)是奇异随机有限时间有界的结果被导出.

定理3.1　在$\boldsymbol{u}(k)\equiv\boldsymbol{0}$的情况下,离散奇异随机系统(3.5a)是关于$(\delta,\varepsilon,\boldsymbol{R}_i,N,d)$奇异随机有限时间有界的,如果存在$\mu\geqslant1,\varepsilon>0,\sigma>0,\delta_1>0,\delta_2>0$,对称正定矩阵集合$\{\boldsymbol{P}_i,i\in\Lambda\}$和$\{\boldsymbol{Q}_i,i\in\Lambda\}$,矩阵集合$\{\boldsymbol{W}_i,i\in\Lambda\}$,对所有的$i\in\Lambda$,使得下面的不等式成立:

$$\begin{pmatrix}\boldsymbol{\Xi}_{11i} & * \\ \boldsymbol{\Xi}_{21i} & -\boldsymbol{Q}_i+\boldsymbol{G}_i^{\mathrm{T}}\boldsymbol{X}_i\boldsymbol{G}_i\end{pmatrix}<\boldsymbol{O}, \tag{3.11a}$$

$$\boldsymbol{R}_i<\boldsymbol{P}_i<\sigma\boldsymbol{R}_i, \tag{3.11b}$$

$$\delta_1\boldsymbol{I}<\boldsymbol{Q}_i<\delta_2\boldsymbol{I}, \tag{3.11c}$$

$$\sigma\delta^2+\delta_2d^2<\mu^{-N}\varepsilon^2, \tag{3.11d}$$

其中

$$\boldsymbol{\Xi}_{11i}=\mathrm{He}\{\boldsymbol{A}_i^{\mathrm{T}}\boldsymbol{V}_i\boldsymbol{W}_i^{\mathrm{T}}\}-\mu\boldsymbol{E}^{\mathrm{T}}\boldsymbol{P}_i\boldsymbol{E}+\boldsymbol{A}_i^{\mathrm{T}}\boldsymbol{X}_i\boldsymbol{A}_i,$$

$$\boldsymbol{X}_i=\sum_{j=1}^{s}\pi_{ij}\boldsymbol{P}_j,\boldsymbol{\Xi}_{21i}=\boldsymbol{G}_i^{\mathrm{T}}\boldsymbol{X}_i\boldsymbol{A}_i+\boldsymbol{G}_i^{\mathrm{T}}\boldsymbol{V}_i\boldsymbol{W}_i^{\mathrm{T}}.$$

而且$\boldsymbol{V}_i\in\mathbb{R}^{n\times(n-r)}$是一个满列秩矩阵,满足$\boldsymbol{E}^{\mathrm{T}}\boldsymbol{V}_i=\boldsymbol{O}$.

证明　首先证明奇异系统(3.5a)在$\{0,1,\cdots,N\}$上是正则和因果的. 应用舒尔补引理1.1,并注意到条件(3.11a),有

$$\mathrm{He}\{\boldsymbol{A}_i^{\mathrm{T}}\boldsymbol{V}_i\boldsymbol{W}_i^{\mathrm{T}}\}-\mu\boldsymbol{E}^{\mathrm{T}}\boldsymbol{P}_i\boldsymbol{E}<-\boldsymbol{A}_i^{\mathrm{T}}\boldsymbol{X}_i\boldsymbol{A}_i\leqslant\boldsymbol{O}. \tag{3.12}$$

假定 $\operatorname{rank}(\boldsymbol{E})=r<n$，选择两个非奇异矩阵 $\boldsymbol{H}$ 和 $\boldsymbol{M}$，使得

$$\boldsymbol{HEM}=\begin{pmatrix}\boldsymbol{I}_r & \boldsymbol{O}\\ * & \boldsymbol{O}\end{pmatrix},\boldsymbol{HA}_i\boldsymbol{M}=\begin{pmatrix}\boldsymbol{A}_{11i} & \boldsymbol{A}_{12i}\\ \boldsymbol{A}_{21i} & \boldsymbol{A}_{22i}\end{pmatrix},\boldsymbol{M}^{\mathrm{T}}\boldsymbol{W}_i=\begin{pmatrix}\boldsymbol{W}_{1i}\\ \boldsymbol{W}_{2i}\end{pmatrix}.$$

由于 $\boldsymbol{E}^{\mathrm{T}}\boldsymbol{V}_i=\boldsymbol{O}$ 及 $\operatorname{rank}(\boldsymbol{V}_i)=n-r<n$，显然

$$\boldsymbol{H}^{-\mathrm{T}}\boldsymbol{V}_i=\begin{pmatrix}\boldsymbol{O}\\ \boldsymbol{V}_{2i}\end{pmatrix},\tag{3.13}$$

这里 $\boldsymbol{V}_{2i}\in\mathbb{R}^{(n-r)\times(n-r)}$ 是任意的非奇异矩阵. 对不等式(3.12)的左右两边分别乘以 $\boldsymbol{M}^{\mathrm{T}}$ 和 $\boldsymbol{M}$，易得 $\mathrm{He}\{\boldsymbol{A}_{22i}^{\mathrm{T}}\boldsymbol{V}_i\boldsymbol{W}_{2i}^{\mathrm{T}}\}<\boldsymbol{O}$. 因此，$\boldsymbol{A}_{22i}$ 是非奇异的，这就表明了系统(3.5a)在 $\{0,1,\cdots,N\}$ 上是正则和因果的.

下面证明约束条件(3.8)成立. 考虑下面的李雅普诺夫函数：

$$V(k)=\boldsymbol{x}^{\mathrm{T}}(k)\boldsymbol{E}^{\mathrm{T}}\boldsymbol{P}_i\boldsymbol{Ex}(k).\tag{3.14}$$

定义 $E\{V(k+1)\}\triangleq E\{V(\boldsymbol{x}(k+1),r_{k+1})\mid\boldsymbol{x}(k),r_k=i\}$. 注意到 $\boldsymbol{E}^{\mathrm{T}}\boldsymbol{V}_i=\boldsymbol{O}$，计算

$$\begin{aligned}
&E\{V(k+1)\}\\
&=\sum_{j=1}^{s}\pi_{ij}\boldsymbol{x}^{\mathrm{T}}(k+1)\boldsymbol{E}^{\mathrm{T}}\boldsymbol{P}_j\boldsymbol{Ex}(k+1)\\
&=[\boldsymbol{A}_i\boldsymbol{x}(k)+\boldsymbol{G}_i\boldsymbol{w}(k)]^{\mathrm{T}}\boldsymbol{X}_i[\boldsymbol{A}_i\boldsymbol{x}(k)+\boldsymbol{G}_i\boldsymbol{w}(k)]+2\boldsymbol{x}^{\mathrm{T}}(k+1)\boldsymbol{E}^{\mathrm{T}}\boldsymbol{V}_i\boldsymbol{W}_i^{\mathrm{T}}\boldsymbol{x}(k)\\
&=[\boldsymbol{A}_i\boldsymbol{x}(k)+\boldsymbol{G}_i\boldsymbol{w}(k)]^{\mathrm{T}}\boldsymbol{X}_i[\boldsymbol{A}_i\boldsymbol{x}(k)+\boldsymbol{G}_i\boldsymbol{w}(k)]+2[\boldsymbol{A}_i\boldsymbol{x}(k)+\boldsymbol{G}_i\boldsymbol{w}(k)]^{\mathrm{T}}\boldsymbol{V}_i\boldsymbol{W}_i^{\mathrm{T}}\boldsymbol{x}(k),
\end{aligned}\tag{3.15}$$

这里 $\boldsymbol{X}_i=\sum_{j=1}^{s}\pi_{ij}\boldsymbol{P}_j$. 注意到条件(3.11a)，从(3.15)可以导出

$$E\{V(k+1)\}-\mu V(k)-\boldsymbol{w}^{\mathrm{T}}(k)\boldsymbol{Q}_i\boldsymbol{w}(k)<0.\tag{3.16}$$

因此，从式(3.16)可得

$$E\{V(k+1)\}<\mu E\{V(k)\}+\sup_{i\in\Lambda}\{\lambda_{\max}(\boldsymbol{Q}_i)\}E\{\boldsymbol{w}^{\mathrm{T}}(k)\boldsymbol{w}(k)\}.\tag{3.17}$$

注意到 $\mu\geqslant1$，从式(3.4)和(3.17)，得

$$E\{V(k)\}<\mu^kE\{V(0)\}+\sup_{i\in\Lambda}\{\lambda_{\max}(\boldsymbol{Q}_i)\}\mu^kd^2.\tag{3.18}$$

让 $\overline{\boldsymbol{P}}_i=\boldsymbol{R}_i^{-1/2}\boldsymbol{P}_i\boldsymbol{R}_i^{-1/2}$，并且注意到 $E\{\boldsymbol{x}^{\mathrm{T}}(0)\boldsymbol{E}^{\mathrm{T}}\boldsymbol{R}_i\boldsymbol{Ex}(0)\}\leqslant\delta^2$，有

$$\begin{aligned}
E\{V(0)\}&=E\{\boldsymbol{x}^{\mathrm{T}}(0)\boldsymbol{E}^{\mathrm{T}}\boldsymbol{P}_i\boldsymbol{Ex}(0)\}\\
&=E\{\boldsymbol{x}^{\mathrm{T}}(0)\boldsymbol{E}^{\mathrm{T}}\boldsymbol{R}_i^{1/2}\overline{\boldsymbol{P}}_i\boldsymbol{R}_i^{1/2}\boldsymbol{Ex}(0)\}\\
&\leqslant\max_{i\in\Lambda}\{\lambda_{\max}(\overline{\boldsymbol{P}}_i)\}\delta^2.
\end{aligned}\tag{3.19}$$

另一方面，对所有的 $i\in\Lambda$，得

$$\begin{aligned}
E\{V(k)\}&=E\{\boldsymbol{x}^{\mathrm{T}}(k)\boldsymbol{E}^{\mathrm{T}}\boldsymbol{P}_i\boldsymbol{Ex}(k)\}=E\{\boldsymbol{x}^{\mathrm{T}}(k)\boldsymbol{E}^{\mathrm{T}}\boldsymbol{R}_i^{1/2}\overline{\boldsymbol{P}}_i\boldsymbol{R}_i^{1/2}\boldsymbol{Ex}(k)\}\\
&\geqslant\min_{i\in\Lambda}\{\lambda_{\min}(\overline{\boldsymbol{P}}_i)\}E\{\boldsymbol{x}^{\mathrm{T}}(k)\boldsymbol{E}^{\mathrm{T}}\boldsymbol{R}_i\boldsymbol{Ex}(k)\}.
\end{aligned}\tag{3.20}$$

注意到条件(3.11b)～(3.11d)，从式(3.18)～(3.20)易得

$$E\{\boldsymbol{x}^{\mathrm{T}}(k)\boldsymbol{E}^{\mathrm{T}}\boldsymbol{R}_i\boldsymbol{E}\boldsymbol{x}(k)\}<\varepsilon^2,\quad \forall k\in\{1,2,\cdots N\}. \tag{3.21}$$

这就完成了这个定理的证明. 证毕.

基于定理3.1,下面给出(3.5a)和(3.5b)是奇异随机 H_∞ 有限时间有界性的结果.

定理3.2　在 $\boldsymbol{u}(k)\equiv\boldsymbol{0}$ 时,系统(3.5a)和(3.5b)是关于$(\delta,\varepsilon,\boldsymbol{R}_i,N,\gamma,d)$奇异随机 H_∞ 有限时间有界的,如果存在常数 $\mu\geqslant1,\varepsilon>0,\gamma>0,\sigma>0$,一个对称正定矩阵集合$\{\boldsymbol{P}_i,i\in\Lambda\}$,一个矩阵集合$\{\boldsymbol{W}_i,i\in\Lambda\}$,对所有的 $i\in\Lambda$,使得(3.1b)和下面的不等式成立:

$$\begin{pmatrix}\boldsymbol{\Xi}_{11i} & * & * \\ \boldsymbol{\Xi}_{21i} & -\mu^{-N}\gamma^2\boldsymbol{I}+\boldsymbol{G}_i^{\mathrm{T}}\boldsymbol{X}_i\boldsymbol{G}_i & * \\ \boldsymbol{C}_i & \boldsymbol{D}_i & -\boldsymbol{I}\end{pmatrix}<\boldsymbol{O}, \tag{3.22a}$$

$$\sigma\delta^2+\mu^{-N}\gamma^2d^2<\mu^{-N}\varepsilon^2. \tag{3.22b}$$

证明　由舒尔补引理1.1,条件(3.22a)暗示了

$$\begin{pmatrix}\boldsymbol{\Xi}_{11i} & * \\ \boldsymbol{\Xi}_{21i} & -\mu^{-N}\gamma^2\boldsymbol{I}+\boldsymbol{G}_i^{\mathrm{T}}\boldsymbol{X}_i\boldsymbol{G}_i\end{pmatrix}<\boldsymbol{O}. \tag{3.23}$$

让 $\boldsymbol{Q}_i=\mu^{-N}\gamma^2\boldsymbol{I}$,由定理3.1,则式(3.11b)、式(3.22b)和式(3.23)能确保离散奇异随机系统(3.5a)是关于$(\delta,\varepsilon,\boldsymbol{R}_i,N,d)$奇异随机有限时间有界的. 另一方面,选择与定理3.1类似的李雅普诺夫函数,则对所有的 $i\in\Lambda$,能从式(3.22a)导出下面的不等式成立:

$$E\{V(k+1)\}<\mu V(k)-\boldsymbol{z}^{\mathrm{T}}(k)\boldsymbol{z}(k)+\gamma^2\mu^{-N}\boldsymbol{w}^{\mathrm{T}}(k)\boldsymbol{w}(k). \tag{3.24}$$

在零初值条件下,并且 $\forall k\in\{0,1,\cdots,N\}$, $V(k)\geqslant0$. 因此, $\forall k\in\{0,1,\cdots,N\}$,从式(3.24)得

$$\sum_{j=0}^{k}\mu^{k-j}E\{\boldsymbol{z}^{\mathrm{T}}(j)\boldsymbol{z}(j)\}<\gamma^2\mu^{-N}E\{\sum_{j=0}^{k}\mu^{k-j}\boldsymbol{w}^{\mathrm{T}}(j)\boldsymbol{w}(j)\}. \tag{3.25}$$

注意到 $\mu\geqslant1$,从式(3.25)导出下面的不等式成立:

$$E\{\sum_{k=0}^{N}\boldsymbol{z}^{\mathrm{T}}(k)\boldsymbol{z}(k)\}<\gamma^2E\{\sum_{k=0}^{N}\boldsymbol{w}^{\mathrm{T}}(k)\boldsymbol{w}(k)\}. \tag{3.26}$$

因此,条件(3.9)成立,从而这个定理得到证明.

现在,构造一个状态反馈控制律,使得名义系统(3.7a)和(3.7b)是奇异随机 H_∞ 有限时间有界的.

定理3.3　名义系统(3.7a)和(3.7b)是关于$(\delta,\varepsilon,\boldsymbol{R}_i,N,\gamma,d)$奇异随机 H_∞ 有限时间有界的,如果存在常数 $\mu\geqslant1,\varepsilon>0,\gamma>0,\sigma>0$,一个正常数集合$\{\theta_i,i\in\Lambda\}$,一个对称矩阵集合$\{\boldsymbol{P}_i,i\in\Lambda\}$,矩阵集合$\{\boldsymbol{L}_i,i\in\Lambda\}$和$\{\boldsymbol{W}_i,i\in\Lambda\}$,对所有的 $i\in\Lambda$,使得式(3.11b)、式(3.22b)和下面的不等式成立:

$$\boldsymbol{\Omega}_i=\begin{pmatrix}\boldsymbol{\Omega}_{11i} & * & * & * \\ \boldsymbol{\Omega}_{21i} & \boldsymbol{\Omega}_{22i} & * & * \\ \theta_i\boldsymbol{G}_i^{\mathrm{T}} & \theta_i\boldsymbol{G}_i^{\mathrm{T}} & -\mu^{-N}\gamma^2\boldsymbol{I} & * \\ \boldsymbol{C}_i & \boldsymbol{O} & \boldsymbol{D}_i & -\boldsymbol{I}\end{pmatrix}<\boldsymbol{O}, \tag{3.27}$$

其中

$$\Omega_{11i}=\mathrm{He}\{\theta_i(A_i-E)+B_iL_i\}+E^{\mathrm{T}}X_iE-\mu E^{\mathrm{T}}P_iE,$$

$$\Omega_{21i}=\theta_i(A_i-E)+B_iL_i+V_iW_i^{\mathrm{T}}-\theta_iI+X_iE,$$

$$\Omega_{22i}=-2\theta_iI+X_i,X_i=\sum_{j=1}^{s}\pi_{ij}P_j;$$

并且 $V_i\in\mathbb{R}^{n\times(n-r)}$ 是满足 $E^{\mathrm{T}}V_i=O$ 的任意满列秩矩阵. 而且,$u(k)=\theta_i^{-1}L_ix(k)$ 是设计的奇异有限时间 H_∞ 控制律.

证明 应用 Fridman 和 Shaked 在文献[107]中建议的广义系统方法,(3.7a)和(3.7b)的名义系统能重写为下面的形式:

$$\tilde{E}\tilde{x}(k+1)=\tilde{A}_i\tilde{x}(k)+\tilde{G}_iw(k),\tag{3.28a}$$

$$z(k)=\tilde{C}_i\tilde{x}(k)+\tilde{D}_iw(k),\tag{3.28b}$$

这里

$$\tilde{E}=\begin{pmatrix}E & *\\ O & O\end{pmatrix},\tilde{A}_i=\begin{pmatrix}E & I\\ A_i+B_iK_i-E & -I\end{pmatrix}$$

$$\tilde{G}_i=\begin{pmatrix}O\\ G_i\end{pmatrix},\tilde{x}(k+1)=\begin{pmatrix}x(k)\\ Ex(k+1)-Ex(k)\end{pmatrix}$$

$$\tilde{C}_i=(C_i\quad O),\tilde{D}_i=D_i.$$

则从定理 3.2,系统(3.28a)和(3.28b)是关于$(\delta,\varepsilon,\tilde{R}_i,N,\gamma,d)$奇异随机 H_∞ 有限时间有界的,如果存在常数$\mu\geqslant1,\varepsilon>0,\gamma>0,\sigma>0$,一个对称正定矩阵集合$\{\tilde{P}_i,i\in\Lambda\}$,一个矩阵集合$\{\tilde{W}_i,i\in\Lambda\}$,对所有的 $i\in\Lambda$,使得式(3.22b)和下面的不等式成立:

$$\begin{pmatrix}\tilde{\Xi}_{11i} & * & *\\ \tilde{\Xi}_{21i} & -\mu^{-N}\gamma^2I+\tilde{G}_i^{\mathrm{T}}\tilde{x}_i\tilde{G}_i & *\\ \tilde{C}_i & \tilde{D}_i & -I\end{pmatrix}<O,\tag{3.29a}$$

$$\tilde{R}_i<\tilde{P}_i<\sigma\tilde{R}_i,\tag{3.29b}$$

这里 $\tilde{\Xi}_{11i}=\mathrm{He}\{\tilde{A}_i^{\mathrm{T}}\tilde{V}_i\tilde{W}_i^{\mathrm{T}}\}-\mu\tilde{E}^{\mathrm{T}}\tilde{P}_i\tilde{E}+\tilde{A}_i^{\mathrm{T}}\tilde{x}_i\tilde{A}_i$, $\tilde{\Xi}_{21i}=\tilde{G}_i^{\mathrm{T}}\tilde{x}_i\tilde{A}_i+\tilde{G}_i^{\mathrm{T}}\tilde{V}_i\tilde{W}_i^{\mathrm{T}}$, $\tilde{x}_i=\sum_{j=1}^{s}\pi_{ij}\tilde{P}_j$ 和 $\tilde{E}^{\mathrm{T}}\tilde{V}_i=O$. 特别的,现在选取 $\tilde{P}_i,\tilde{W}_i,\tilde{V}_i$ 和 $\tilde{R}_i$ 为下面的形式:

$$\tilde{P}_i=\begin{pmatrix}P_i & *\\ O & \alpha_iI\end{pmatrix},\tilde{V}_i=\begin{pmatrix}V_i & *\\ O & \theta_iI\end{pmatrix},$$

$$\tilde{W}_i=\begin{pmatrix}W_i & I\\ O & I\end{pmatrix},\tilde{R}_i=\begin{pmatrix}R_i & *\\ O & \vartheta_iI\end{pmatrix},$$

这里$\{\alpha_i,i\in\Lambda\}$和$\{\vartheta_i,i\in\Lambda\}$是两个正常数的集合. 从式(3.27)易得对所有的 $i\in\Lambda,\theta_i\neq0$

成立. 因此,易证 $\tilde{\boldsymbol{V}}_i$ 是满列秩矩阵,而且 $\tilde{\boldsymbol{E}}^{\mathrm{T}}\tilde{\boldsymbol{V}}_i=\boldsymbol{O}$. 考虑到从(3.29b),得到 $\boldsymbol{R}_i<\boldsymbol{P}_i<\sigma\boldsymbol{R}_i$ 和 $\vartheta_i<\alpha_i<\sigma\vartheta_i$. 而且,总能找到阐述 α_i 和 ϑ_i,使得 $\alpha_i\to0$ 时,$\vartheta_i\to0$. 另一方面,让 $\alpha_i\to0$,显然从(3.29a),下面不等式成立:

$$\begin{pmatrix}\boldsymbol{\Gamma}_{11i} & * & * & * \\ \boldsymbol{\Gamma}_{21i} & -2\theta_i\boldsymbol{I}+\boldsymbol{X}_i & * & * \\ \theta_i\boldsymbol{G}_i^{\mathrm{T}} & \theta_i\boldsymbol{G}_i^{\mathrm{T}} & -\mu^{-N}\gamma^2\boldsymbol{I} & * \\ \boldsymbol{C}_i & \boldsymbol{O} & \boldsymbol{D}_i & -\boldsymbol{I}\end{pmatrix}<\boldsymbol{O}, \tag{3.30}$$

这里

$$\boldsymbol{\Gamma}_{11i}=\mathrm{He}\{\theta_i(\boldsymbol{A}_i+\boldsymbol{B}_i\boldsymbol{K}_i-\boldsymbol{E})\}+\boldsymbol{E}^{\mathrm{T}}\boldsymbol{X}_i\boldsymbol{E}-\mu\boldsymbol{E}^{\mathrm{T}}\boldsymbol{P}_i\boldsymbol{E},$$
$$\boldsymbol{\Gamma}_{21i}=\theta_i(\boldsymbol{A}_i+\boldsymbol{B}_i\boldsymbol{K}_i-\boldsymbol{E})+\boldsymbol{V}_i\boldsymbol{W}_i^{\mathrm{T}}-\theta_i\boldsymbol{I}+\boldsymbol{X}_i\boldsymbol{E}.$$

现在,让 $\boldsymbol{L}_i=\theta_i\boldsymbol{K}_i$,易得式(3.30)等价于式(3.27). 最后,易证式(3.7a)和式(3.7b)是关于$(\delta,\varepsilon,\boldsymbol{R},N,\gamma,d)$奇异 H_∞ 有限时间有界的充要条件是系统(3.28a)和(3.28b)关于$(\delta,\varepsilon,\tilde{\boldsymbol{R}}_i,N,\gamma,d)$是奇异随机 H_∞ 有限时间有界的. 证毕.

由引理3.1和定理3.3,很容易导出下面不确定离散跳变奇异系统是鲁棒奇异随机 H_∞ 有限时间有界的结果.

定理3.4 不确定奇异系统(3.7a)和(3.7b)是关于$(\delta,\varepsilon,\boldsymbol{R},N,\gamma,d)$奇异随机 H_∞ 有限时间有界的,如果存在常数 $\mu\geqslant1,\varepsilon>0,\gamma>0,\sigma>0$,正常数集合$\{\theta_i,i\in\Lambda\}$和$\{\varepsilon_i,i\in\Lambda\}$,一个对称正定矩阵集合$\{\boldsymbol{P}_i,i\in\Lambda\}$,矩阵集合$\{\boldsymbol{L}_i,i\in\Lambda\}$和$\{\boldsymbol{W}_i,i\in\Lambda\}$,对所有的 $i\in\Lambda$,使得(3.11b)、(3.22b)和下面的不等式成立:

$$\begin{pmatrix}\boldsymbol{\Omega}_{11i} & * & * & * & * & * \\ \boldsymbol{\Omega}_{21i} & \boldsymbol{\Omega}_{22i} & * & * & * & * \\ \theta_i\boldsymbol{G}_i^{\mathrm{T}} & \theta_i\boldsymbol{G}_i^{\mathrm{T}} & -\mu^{-N}\gamma^2\boldsymbol{I} & * & * & * \\ \boldsymbol{C}_i & \boldsymbol{O} & \boldsymbol{D}_i & -\boldsymbol{I} & * & * \\ \boldsymbol{\Omega}_{51i} & \boldsymbol{O} & \boldsymbol{O} & \boldsymbol{O} & -\varepsilon_i\boldsymbol{I} & * \\ \varepsilon_i\boldsymbol{Y}_i^{\mathrm{T}} & \varepsilon_i\boldsymbol{Y}_i^{\mathrm{T}} & \boldsymbol{O} & \boldsymbol{O} & \boldsymbol{O} & -\varepsilon_i\boldsymbol{I}\end{pmatrix}<\boldsymbol{O}, \tag{3.31}$$

其中 $\boldsymbol{\Omega}_{51i}=\theta_i\boldsymbol{Z}_{1i}+\boldsymbol{Z}_{2i}\boldsymbol{L}_i$,$\boldsymbol{\Omega}_{11i}$,$\boldsymbol{\Omega}_{22i}$ 和 $\boldsymbol{\Omega}_{21i}$ 在式(3.27)中给出. 而且,奇异随机有限时间 H_∞ 控制律可设计为 $\boldsymbol{u}(k)=\theta_i^{-1}\boldsymbol{L}_i\boldsymbol{x}(k)$.

证明 由定理3.3,用$\mathcal{A}(r_k)$和$\mathcal{B}(r_k)$分别替代 $\boldsymbol{A}(r_k)$和 $\boldsymbol{B}(r_k)$,有

$$\boldsymbol{\Omega}_i+\mathrm{He}\{\boldsymbol{\Phi}_i\Delta_i(k)\boldsymbol{\Psi}_i\}<\boldsymbol{O}, \tag{3.32}$$

这里 $\boldsymbol{\Omega}_i$ 在(3.27)中已给出,并且 $\boldsymbol{\Phi}_i=(\boldsymbol{Y}_i^{\mathrm{T}}\quad\boldsymbol{Y}_i^{\mathrm{T}}\quad\boldsymbol{O}\quad\boldsymbol{O})^{\mathrm{T}}$,$\boldsymbol{\Psi}_i=(\theta_i\boldsymbol{Z}_{1i}+\boldsymbol{Z}_{2i}\boldsymbol{L}_i\quad\boldsymbol{O}\quad\boldsymbol{O}\quad\boldsymbol{O})$.

由引理3.1,条件(3.32)成立的充要条件是存在 $\varepsilon_i>0$,使得下面的不等式成立:

$$\boldsymbol{\Omega}_i+\varepsilon_i\boldsymbol{\Phi}_i\boldsymbol{\Phi}_i^{\mathrm{T}}+\varepsilon_i^{-1}\boldsymbol{\Psi}_i^{\mathrm{T}}\boldsymbol{\Psi}_i<\boldsymbol{O}. \tag{3.33}$$

应用舒尔补引理1.1,式(3.33)等价于式(3.31),进而,证明了这个定理. 证毕.

由定理3.1、定理3.3和定理3.4,能够得到下面系统(3.7a)是奇异随机有限时间有界的结果.

推论 3.1 不确定奇异跳变系统(3.7a)是关于$(\delta,\varepsilon,\boldsymbol{R}_i,N,d)$奇异随机有限时间有界的,如果存在常数$\mu\geqslant 1,\varepsilon>0,\sigma>0,\delta_1>0,\delta_2>0$,正常数集合$\{\varepsilon_i,i\in\Lambda\}$和$\{\theta_i,i\in\Lambda\}$,对称正定矩阵集合$\{\boldsymbol{P}_i,i\in\Lambda\}$和$\{\boldsymbol{Q}_i,i\in\Lambda\}$,矩阵集合$\{\boldsymbol{L}_i,i\in\Lambda\}$和$\{\boldsymbol{W}_i,i\in\Lambda\}$,对所有的$i\in\Lambda$,使得式(3.11b)~(3.11d)和下面的不等式成立:

$$\begin{pmatrix} \boldsymbol{\Omega}_{11i} & * & * & * & * \\ \boldsymbol{\Omega}_{21i} & \boldsymbol{\Omega}_{22i} & * & * & * \\ \theta_i\boldsymbol{G}_i^{\mathrm{T}} & \theta_i\boldsymbol{G}_i^{\mathrm{T}} & -\boldsymbol{Q}_i & * & * \\ \theta_i\boldsymbol{Z}_{1i}+\boldsymbol{Z}_{2i}\boldsymbol{L}_i & \boldsymbol{O} & \boldsymbol{O} & -\varepsilon_i\boldsymbol{I} & * \\ \varepsilon_i\boldsymbol{Y}_i^{\mathrm{T}} & \varepsilon_i\boldsymbol{Y}_i^{\mathrm{T}} & \boldsymbol{O} & \boldsymbol{O} & -\varepsilon_i\boldsymbol{I} \end{pmatrix}<\boldsymbol{O}, \tag{3.34}$$

这里$\boldsymbol{X}_i,\boldsymbol{V}_i,\boldsymbol{\Omega}_{11i},\boldsymbol{\Omega}_{22i}$和$\boldsymbol{\Omega}_{21i}$是(3.27)中所定义的矩阵.而且,奇异随机有限时间控制增益能设计为$\boldsymbol{K}_i=\theta_i^{-1}\boldsymbol{L}_i$.

注 3.4 显然,条件(3.22b)、(3.27)和(3.31)不是严格的 LMIs,然而,一旦把μ作为固定参数,那么这些条件能够转化为基于 LMI 的可行性问题.因此,定理 3.3 和定理 3.4 的条件能够分别转化为下面的带有一个固定参数的基于 LMI 的优化问题:

$$\min_{\boldsymbol{P}_i,\boldsymbol{W}_i,\boldsymbol{L}_i,\theta_i,\sigma} \quad (\varepsilon^2+\gamma^2) \tag{3.35}$$
$$\text{s.t. LMIs(3.11b),(3.22b)和(3.27).}$$

$$\min_{\boldsymbol{P}_i,\boldsymbol{W}_i,\boldsymbol{L}_i,\theta_i,\varepsilon_i,\sigma} \quad (\varepsilon^2+\gamma^2) \tag{3.36}$$
$$\text{s.t. LMIs(3.11b),(3.22b)和(3.31).}$$

而且,应用 Matlab 无约束非线性优化工具箱中的搜索 fminsearch 程序,能找到这个参数μ,并能得到一个局部最优解.

3.3 数值算例

例 3.1 为了表明不确定离散马尔科夫跳变奇异系统(3.1a)和(3.1b)是奇异随机H_∞有限时间有界的.考虑带有下面参数的两个模态的马尔科夫跳变系统:

$$\boldsymbol{A}_1=\begin{pmatrix}1 & 1 & 0.2\\ 0 & 2 & 1.8\\ 1 & 1.5 & 1\end{pmatrix},\boldsymbol{B}_1=\begin{pmatrix}0 & 1\\ 1 & 1\\ 1 & 1\end{pmatrix},\boldsymbol{G}_1=\begin{pmatrix}1\\ 1\\ 1\end{pmatrix},$$

$$\boldsymbol{A}_2=\begin{pmatrix}2 & 1 & 0\\ 0 & 1.5 & 2\\ 1 & 1 & 0.5\end{pmatrix},\boldsymbol{B}_2=\begin{pmatrix}0 & 1\\ 2 & 1\\ 1 & 1\end{pmatrix},\boldsymbol{G}_2=\begin{pmatrix}1\\ 0\\ 1\end{pmatrix}$$

$$\boldsymbol{C}_1=(1\quad 1\quad 0),\boldsymbol{D}_1=0.1,\boldsymbol{C}_2=(1\quad 1\quad 1),$$
$$\boldsymbol{D}_2=0.4,\boldsymbol{Z}_{11}=\boldsymbol{Z}_{12}=(0.1\quad 0.1\quad 0.1),$$
$$\boldsymbol{Z}_{21}=\boldsymbol{Z}_{22}=(0.1\quad 0.1),\boldsymbol{Y}_1=\boldsymbol{Y}_2=(0\quad 0.1\quad 0.1)^{\mathrm{T}},$$

和 $\Delta_i(k)=(\tilde{n}_i(k))$，这里对所有的 $k\in\{0,1,\cdots\}$ 和 $i\in\{1,2\}$ $\tilde{n}_i^{\mathrm{T}}(k)\tilde{n}_i(k)\leqslant 1$. 奇异矩阵 $\boldsymbol{E}$ 选取为

$$\boldsymbol{E}=\begin{pmatrix}1&0&1\\3&1&0\\0&0&0\end{pmatrix}.$$

因此，取 $\boldsymbol{V}_1$ 和 $\boldsymbol{V}_2$ 为 $\boldsymbol{V}_1=\boldsymbol{V}_2=(0\quad 0\quad 1)^{\mathrm{T}}$. 另外，转移概率矩阵选取为

$$\Pi=\begin{pmatrix}0.6&0.4\\0.3&0.7\end{pmatrix}.$$

现在，给定初始值 $\boldsymbol{R}_1=\boldsymbol{R}_2=\boldsymbol{I}_3$，$\delta=1$，$N=8$ 和 $d=3$，由定理 3.4，$\varepsilon^2+\gamma^2$ 的最小值的优化值依赖于参数 μ. 当 $1.29\leqslant\mu\leqslant 8.58$ 时，(3.36) 能找到可行解. 图 3.1 表明了随 μ 值的不同的优化值. 那么，应用 Matlab 优化工具箱的搜索 fminsearch 程序，取初值为 $\mu=2$，那么在 $\mu=1.5882$ 时，取得局部最优解为 $\varepsilon=150.6362$ 和 $\gamma=48.8208$. 因此，离散奇异随机系统是关于 $(1,150.6362,\boldsymbol{I}_3,8,48.8208,3)$ 奇异随机 H_∞ 有限时间有界的.

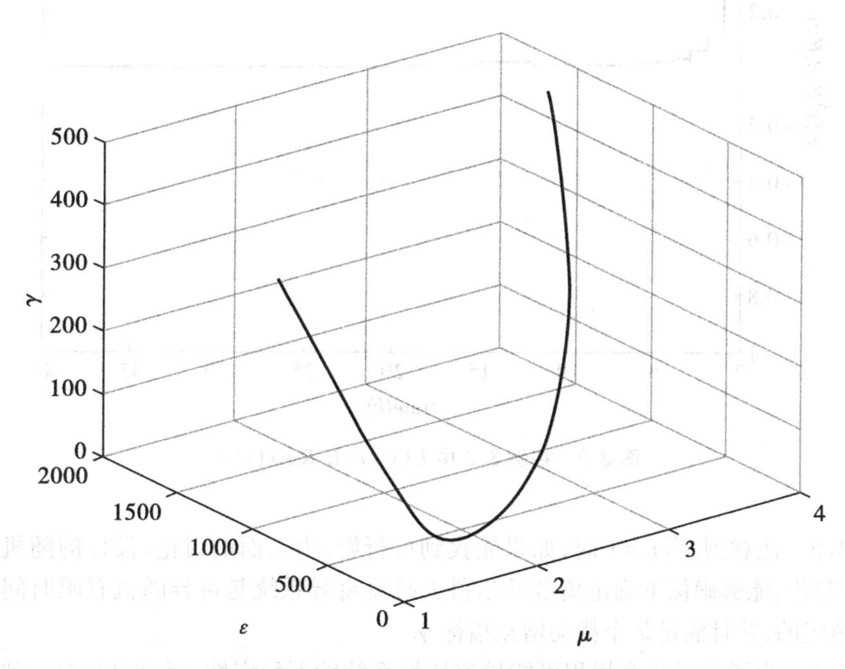

图 3.1　在例 3.1 中 ε 和 γ 的局部优化界

例 3.2　为了表明不确定离散马尔科夫跳变奇异系统 (3.1a) 和 (3.1b) 是奇异随机 H_∞ 有限时间有界和随机可镇定的，让

$$\boldsymbol{E}=\begin{pmatrix}1&1.5&0\\0&1&0\\0&0&0\end{pmatrix},\boldsymbol{A}_1=\begin{pmatrix}1&1&0\\0&2&1.8\\1&1.5&0\end{pmatrix},\boldsymbol{A}_2=\begin{pmatrix}1.4&1&0\\0&1.6&2\\1&1.2&0\end{pmatrix}.$$

则 $\boldsymbol{V}_1$ 和 $\boldsymbol{V}_2$ 取为 $\boldsymbol{V}_1=\boldsymbol{V}_2=(0\quad 0\quad 1)^{\mathrm{T}}$. 而且，其他的矩阵参数和传递概率矩阵在例 3.1 中给出.

取 $\boldsymbol{R}_1=\boldsymbol{R}_2=\boldsymbol{I}_3$，$\delta=1$，$d=3$ 和 $\mu=1$，由定理 3.4，(3.36) 的可行解是存在的，并且能得到优化解为 $\varepsilon=8.5981$，$\gamma=2.7064$ 及下面的控制增益矩阵：

$$\boldsymbol{K}_1=\begin{pmatrix}0.5283 & -0.6514 & -1.0465\\ -0.5357 & -0.1279 & -0.1919\end{pmatrix},\boldsymbol{K}_2=\begin{pmatrix}0.3859 & -0.2916 & -0.3441\\ -0.7720 & -0.0855 & -0.6686\end{pmatrix}.$$

假定 $w(k)=\mathrm{e}^{-k}$，初值 $\boldsymbol{x}^{\mathrm{T}}(0)=(0.1904\quad -0.6188\quad 0.6)$，$r_0=1$. 仿真结果表明，在图 3.2 和图 3.3 中. 从图 3.2 中，能够看出这个系统是奇异随机有限时间有界的. 图 3.3 表明这个离散奇异跳变系统的跳模和状态反应，而且表明这个系统是随机可镇定的.

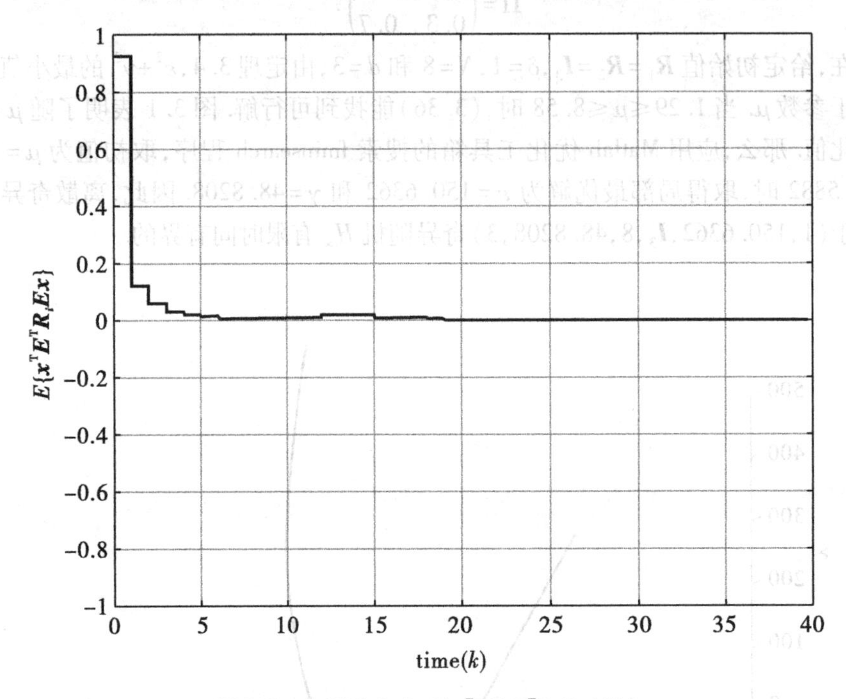

图 3.2　在例 3.2 中 $E\{\boldsymbol{x}^{\mathrm{T}}(k)\boldsymbol{E}^{\mathrm{T}}\boldsymbol{R}_i\boldsymbol{E}\boldsymbol{x}(k)\}$

注 3.5　注意到，当 $\mu=1$ 时，如果能找到可行解，由上面的讨论，设计的随机有限时间 H_∞ 控制律，能够确保不确定离散马尔科夫跳变奇异系统是奇异随机有限时间有界和随机可镇定的，并且满足某个扰动增益指标 γ.

注 3.6　为了克服跳变累积可能导致切换系统的不稳定性，通过对每个一致空间上的李雅普诺夫函数的分析，文献[112]提供了切换奇异系统稳定的充分条件. 随后，应用等价动态解耦技巧，Zhou 等在文献[113]中研究了带有稳定与不稳定子系统的切换线性奇异系统的稳定性分析. 然而，当存在马尔科夫跳变参数时，如果状态不总是和下个激励子系统一致，则带有跳变参数的奇异系统的奇异有限时间 H_∞ 控制这个主题是一个挑战性的主题，可能应用等价动力系统解耦方法或其他方法研究这类系统的有限时间控制问题.

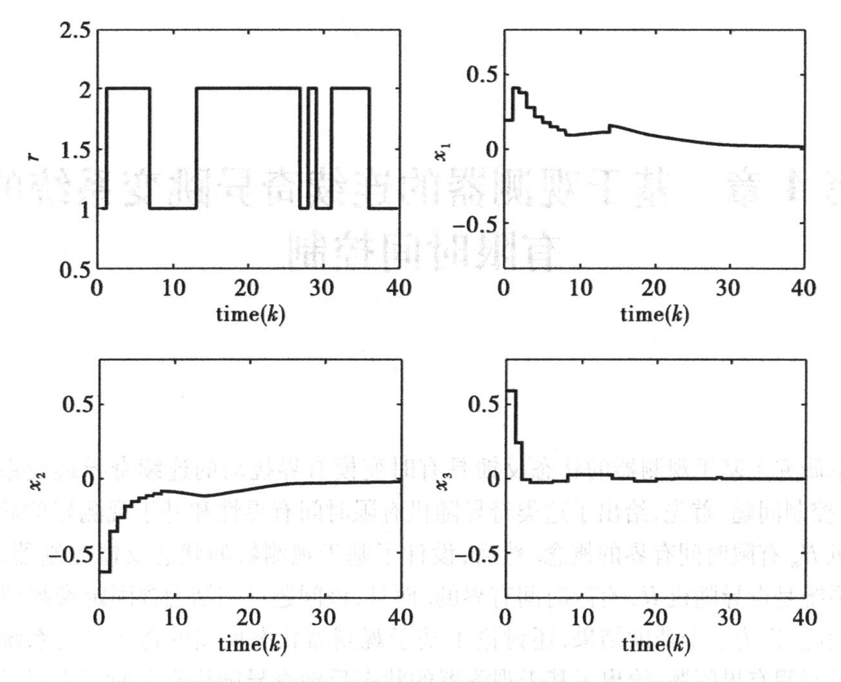

图3.3　在例3.2中闭环系统的跳模和状态反应

第 4 章　基于观测器的连续奇异跳变系统的有限时间控制

本章研究了基于观测器的状态反馈具有时变模有界扰动的连续奇异跳变系统有限时间 H_∞ 控制问题. 首先,给出了这类奇异随机有限时间有界性和基于观测器的状态反馈奇异随机 H_∞ 有限时间有界的概念. 然后,设计了基于观测器的状态反馈控制器,使得闭环误差系统是奇异随机 H_∞ 有限时间有界的. 而且,该问题可归结为含固定参数的 LMI 的可行性问题. 作为一个辅助结果,还讨论了基于观测器状态反馈的奇异跳变系统的奇异随机有限时间有界问题,给出了基于观测器的状态反馈奇异随机有限时间有界的充分性判据. 最后,数值算例说明了所建议方法的有效性.

4.1　定义和系统描述

考虑下面的连续时间奇异跳变系统:

$$\boldsymbol{E}(r_t)\dot{\boldsymbol{x}}(t)=\boldsymbol{A}(r_t)\boldsymbol{x}(t)+\boldsymbol{B}(r_t)\boldsymbol{u}(t)+\boldsymbol{G}(r_t)\boldsymbol{w}(t),\tag{4.1a}$$

$$\boldsymbol{z}(t)=\boldsymbol{C}(r_t)\boldsymbol{x}(t)+\boldsymbol{D}_1(r_t)\boldsymbol{u}(t)+\boldsymbol{D}_2(r_t)\boldsymbol{w}(t),\tag{4.1b}$$

$$\boldsymbol{y}(t)=\boldsymbol{C}_y(r_t)\boldsymbol{x}(t),\tag{4.1c}$$

其中 $\boldsymbol{x}(t)\in\mathbb{R}^n$ 是状态向量,$\boldsymbol{z}(t)\in\mathbb{R}^l$ 是控制输出,$\boldsymbol{y}(t)\in\mathbb{R}^q$ 是测量输出,$\boldsymbol{w}(t)\in\mathbb{R}^p$ 是控制输入,$\boldsymbol{E}(r_t)$是满足 $\mathrm{rank}(\boldsymbol{E}(r_t))=r_{r_t}<n$ 的奇异矩阵;$\{r_t,t\geqslant0\}$是取值在有限空间 $\mathbb{M}\triangleq\{1,2,\cdots,k\}$ 上的连续时间马尔科夫跳变随机过程,其转移概率矩阵 $\boldsymbol{\Gamma}=(\pi_{ij})_{k\times k}$,并且转移概率描述如下:

$$\Pr(r_{t+\Delta t}=j\mid r_t=i)=\begin{cases}\pi_{ij}\Delta t+o(\Delta t), & \text{if}\quad i\neq j,\\ 1+\pi_{ii}\Delta t+o(\Delta t), & \text{if}\quad i=j,\end{cases}\tag{4.2}$$

其中$\lim\limits_{\Delta t\to0}\dfrac{o(\Delta t)}{\Delta t}=0$,满足 $\pi_{ij}\geqslant0(i\neq j)$ 和 $\pi_{ii}=-\sum\limits_{j=1,j\neq i}^{k}\pi_{ij}(i,j\in\mathbb{M})$;另外,扰动 $\boldsymbol{w}(t)\in\mathbb{R}^p$ 满足以下约束条件:

$$E\{\int_0^T\boldsymbol{w}^{\mathrm{T}}(t)\boldsymbol{w}(t)\mathrm{d}t\}\leqslant d^2,d\geqslant0,\tag{4.3}$$

并且对所有的 $r_t \in \mathbb{M}$，矩阵 $\boldsymbol{A}(r_t)$，$\boldsymbol{B}(r_t)$，$\boldsymbol{G}(r_t)$，$\boldsymbol{C}(r_t)$，$\boldsymbol{D}_1(r_t)$ 和 $\boldsymbol{D}_2(r_t)$ 是具有适当维数的系数矩阵.

为了简化符号，在后续中，对于每个可能的 $r_t = i, i \in \mathbb{M}$，矩阵 $\boldsymbol{K}(r_t)$ 将表示为 $\boldsymbol{K}_i$；例如 $\boldsymbol{A}(r_t)$ 将表示为 $\boldsymbol{A}_i$，$\boldsymbol{B}(r_t)$ 表示为 $\boldsymbol{B}_i$，等等.

在本章中，构造如下状态观测器和反馈控制器：

$$\boldsymbol{E}_i \dot{\tilde{\boldsymbol{x}}}(t) = \boldsymbol{A}_i \tilde{\boldsymbol{x}}(t) + \boldsymbol{B}_i \boldsymbol{u}(t) + \boldsymbol{H}_i(\boldsymbol{y}(t) - \tilde{\boldsymbol{y}}(t)), \tag{4.4a}$$

$$\tilde{\boldsymbol{y}}(t) = \boldsymbol{C}_{yi} \tilde{\boldsymbol{x}}(t), \tag{4.4b}$$

$$\boldsymbol{u}(t) = \boldsymbol{K}_i \tilde{\boldsymbol{x}}(t), \tag{4.4c}$$

其中 $\tilde{\boldsymbol{x}}(t)$ 和 $\tilde{\boldsymbol{y}}(t)$ 是状态估计和输出，$\tilde{\boldsymbol{x}}(0)$ 是一个初始状态估计，$\boldsymbol{K}_i$ 是一个设计的状态反馈增益，而 $\boldsymbol{H}_i$ 是一个设计的观测器增益. 定义状态估计误差 $\boldsymbol{e}(t) = \boldsymbol{x}(t) - \tilde{\boldsymbol{x}}(t)$ 和 $\overline{\boldsymbol{x}}(t) = (\boldsymbol{x}^{\mathrm{T}}(t) \quad \boldsymbol{e}^{\mathrm{T}}(t))^{\mathrm{T}}$. 则闭环误差奇异跳变系统可写成如下的形式：

$$\overline{\boldsymbol{E}}_i \dot{\overline{\boldsymbol{x}}}(t) = \overline{\boldsymbol{A}}_i \overline{\boldsymbol{x}}(t) + \overline{\boldsymbol{G}}_i \boldsymbol{w}(t), \tag{4.5a}$$

$$\boldsymbol{z}(t) = \overline{\boldsymbol{C}}_i \overline{\boldsymbol{x}}(t) + \boldsymbol{D}_{2i} \boldsymbol{w}(t), \tag{4.5b}$$

其中

$$\overline{\boldsymbol{E}}_i = \begin{pmatrix} \boldsymbol{E}_i & \boldsymbol{O} \\ * & \boldsymbol{E}_i \end{pmatrix}, \overline{\boldsymbol{A}}_i = \begin{pmatrix} \boldsymbol{A}_i + \boldsymbol{B}_i \boldsymbol{K}_i & -\boldsymbol{B}_i \boldsymbol{K}_i \\ \boldsymbol{O} & \boldsymbol{A}_i - \boldsymbol{H}_i \boldsymbol{C}_{yi} \end{pmatrix},$$

$$\overline{\boldsymbol{G}}_i^{\mathrm{T}} = (\boldsymbol{G}_i^{\mathrm{T}} \quad \boldsymbol{G}_i^{\mathrm{T}}), \overline{\boldsymbol{C}}_i = (\boldsymbol{C}_i + \boldsymbol{D}_{1i} \boldsymbol{K}_i \quad -\boldsymbol{D}_{1i} \boldsymbol{K}_i).$$

定义 4.1　（正则和无脉冲的，文献[92,93]）

在 $\boldsymbol{u}(t) \equiv \boldsymbol{0}$ 的情况下，奇异跳变系统(4.1a)被说成是在时间区间 $[0,T]$ 内正则的，如果 $\forall t \in [0,T]$，特征多项式 $\det(s\boldsymbol{E}_i - \boldsymbol{A}_i) \neq 0$；带有 $\boldsymbol{u}(t) \equiv \boldsymbol{0}$ 的奇异跳变系统(4.1a)被说成是在时间区间 $[0,T]$ 内无脉冲的，如果 $\forall t \in [0,T]$，有 $\deg(\det(s\boldsymbol{E}_i - \boldsymbol{A}_i)) = \operatorname{rank}(\boldsymbol{E}_i)$.

定义 4.2　[奇异随机有限时间稳定(SSFTS)]

若 $c_1 < c_2$ 和 $\boldsymbol{R}_i > \boldsymbol{O}$，在 $\boldsymbol{w}(t) \equiv \boldsymbol{0}$ 的情况下，闭环奇异跳变系统(4.1a)被说成是关于 $(c_1, c_2, T, \boldsymbol{R}_i)$ 奇异随机有限时间稳定的，如果随机系统在区间 $[0,T]$ 内是正则和无脉冲的，并且 $\forall t \in [0,T]$，使得满足下面约束：

$$E\{\boldsymbol{x}^{\mathrm{T}}(0)\boldsymbol{E}_i^{\mathrm{T}}\boldsymbol{R}_i\boldsymbol{E}_i\boldsymbol{x}(0)\} \leqslant c_1^2 \Rightarrow E\{\boldsymbol{x}^{\mathrm{T}}(t)\boldsymbol{E}_i^{\mathrm{T}}\boldsymbol{R}_i\boldsymbol{E}_i\boldsymbol{x}(t)\} < c_2^2. \tag{4.6}$$

定义 4.3　[奇异随机有限时间有界(SSFTB)]

若 $c_1 < c_2$ 和 $\boldsymbol{R}_i > \boldsymbol{O}$，满足(4.3)的闭环奇异跳变系统(4.1a)被说成是关于 $(c_1, c_2, T, \boldsymbol{R}_i, d)$ 奇异随机有限时间有界的，如果随机系统(4.1a)在区间 $[0,T]$ 内是正则和脉冲自由的，并且满足条件(4.6).

定义 4.4　（基于观测器的状态反馈奇异随机有限时间有界）

若 $c_1 < c_2$ 和 $\boldsymbol{R}_i > \boldsymbol{O}$，误差奇异跳变系统(4.5a)和(4.5b)被说成是关于 $(c_1, c_2, T, \overline{\boldsymbol{R}}_i, d)$ 基于观测器的状态反馈奇异随机有限时间有界的，如果存在(4.4a) ~ (4.4c)形式的状态反馈控制律和状态观测器，使得误差奇异跳变系统(4.5a)和(4.5b)在时间区间 $[0,T]$ 内是正则和无脉冲的，并且 $\forall t \in [0,T]$，使得满足下面的约束条件：

$$E\{\bar{\boldsymbol{x}}^{\mathrm{T}}(0)\bar{\boldsymbol{E}}_i^{\mathrm{T}}\boldsymbol{R}_i\bar{\boldsymbol{E}}_i\bar{\boldsymbol{x}}(0)\}\leqslant c_1^2\Rightarrow E\{\bar{\boldsymbol{x}}^{\mathrm{T}}(t)\bar{\boldsymbol{E}}_i^{\mathrm{T}}\boldsymbol{R}_i\bar{\boldsymbol{E}}_i\bar{\boldsymbol{x}}(t)\}<c_2^2. \tag{4.7}$$

定义 4.5 （文献[31]）设 $V(\boldsymbol{x}(t),r_t=i,t\geqslant 0)$ 是随机函数，通过

$$\begin{aligned}\mathcal{J}V(\boldsymbol{x}(t),r_t=i,t)&=\lim_{\Delta t\to 0}\frac{1}{\Delta t}\{E\{V(\boldsymbol{x}(t+\Delta t),r_{t+\Delta t},t+\Delta t)\mid \boldsymbol{x}(t)=\boldsymbol{x},r_t=i)\}-V(\boldsymbol{x}(t),i,t)\}\\&=V_t(\boldsymbol{x}(t),i,t)+V_x(\boldsymbol{x}(t),i,t)\dot{\boldsymbol{x}}(t,i)+\sum_{j=1}^{k}\pi_{ij}V(\boldsymbol{x}(t),j,t).\end{aligned} \tag{4.8}$$

定义随机过程 $\{(\boldsymbol{x}(t),r_t=i),t\geqslant 0\}$ 的弱无穷小算子 $\mathcal{J}$.

定义 4.6 （基于观测器的状态反馈奇异随机 H_∞ 有限时间有界）

若 $c_1<c_2$ 和 $\boldsymbol{R}_i>\boldsymbol{O}$，闭环误差奇异跳变系统(4.5a)和(4.5b)被说成是关于 $(c_1,c_2,T,\bar{\boldsymbol{R}}_i,\gamma,d)$ 基于观测器的状态反馈奇异随机 H_∞ 有限时间有界的，如果存在(4.4a)～(4.4c)形式的状态观测器和状态反馈控制律，使得误差奇异跳变系统(4.5a)和(4.5b)是关于 $(c_1,c_2,T,\bar{\boldsymbol{R}}_i,d)$ 基于观测器的状态反馈奇异随机有限时间有界的，并且在零初始条件下，控制输出 $\boldsymbol{z}(t)$ 和满足(4.3)非零 $\boldsymbol{w}(t)$ 确保下面的约束条件成立：

$$E\left\{\int_0^T\boldsymbol{z}^{\mathrm{T}}(t)\boldsymbol{z}(t)\,\mathrm{d}t\right\}<\gamma^2E\left\{\int_0^T\boldsymbol{w}^{\mathrm{T}}(t)\boldsymbol{w}(t)\,\mathrm{d}t\right\}. \tag{4.9}$$

本章的主要目的是设计一个(4.4a)～(4.4c)形式的状态观测器和反馈控制器，通过基于观测器的误差奇异跳变系统(4.5a)和(4.5b)的状态反馈来确保闭环系统是奇异随机 H_∞ 有限时间有界的.

4.2 基于观测器的状态反馈有限时间稳定性分析与 H_∞ 合成问题

这部分设计状态观测器和反馈控制器，使得所考虑的误差奇异跳变系统是奇异随机 H_∞ 有限时间有界的.

定理 4.1 误差奇异跳变系统(4.5a)和(4.5b)是关于 $(c_1,c_2,T,\bar{\boldsymbol{R}}_i,d)$ 基于观测器的状态反馈奇异随机有限时间有界的，如果存在一个正标量 α,c_2，一个模相关的非奇异矩阵集合 $\{\bar{\boldsymbol{P}}_i,i\in\mathbb{M}\}$，一个模相关对称正定矩阵集合 $\{\bar{\boldsymbol{S}}_i,i\in\mathbb{M}\}$，$\{\boldsymbol{\Theta}_i,i\in\mathbb{M}\}$，并且 $\forall i\in\mathbb{M}$，使得下列不等式成立：

$$\bar{\boldsymbol{P}}_i\bar{\boldsymbol{E}}_i^{\mathrm{T}}=\bar{\boldsymbol{E}}_i\bar{\boldsymbol{P}}_i^{\mathrm{T}}\geqslant\boldsymbol{O}, \tag{4.10a}$$

$$\begin{pmatrix}\mathrm{He}\{\bar{\boldsymbol{A}}_i\bar{\boldsymbol{P}}_i^{\mathrm{T}}\}+\sum\limits_{j=1}^{k}\pi_{ij}\bar{\boldsymbol{P}}_i\bar{\boldsymbol{P}}_j^{-1}\bar{\boldsymbol{E}}_j\bar{\boldsymbol{P}}_i^{\mathrm{T}}-\alpha\bar{\boldsymbol{E}}_i\bar{\boldsymbol{P}}_i^{\mathrm{T}} & \bar{\boldsymbol{G}}_i\\ * & -\boldsymbol{\Theta}_i\end{pmatrix}<\boldsymbol{O}, \tag{4.10b}$$

$$\bar{\boldsymbol{P}}_i^{-1}\bar{\boldsymbol{E}}_i=\bar{\boldsymbol{E}}_i^{\mathrm{T}}\bar{\boldsymbol{R}}_i^{\frac{1}{2}}\bar{\boldsymbol{S}}_i\bar{\boldsymbol{R}}_i^{\frac{1}{2}}\bar{\boldsymbol{E}}_i, \tag{4.10c}$$

$$\bar{\lambda}_1c_1^2+\bar{\lambda}_2d^2<c_2^2\underline{\lambda}_1\mathrm{e}^{-\alpha T}, \tag{4.10d}$$

其中 $\bar{\lambda}_1=\sup\limits_{i\in\mathbb{M}}\{\lambda_{\max}(\bar{\boldsymbol{S}}_i)\}$，$\underline{\lambda}_1=\inf\limits_{i\in\mathbb{M}}\{\lambda_{\min}(\bar{\boldsymbol{S}}_i)\}$，$\bar{\lambda}_2=\sup\limits_{i\in\mathbb{M}}\{\lambda_{\max}(\boldsymbol{\Theta}_i)\}$.

证明　首先，证明误差奇异跳变系统(4.5a)和(4.5b)在时间区间$[0,T]$内是正则的和无脉冲的. 应用引理 1.1，条件(4.10b)暗示了

$$\mathrm{He}\{\bar{A}_i\bar{P}_i^{\mathrm{T}}\}+(\pi_{ii}-\alpha)\bar{E}_i\bar{P}_i^{\mathrm{T}}<-\sum_{j=1,j\neq i}^{k}\pi_{ij}\bar{P}_i\bar{P}_j^{-1}\bar{E}_j\bar{P}_i^{\mathrm{T}}\leqslant O. \tag{4.11}$$

注意到存在两个正交矩阵$\bar{U}_i$和$\bar{\mathcal{V}}_i$，使得$\bar{E}_i$有如下分解：

$$\bar{E}_i=\bar{U}_i\begin{pmatrix}\bar{\Sigma}_{\bar{r}_i} & O\\ * & O\end{pmatrix}\bar{V}_i^{\mathrm{T}}=\bar{U}_i\begin{pmatrix}I_{\bar{r}_i} & O\\ * & O\end{pmatrix}\bar{\mathcal{V}}_i^{\mathrm{T}}. \tag{4.12}$$

其中$\bar{\Sigma}_{\bar{r}_i}=\mathrm{diag}\{\bar{\delta}_{i1},\bar{\delta}_{i2},\cdots,\bar{\delta}_{i\bar{r}_i}\}$，$\bar{\delta}_k>0,k=1,2,\cdots,\bar{r}_i$. 划分$\bar{U}_i=(\bar{U}_{i1}\quad \bar{U}_{i2})$，$\bar{V}_i=(\bar{V}_{i1}\quad \bar{V}_{i2})$和$\bar{\mathcal{V}}_i=(\bar{V}_{i1}\bar{\Sigma}_{\bar{r}}\quad \bar{V}_{i2})$并且$\bar{E}_i\bar{V}_{i2}=O$，$\bar{U}_{i2}^{\mathrm{T}}\bar{E}_i=O$. 令

$$\bar{U}_i^{\mathrm{T}}\bar{A}_i\,\bar{\mathcal{V}}_i^{-\mathrm{T}}=\begin{pmatrix}\bar{A}_{11i} & \bar{A}_{12i}\\ \bar{A}_{21i} & \bar{A}_{22i}\end{pmatrix},\bar{U}_i^{\mathrm{T}}\bar{P}_i\,\bar{\mathcal{V}}_i=\begin{pmatrix}\bar{P}_{11i} & \bar{P}_{12i}\\ \bar{P}_{21i} & \bar{P}_{22i}\end{pmatrix}. \tag{4.13}$$

注意到条件(4.10a)和$\bar{P}_i$是一个非奇异矩阵，通过引理 1.3，得到$\bar{P}_{21i}=O$且$\det(\bar{P}_{22i})\neq 0$. 通过对(4.11)式左右两边分别乘以$\bar{U}_i^{\mathrm{T}}$和$\bar{U}_i$，得到如下矩阵不等式：

$$\begin{pmatrix}? & ?\\ ? & \mathrm{He}\{\bar{A}_{22i}\bar{P}_{22i}^{\mathrm{T}}\}\end{pmatrix}<O \tag{4.14}$$

其中符号？指与下面讨论无关的项. 通过引理 1.1，得到

$$\mathrm{He}\{\bar{A}_{22i}\bar{P}_{22i}^{\mathrm{T}}\}<O.$$

因此，$\bar{A}_{22i}$是非奇异的，这意味着系统误差奇异跳变系统(4.5a)和(4.5b)在时间区间$[0,T]$内是正则和无脉冲的.

对于给定的模相关非奇异矩阵$\bar{P}_i$，考虑以下二次李雅普诺夫函数：

$$V(\bar{x}(t),i)=\bar{x}^{\mathrm{T}}(t)\bar{P}_i^{-1}\bar{E}_i\bar{x}(t). \tag{4.15}$$

沿误差奇异跳变系统(4.5a)和(4.5b)的解计算从点$(\bar{x},i)$出发关于时间t的弱无穷小算子$\mathcal{J}$，并且注意条件(4.10a)，得

$$\mathcal{J}V(\bar{x}(t),i)=\begin{pmatrix}\bar{x}(t)\\ w(t)\end{pmatrix}^{\mathrm{T}}\begin{pmatrix}\mathrm{He}\{\bar{P}_i^{-1}\bar{A}_i\}+\sum_{j=1}^{k}\pi_{ij}\bar{P}_j^{-1}\bar{E}_j & \bar{P}_i^{-1}\bar{G}_i\\ * & O\end{pmatrix}\begin{pmatrix}x(t)\\ w(t)\end{pmatrix}. \tag{4.16}$$

对式(4.10b)的左右两边分别乘以$\mathrm{diag}\{\bar{P}_i^{-1},I\}$和$\mathrm{diag}\{\bar{P}_i^{-\mathrm{T}},I\}$，得到以下矩阵不等式：

$$\begin{pmatrix}\mathrm{He}\{\bar{P}_i^{-1}\bar{A}_i\}+\sum_{j=1}^{k}\pi_{ij}\bar{P}_j^{-1}\bar{E}_j-\alpha\bar{P}_i^{-1}\bar{E}_i & \bar{P}_i^{-1}\bar{G}_i\\ * & -\Theta_i\end{pmatrix}<O. \tag{4.17}$$

从式(4.16)和式(4.17)，得

$$\mathcal{J}V(\bar{x}(t),i)<\alpha V(\bar{x}(t),i)+w^{\mathrm{T}}(t)\Theta_i w(t). \tag{4.18}$$

而且,式(4.18)可以改写为

$$E\{\mathcal{J}[\mathrm{e}^{-\alpha t}V(\bar{\boldsymbol{x}}(t),i)]\}<E\{\mathrm{e}^{-\alpha t}\boldsymbol{w}^{\mathrm{T}}(t)\boldsymbol{\Theta}_i\boldsymbol{w}(t)\}. \tag{4.19}$$

对于$t\in[0,T]$,(4.19)式从0到t积分,得

$$\mathrm{e}^{-\alpha t}E\{V(\bar{\boldsymbol{x}}(t),i)\}<E\{V(\bar{\boldsymbol{x}}(0),i=r_0)\}+\int_0^t E\{\mathrm{e}^{-\alpha\tau}\boldsymbol{w}^{\mathrm{T}}(\tau)\boldsymbol{\Theta}_i\boldsymbol{w}(\tau)\}\mathrm{d}\tau. \tag{4.20}$$

注意到$\alpha\geqslant0$,$t\in[0,T]$和条件(4.10c),得

$$\begin{aligned}E\{V(\bar{\boldsymbol{x}}(t),i)\}&=E\{\bar{\boldsymbol{x}}^{\mathrm{T}}(t)\bar{\boldsymbol{P}}_i^{-1}\bar{\boldsymbol{E}}_i\bar{\boldsymbol{x}}(t)\}\\&<\mathrm{e}^{\alpha t}\left\{E\{V(\bar{\boldsymbol{x}}(0),i=r_0)\}+\int_0^t E\{\mathrm{e}^{-\alpha\tau}\boldsymbol{w}^{\mathrm{T}}(\tau)\boldsymbol{\Theta}_i\boldsymbol{w}(\tau)\}\mathrm{d}\tau\right\}\\&\leqslant\mathrm{e}^{\alpha t}(\bar{\lambda}_1c_1^2+\bar{\lambda}_2d^2).\end{aligned} \tag{4.21}$$

考虑到

$$\begin{aligned}E\{\bar{\boldsymbol{x}}^{\mathrm{T}}(t)\bar{\boldsymbol{P}}_i^{-1}\bar{\boldsymbol{E}}_i\boldsymbol{x}(t)\}&=E\{\bar{\boldsymbol{x}}^{\mathrm{T}}(t)\bar{\boldsymbol{E}}_i^{\mathrm{T}}\bar{\boldsymbol{R}}_i^{\frac{1}{2}}\bar{\boldsymbol{S}}_i\bar{\boldsymbol{R}}_i^{\frac{1}{2}}\bar{\boldsymbol{E}}_i\bar{\boldsymbol{x}}(t)\}\\&\geqslant\underline{\lambda}_1E\{\bar{\boldsymbol{x}}^{\mathrm{T}}(t)\bar{\boldsymbol{E}}_i^{\mathrm{T}}\bar{\boldsymbol{R}}_i\bar{\boldsymbol{E}}_i\bar{\boldsymbol{x}}(t)\},\end{aligned} \tag{4.22}$$

得

$$E\{\bar{\boldsymbol{x}}^{\mathrm{T}}(t)\bar{\boldsymbol{E}}_i^{\mathrm{T}}\bar{\boldsymbol{R}}_i\bar{\boldsymbol{E}}_i\bar{\boldsymbol{x}}(t)\}<\frac{(\bar{\lambda}_1c_1^2+\bar{\lambda}_2d^2)\mathrm{e}^{\alpha T}}{\underline{\lambda}_1}. \tag{4.23}$$

因此,条件(4.10d)暗示了$\forall t\in[0,T]$,有$E\{\bar{\boldsymbol{x}}^{\mathrm{T}}(t)\bar{\boldsymbol{E}}_i^{\mathrm{T}}\bar{\boldsymbol{R}}_i\bar{\boldsymbol{E}}_i\bar{\boldsymbol{x}}(t)\}\leqslant c_2^2$. 证毕.

定理4.2 误差奇异跳变系统(4.5a)和(4.5b)是关于$(c_1,c_2,T,\bar{\boldsymbol{R}}_i,\gamma,d)$基于观测器的状态反馈奇异随机$H_\infty$有限时间有界的,如果存在正标量$\alpha,c_2,\gamma$,一个模相关的非奇异矩阵集合$\{\bar{\boldsymbol{P}}_i,i\in\mathcal{M}\}$,一个模相关的对称正定矩阵集合$\{\bar{\boldsymbol{S}}_i,i\in\mathcal{M}\}$,$\forall i\in\mathcal{M}$,使得式(4.10a)、式(4.10c)和下列不等式成立:

$$\begin{pmatrix}\bar{\boldsymbol{\Xi}}_i+\bar{\boldsymbol{P}}_i\bar{\boldsymbol{C}}_i^{\mathrm{T}}\bar{\boldsymbol{C}}_i\bar{\boldsymbol{P}}_i^{\mathrm{T}} & \bar{\boldsymbol{P}}_i\bar{\boldsymbol{C}}_i^{\mathrm{T}}\boldsymbol{D}_{2i}+\bar{\boldsymbol{G}}_i\\ * & -\gamma^2\mathrm{e}^{-\alpha T}\boldsymbol{I}+\boldsymbol{D}_{2i}^{\mathrm{T}}\boldsymbol{D}_{2i}\end{pmatrix}<\boldsymbol{O}, \tag{4.24a}$$

$$\bar{\lambda}_1c_1^2\mathrm{e}^{\alpha T}+\gamma^2d^2<c_2^2\underline{\lambda}_1, \tag{4.24b}$$

其中

$$\bar{\boldsymbol{\Xi}}_i=\mathrm{He}\{\bar{\boldsymbol{A}}_i\bar{\boldsymbol{P}}_i^{\mathrm{T}}\}+\sum_{j=1}^k\pi_{ij}\bar{\boldsymbol{P}}_i\bar{\boldsymbol{P}}_j^{-1}\bar{\boldsymbol{E}}_j\bar{\boldsymbol{P}}_i^{\mathrm{T}}-\alpha\bar{\boldsymbol{E}}_i\bar{\boldsymbol{P}}_i^{\mathrm{T}}.$$

证明 注意到

$$\begin{pmatrix}\bar{\boldsymbol{P}}_i\bar{\boldsymbol{C}}_i^{\mathrm{T}}\bar{\boldsymbol{C}}_i\bar{\boldsymbol{P}}_i^{\mathrm{T}} & \bar{\boldsymbol{P}}_i\bar{\boldsymbol{C}}_i^{\mathrm{T}}\boldsymbol{D}_{2i}\\ * & \boldsymbol{D}_{2i}^{\mathrm{T}}\boldsymbol{D}_{2i}\end{pmatrix}=\begin{pmatrix}\bar{\boldsymbol{P}}_i\bar{\boldsymbol{C}}_i^{\mathrm{T}}\\ \boldsymbol{D}_{2i}^{\mathrm{T}}\end{pmatrix}\begin{pmatrix}\bar{\boldsymbol{C}}_i\bar{\boldsymbol{P}}_i^{\mathrm{T}} & \boldsymbol{D}_{2i}\end{pmatrix}\geqslant\boldsymbol{O}. \tag{4.25}$$

因此,条件(4.24a)暗示了

$$\begin{pmatrix} \mathrm{He}\{\bar{\boldsymbol{A}}_i\bar{\boldsymbol{P}}_i^{\mathrm{T}}\} + \sum_{j=1}^{k}\pi_{ij}\bar{\boldsymbol{P}}_i\bar{\boldsymbol{P}}_j^{-1}\bar{\boldsymbol{E}}_j\bar{\boldsymbol{P}}_i^{\mathrm{T}} - \alpha\bar{\boldsymbol{E}}_i\bar{\boldsymbol{P}}_i^{\mathrm{T}} & \bar{\boldsymbol{G}}_i \\ * & -\gamma^2\mathrm{e}^{-\alpha T}\boldsymbol{I} \end{pmatrix} < \boldsymbol{O}, \tag{4.26}$$

让 $\boldsymbol{\Theta}_i=-\gamma^2\mathrm{e}^{-\alpha T}\boldsymbol{I}$，由定理4.1，条件(4.10a)、(4.10c)、(4.24b)和(4.26)可以确保误差奇异跳变系统(4.5a)和(4.5b)是关于$(c_1,c_2,T,\bar{\boldsymbol{R}}_i,d)$基于观测器的状态反馈奇异随机有限时间有界的，因此，只需要证明约束关系(4.9)成立. 选择定理4.1中(4.15)形式的李雅普诺夫函数 $V(\bar{\boldsymbol{x}}(t),i)$，注意到(4.16)和(4.24a)，得

$$\mathcal{J}V(\bar{\boldsymbol{x}}(t),i)<\alpha V(\bar{\boldsymbol{x}}(t),i)+\gamma^2\mathrm{e}^{-\alpha T}\boldsymbol{w}^{\mathrm{T}}(t)\boldsymbol{w}(t)-\boldsymbol{z}^{\mathrm{T}}(t)\boldsymbol{z}(t). \tag{4.27}$$

进一步，式(4.27)可以改写为

$$\mathcal{J}[\mathrm{e}^{-\alpha t}V(\bar{\boldsymbol{x}}(t),i)]<\mathrm{e}^{-\alpha t}[\gamma^2\mathrm{e}^{-\alpha T}\boldsymbol{w}^{\mathrm{T}}(t)\boldsymbol{w}(t)-\boldsymbol{z}^{\mathrm{T}}(t)\boldsymbol{z}(t)]. \tag{4.28}$$

对式(4.28)从0到 T 进行积分，并且注意到在零初始条件下，得

$$\begin{aligned}\int_0^T \mathrm{e}^{-\alpha t}[\boldsymbol{z}^{\mathrm{T}}(t)\boldsymbol{z}(t) - \gamma^2\mathrm{e}^{-\alpha T}\boldsymbol{w}^{\mathrm{T}}(t)\boldsymbol{w}(t)]\mathrm{d}t &< -\int_0^T \mathcal{J}[\mathrm{e}^{-\alpha t}V(\bar{\boldsymbol{x}}(t),i)]\mathrm{d}t \\ &\leqslant V(\bar{\boldsymbol{x}}(0),r_0)=0.\end{aligned} \tag{4.29}$$

使用 Dynkin 公式，得到

$$E\left\{\int_0^T \mathrm{e}^{-\alpha t}[\boldsymbol{z}^{\mathrm{T}}(t)\boldsymbol{z}(t) - \gamma^2\mathrm{e}^{-\alpha T}\boldsymbol{w}^{\mathrm{T}}(t)\boldsymbol{w}(t)]\mathrm{d}t\right\} < 0. \tag{4.30}$$

因此，对于所有 $t\in[0,T]$，在零初始条件下，可得

$$\begin{aligned}E\left\{\int_0^T \boldsymbol{z}^{\mathrm{T}}(t)\boldsymbol{z}(t)\mathrm{d}t\right\} &\leqslant \mathrm{e}^{\alpha T}E\left\{\int_0^T \mathrm{e}^{-\alpha t}\boldsymbol{z}^{\mathrm{T}}(t)\boldsymbol{z}(t)\mathrm{d}t\right\} \\ &< \mathrm{e}^{\alpha T}E\left\{\int_0^T \gamma^2\mathrm{e}^{-\alpha(t+T)}\boldsymbol{w}^{\mathrm{T}}(t)\boldsymbol{w}(t)\mathrm{d}t\right\} \\ &\leqslant \gamma^2 E\left\{\int_0^T \boldsymbol{w}^{\mathrm{T}}(t)\boldsymbol{w}(t)\mathrm{d}t\right\}.\end{aligned} \tag{4.31}$$

这就完成了定理的证明. 证毕.

让 $\bar{\boldsymbol{P}}_i=\mathrm{diag}\{\boldsymbol{P}_i,\boldsymbol{P}_i\}$，$\bar{\boldsymbol{S}}_i=\mathrm{diag}\{\boldsymbol{S}_i,\boldsymbol{S}_i\}$，$\bar{\boldsymbol{R}}_i=\mathrm{diag}\{\boldsymbol{R}_i,\boldsymbol{R}_i\}$，则下面的定理给出了LMI条件，确保误差奇异跳变系统(4.5a)和(4.5b)是基于观测器的状态反馈奇异随机 H_∞ 有限时间有界的.

定理4.3 存在状态反馈控制器增益矩阵 $\boldsymbol{K}_i=\boldsymbol{Y}_i\boldsymbol{P}_i^{-\mathrm{T}}$ 和观测器增益矩阵 $\boldsymbol{H}_i=-\boldsymbol{P}_i\boldsymbol{C}_{yi}^{\mathrm{T}}$，使得误差奇异跳变系统(4.5a)和(4.5b)是关于$(c_1,c_2,T,\bar{\boldsymbol{R}}_i,\gamma,d)$基于观测器的状态反馈奇异随机 H_∞ 有限时间有界的，如果存在$\{\boldsymbol{\Phi}_i,i\in\mathbb{M}\}$，模相关矩阵集合$\{\boldsymbol{Y}_i,i\in\mathbb{M}\}$，$\{\boldsymbol{Z}_i,i\in\mathbb{M}\}$，$\forall r_t=i\in\mathbb{M}$，使得下列不等式成立：

$$0\leqslant\boldsymbol{P}_i\boldsymbol{E}_i^{\mathrm{T}}=\boldsymbol{E}_i\boldsymbol{P}_i^{\mathrm{T}}=\boldsymbol{E}_i\,\mathcal{V}_i^{-\mathrm{T}}\boldsymbol{X}_i\,\mathcal{V}_i^{-1}\boldsymbol{E}_i^{\mathrm{T}}\leqslant\boldsymbol{\Phi}_i, \tag{4.32a}$$

$$\begin{pmatrix}\Pi_{11i} & \Pi_{12i} \\ * & \Pi_{22i}\end{pmatrix}<\boldsymbol{O}, \tag{4.32b}$$

$$\sigma_1\boldsymbol{R}_i^{-1}<\boldsymbol{U}_i\boldsymbol{X}_i\boldsymbol{U}_i^{\mathrm{T}}<\boldsymbol{R}_i^{-1}, \tag{4.32c}$$

$$\begin{pmatrix} e^{-\alpha T}(-c_2^2+\gamma^2 d^2) & c_1 \\ * & -\sigma_1 \end{pmatrix}<O, \tag{4.32d}$$

其中

$$\Pi_{11i}=\begin{pmatrix} L_1(P_i,Y_i) & -B_iY_i & G_i \\ * & L_2(P_i,Y_i) & G_i \\ * & * & -\gamma^2 e^{-\alpha T}I \end{pmatrix},$$

$$\Pi_{12i}=\begin{pmatrix} P_iC_i^T+Y_i^TD_{1i}^T & O & Y_i & O \\ -Y_i^TD_{1i}^T & P_iC_{yi}^T & O & Y_i \\ D_{2i}^T & O & O & O \end{pmatrix},$$

$$\Pi_{22i}=-\mathrm{diag}\{I,I/2,W_i,W_i\},$$

$$L_1(P_i,Y_i)=\mathrm{He}\{A_iP_i^T+B_iY_i\}+(\pi_{ii}-\alpha)E_iP_i^T,$$

$$L_2(P_i,Y_i)=\mathrm{He}\{A_iP_i^T\}+(\pi_{ii}-\alpha)E_iP_i^T,$$

$$Y_i=(\sqrt{\pi_{i,1}}P_i,\cdots,\sqrt{\pi_{i,i-1}}P_i,\sqrt{\pi_{i,i+1}}P_i,\cdots,\sqrt{\pi_{i,N}}P_i),$$

$W_i=\mathrm{diag}\{\mathrm{He}\{P_1\}-\Phi_1,\cdots,\mathrm{He}\{P_{i-1}\}-\Phi_{i-1},\mathrm{He}\{P_{i+1}\}-\Phi_{i+1},\cdots,\mathrm{He}\{P_k\}-\Phi_k\}$.

此外，$P_i=E_i\mathcal{V}_i^{-T}X_i\mathcal{V}_i^{-1}+U_iZ_iV_{i2}^T$来自式(4.42).

证明 首先证明条件(4.32b)暗示了条件(4.10b). 让$\bar{P}_i=\mathrm{diag}\{P_i,P_i\}$，$\bar{S}_i=\mathrm{diag}\{S_i,S_i\}$，$\bar{R}_i=\mathrm{diag}\{R_i,R_i\}$，则式(4.10a)、式(4.10c)、式(4.10d)等价于

$$P_iE_i^T=E_iP_i^T\geqslant O, \tag{4.33a}$$

$$P_i^{-1}E_i=E_i^TR_i^{\frac{1}{2}}S_iR_i^{\frac{1}{2}}E_i, \tag{4.33b}$$

$$\bar{k}_1c_1^2e^{\alpha T}+\gamma^2d^2<c_2^2\underline{k}_1, \tag{4.33c}$$

其中$\bar{k}_1=\sup\limits_{i\in M}\{\lambda_{\max}(S_i)\}$和$\underline{k}_1=\inf\limits_{i\in M}\{\lambda_{\min}(S_i)\}$. 由条件(4.32a)可得

$$P_j^{-1}E_j\leqslant P_j^{-1}\Phi_jP_j^{-T},\ \forall j\in\mathbb{M}. \tag{4.34}$$

因此，不等式

$$\sum_{j=1,j\neq i}^{N}\pi_{ij}P_iP_j^{-1}E_jP_i^T\leqslant\sum_{j=1,j\neq i}^{N}\pi_{ij}P_iP_j^{-1}\Phi_jP_j^{-T}P_i^T \leqslant Y_iV_i^{-1}Y_i^T \tag{4.35}$$

成立，其中

$$Y_i=(\sqrt{\pi_{i,1}}P_i,\cdots,\sqrt{\pi_{i,i-1}}P_i,\sqrt{\pi_{i,i+1}}P_i,\cdots,\sqrt{\pi_{i,N}}P_i),$$

$$V_i=\mathrm{diag}\{P_1^T\Phi_1^{-1}P_1,\cdots,P_{i-1}^T\Phi_{i-1}^{-1}P_{i-1},P_{i+1}^T\Phi_{i+1}^{-1}P_{i+1},\cdots,P_N^T\Phi_N^{-1}P_N\}.$$

注意到对于每个$j\in M$，不等式

$$P_j^T\Phi_j^{-1}P_j\geqslant P_j^T+P_j-\Phi_j \tag{4.36}$$

成立，因此

$$\sum_{j=1,j\neq i}^{N}\pi_{ij}P_iP_j^{-1}E_jP_i^T\leqslant Y_iW_i^{-1}Y_i^T, \tag{4.37}$$

其中

$$\boldsymbol{W}_i=\mathrm{diag}\{\mathrm{He}\{\boldsymbol{P}_1\}-\boldsymbol{\Phi}_1,\cdots,\mathrm{He}\{\boldsymbol{P}_{i-1}\}-\boldsymbol{\Phi}_{i-1},\mathrm{He}\{\boldsymbol{P}_{i+1}\}-\boldsymbol{\Phi}_{i+1},\cdots,\mathrm{He}\{\boldsymbol{P}_k\}-\boldsymbol{\Phi}_k\}.$$

让 $\bar{\boldsymbol{Y}}_i=\mathrm{diag}\{\boldsymbol{Y}_i,\boldsymbol{Y}_i\}$，$\bar{\boldsymbol{W}}_i=\mathrm{diag}\{\boldsymbol{W}_i,\boldsymbol{W}_i\}$. 则(4.24a)成立的一个充分条件是

$$\begin{pmatrix}\bar{\boldsymbol{\Theta}}_i+\bar{\boldsymbol{Y}}_i\bar{\boldsymbol{W}}_i^{-1}\bar{\boldsymbol{Y}}_i^{\mathrm{T}}+\bar{\boldsymbol{P}}_i\bar{\boldsymbol{C}}_i^{\mathrm{T}}\bar{\boldsymbol{C}}_i\bar{\boldsymbol{P}}_i^{\mathrm{T}} & \bar{\boldsymbol{P}}_i\bar{\boldsymbol{C}}_i^{\mathrm{T}}\boldsymbol{D}_{2i}+\bar{\boldsymbol{G}}_i \\ * & -\gamma^2\mathrm{e}^{-\alpha T}\boldsymbol{I}+\boldsymbol{D}_{2i}^{\mathrm{T}}\boldsymbol{D}_{2i}\end{pmatrix}<\boldsymbol{O}, \tag{4.38}$$

其中

$$\bar{\boldsymbol{\Theta}}_i=\bar{\boldsymbol{A}}_i\bar{\boldsymbol{P}}_i^{\mathrm{T}}+\bar{\boldsymbol{P}}_i\bar{\boldsymbol{A}}_i^{\mathrm{T}}+(\pi_{ii}-\alpha)\bar{\boldsymbol{E}}_i\bar{\boldsymbol{P}}_i^{\mathrm{T}}.$$

注意到 $\bar{\boldsymbol{A}}_i,\bar{\boldsymbol{B}}_i,\bar{\boldsymbol{C}}_i,\bar{\boldsymbol{G}}_i$ 的形式，则不等式(4.38)等价于下面的不等式：

$$\begin{pmatrix}\Lambda_{11i} & -\boldsymbol{B}_i\boldsymbol{K}_i\boldsymbol{P}_i^{\mathrm{T}} & \boldsymbol{G}_i & \boldsymbol{P}_i\boldsymbol{C}_i^{\mathrm{T}}+\boldsymbol{P}_i\boldsymbol{K}_i^{\mathrm{T}}\boldsymbol{D}_{1i}^{\mathrm{T}} \\ * & \Lambda_{22i} & \boldsymbol{G}_i & -\boldsymbol{P}_i\boldsymbol{K}_i^{\mathrm{T}}\boldsymbol{D}_{1i}^{\mathrm{T}} \\ * & * & -\gamma^2\mathrm{e}^{-\alpha T}\boldsymbol{I} & \boldsymbol{D}_{2i}^{\mathrm{T}} \\ * & * & * & -\boldsymbol{I}\end{pmatrix}<\boldsymbol{O}, \tag{4.39}$$

其中

$$\Lambda_{11i}=\mathrm{He}\{\boldsymbol{P}_i\boldsymbol{A}_i^{\mathrm{T}}+\boldsymbol{B}_i\boldsymbol{K}_i\boldsymbol{P}_i^{\mathrm{T}}\}+\boldsymbol{Y}_i\boldsymbol{W}_i^{-1}\boldsymbol{Y}_i^{\mathrm{T}}+(\pi_{ii}-\alpha)\boldsymbol{E}_i\boldsymbol{P}_i^{\mathrm{T}},$$
$$\Lambda_{22i}=\mathrm{He}\{\boldsymbol{P}_i\boldsymbol{A}_i^{\mathrm{T}}\}-\boldsymbol{H}_i\boldsymbol{C}_{yi}\boldsymbol{P}_i^{\mathrm{T}}-\boldsymbol{P}_i\boldsymbol{C}_{yi}^{\mathrm{T}}\boldsymbol{H}_i^{\mathrm{T}}+\boldsymbol{Y}_i\boldsymbol{W}_i^{-1}\boldsymbol{Y}_i^{\mathrm{T}}+(\pi_{ii}-\alpha)\boldsymbol{E}_i\boldsymbol{P}_i^{\mathrm{T}}.$$

让 $\boldsymbol{H}_i=-\boldsymbol{P}_i\boldsymbol{C}_{yi}^{\mathrm{T}}$，得

$$\Lambda_{22i}=\mathrm{He}\{\boldsymbol{P}_i\boldsymbol{A}_i^{\mathrm{T}}\}+2\boldsymbol{P}_i\boldsymbol{C}_{yi}^{\mathrm{T}}\boldsymbol{C}_{yi}\boldsymbol{P}_i^{\mathrm{T}}+\boldsymbol{Y}_i\boldsymbol{W}_i^{-1}\boldsymbol{Y}_i^{\mathrm{T}}+(\pi_{ii}-\alpha)\boldsymbol{E}_i\boldsymbol{P}_i^{\mathrm{T}}. \tag{4.40}$$

让 $\boldsymbol{Y}_i=\boldsymbol{K}_i\boldsymbol{P}_i^{\mathrm{T}}$ 和应用引理 1.1，式(4.40)等价于式(4.32b).

注意到 $\boldsymbol{P}_i$ 是非奇异矩阵，由引理 1.3，存在两个正交矩阵 $\boldsymbol{U}_i$ 和 $\boldsymbol{V}_i$，使 $\boldsymbol{E}_i$ 分解为

$$\boldsymbol{E}_i=\boldsymbol{U}_i\begin{pmatrix}\Sigma_{r_i} & \boldsymbol{O} \\ * & \boldsymbol{O}\end{pmatrix}\boldsymbol{V}_i^{\mathrm{T}}=\boldsymbol{U}_i\begin{pmatrix}\boldsymbol{I}_{r_i} & \boldsymbol{O} \\ * & \boldsymbol{O}\end{pmatrix}\mathcal{V}_i^{\mathrm{T}}, \tag{4.41}$$

其中 $\Sigma_{r_i}=\mathrm{diag}\{\delta_{i1},\delta_{i1},\cdots,\delta_{ir_i}\}$，$\delta_{ik}>0,k=1,2,\cdots,r_i$. 划分 $\boldsymbol{U}_i=(\boldsymbol{U}_{i1}\quad \boldsymbol{U}_{i2})$，$\boldsymbol{V}_i=(\boldsymbol{V}_{i1}\quad \boldsymbol{V}_{i2})$，$\mathcal{V}_i=(\boldsymbol{V}_{i1}\Sigma_{r_i}\quad \boldsymbol{V}_{i2})$ 并且 $\boldsymbol{E}_i\boldsymbol{V}_{i2}=\boldsymbol{O}$，$\boldsymbol{U}_{i2}^{\mathrm{T}}\boldsymbol{E}_i=\boldsymbol{O}$. 让 $\tilde{\boldsymbol{P}}_i=\boldsymbol{U}_i^{\mathrm{T}}\boldsymbol{P}_i\,\mathcal{V}_i$，从式(4.32a)得到 $\tilde{\boldsymbol{P}}_i$ 的具有形式 $\begin{pmatrix}\boldsymbol{P}_{11i} & \boldsymbol{P}_{12i} \\ \boldsymbol{O} & \boldsymbol{P}_{22i}\end{pmatrix}$，$\boldsymbol{P}_i$ 可以表示为

$$\boldsymbol{P}_i=\boldsymbol{E}_i\,\mathcal{V}_i^{-\mathrm{T}}\boldsymbol{X}_i\,\mathcal{V}_i^{-1}+\boldsymbol{U}_i\boldsymbol{Z}_i\boldsymbol{V}_{i2}^{\mathrm{T}}, \tag{4.42}$$

其中 $\boldsymbol{Z}_i=(\boldsymbol{P}_{12i}^{\mathrm{T}}\quad \boldsymbol{P}_{22i}^{\mathrm{T}})^{\mathrm{T}}$ 和 $\boldsymbol{X}_i=\mathrm{diag}\{\boldsymbol{P}_{11i},\boldsymbol{\Psi}_i\}$ 带有参数矩阵 $\boldsymbol{\Psi}_i$. 如果选择 $\boldsymbol{\Psi}_i$ 是一个对称正定矩阵，则 $\boldsymbol{X}_i$ 是一个对称正定矩阵. 因此 $\boldsymbol{S}_i=\boldsymbol{R}_i^{-1/2}\boldsymbol{U}_i\boldsymbol{X}_i^{-1}\boldsymbol{U}_i^{\mathrm{T}}\boldsymbol{R}_i^{-1/2}$ 是(4.33b)的一个解，并且 $\boldsymbol{P}_i$ 满足 $\boldsymbol{P}_i\boldsymbol{E}_i^{\mathrm{T}}=\boldsymbol{E}_i\boldsymbol{P}_i^{\mathrm{T}}=\boldsymbol{E}_i\,\mathcal{V}_i^{-\mathrm{T}}\boldsymbol{X}_i\,\mathcal{V}_i^{-1}\boldsymbol{E}_i^{\mathrm{T}}$.

让 $\boldsymbol{I}<\boldsymbol{S}_i<\sigma_1^{-1}\boldsymbol{I}$，易知条件(4.32c)和(4.32d)能确保条件(4.33c)成立. 证毕.

推论 4.1　存在状态反馈控制器增益矩阵 $\boldsymbol{K}_i=\boldsymbol{Y}_i\boldsymbol{P}_i^{-\mathrm{T}}$ 和状态观测器增益矩阵 $\boldsymbol{H}_i=-\boldsymbol{P}_i\boldsymbol{C}_{yi}^{\mathrm{T}}$，使得误差奇异跳变系统(4.5a)关于$(c_1,c_2,T,\bar{\boldsymbol{R}}_i,d)$是基于观测器的状态反馈奇异随机有限时间有界的，如果存在正标量 $\alpha,c_2,\sigma_1,\sigma_2$，模相关对称正定矩阵集合$\{\boldsymbol{X}_i,i\in$

$\mathbb{M}\}$，$\{\boldsymbol{\Phi}_i, i\in\mathbb{M}\}$，$\{\boldsymbol{\Theta}_i, i\in\mathbb{M}\}$，模相关矩阵集合$\{\boldsymbol{Y}_i, i\in\mathbb{M}\}$，$\{\boldsymbol{Z}_i, i\in\mathbb{M}\}$，$\forall r_t=i\in\mathbb{M}$，使得下列不等式成立：

$$\boldsymbol{O}\leqslant\boldsymbol{P}_i\boldsymbol{E}_i^{\mathrm{T}}=\boldsymbol{E}_i\boldsymbol{P}_i^{\mathrm{T}}=\boldsymbol{E}_i\mathcal{V}_i^{-\mathrm{T}}\boldsymbol{X}_i\mathcal{V}_i^{-1}\boldsymbol{E}_i^{\mathrm{T}}\leqslant\boldsymbol{\Phi}_i, \tag{4.43a}$$

$$\begin{pmatrix} \boldsymbol{L}_1(\boldsymbol{P}_i,\boldsymbol{Y}_i) & -\boldsymbol{B}_i\boldsymbol{Y}_i & \boldsymbol{G}_i & \boldsymbol{O} & \boldsymbol{Y}_i & \boldsymbol{O} \\ * & \boldsymbol{L}_2(\boldsymbol{P}_i,\boldsymbol{Y}_i) & \boldsymbol{G}_i & \boldsymbol{P}_i\boldsymbol{C}_{yi}^{\mathrm{T}} & \boldsymbol{O} & \boldsymbol{Y}_i \\ * & * & -\boldsymbol{\Theta}_i & \boldsymbol{O} & \boldsymbol{O} & \boldsymbol{O} \\ * & * & * & -\boldsymbol{I}/2 & \boldsymbol{O} & \boldsymbol{O} \\ * & * & * & * & -\boldsymbol{W}_i & \boldsymbol{O} \\ * & * & * & * & * & -\boldsymbol{W}_i \end{pmatrix}<\boldsymbol{O}, \tag{4.43b}$$

$$\sigma_1\boldsymbol{R}_i^{-1}<\boldsymbol{U}_i\boldsymbol{X}_i\boldsymbol{U}_i^{\mathrm{T}}<\boldsymbol{R}_i^{-1}, \tag{4.43c}$$

$$0<\boldsymbol{\Theta}_i<\sigma_2\boldsymbol{I}, \tag{4.43d}$$

$$\begin{pmatrix} -\mathrm{e}^{-\alpha T}c_2^2+\sigma_2 d^2 & c_1 \\ * & -\sigma_1 \end{pmatrix}<\boldsymbol{O}, \tag{4.43e}$$

其中$\boldsymbol{L}_1(\boldsymbol{P}_i,\boldsymbol{Y}_i)$，$\boldsymbol{L}_2(\boldsymbol{P}_i,\boldsymbol{Y}_i)$，$\boldsymbol{Y}_i$，$\boldsymbol{W}_i$，$\boldsymbol{P}_i$和定理4.3相同.

注4.1 定理4.3和推论4.1所述条件的可行性可以分别转化为以下带参数α的基于LMI的可行性问题：

$$\begin{gathered} \min \quad (\beta+\rho) \\ \boldsymbol{X}_i,\boldsymbol{Y}_i,\boldsymbol{Z}_i,\boldsymbol{\Phi}_i,\sigma_1 \\ \text{s.t. (1.32a)–(4.32d) 及 } \beta=c_2^2 \text{ 和 } \rho=\gamma^2. \end{gathered} \tag{4.44}$$

$$\begin{gathered} \min \quad \beta \\ \boldsymbol{X}_i,\boldsymbol{Y}_i,\boldsymbol{Z}_i,\boldsymbol{\Phi}_i,\boldsymbol{\Theta}_i,\sigma_1,\sigma_2 \\ \text{s.t. (4.43a)–(4.43e) 及 } \beta=c_2^2. \end{gathered} \tag{4.45}$$

而且，应用Matlab无约束非线性优化工具箱中的搜索fminsearch程序，若能找到参数α，则可得到(4.44)或(4.45)的一个局部最优解.

注4.2 如果$\alpha=0$时，系统存在可行解，通过以上讨论，可设计状态观测器和状态反馈控制器，不仅能确保奇异跳变系统(4.5a)和(4.5b)是奇异随机有限时间有界和随机可镇定的，而且误差奇异跳变系统的控制输出与扰动输入满足$\|\boldsymbol{T}_{wz}\|<\gamma$.

4.3 数值算例

本节用数值算例来表明所提出方法的有效性.

例4.1 为了表明通过基于观测器的状态反馈误差奇异跳变系统(4.5a)和(4.5b)是奇异随机H_∞有限时间有界的结果，考虑双模奇异跳变系统(4.1a)–(4.1c)：

• Mode 1：

$$E_1=\begin{pmatrix}1&0\\0&0\end{pmatrix},A_1=\begin{pmatrix}-1&1.5\\2.2&-3\end{pmatrix},$$

$$B_1=\begin{pmatrix}-1&0.2\\0.5&-0.1\end{pmatrix},G_1=\begin{pmatrix}0.1\\0.1\end{pmatrix},$$

$$C_1=(1\quad -0.3),D_{11}=(0.5\quad -0.6),$$

$$D_{21}=(-0.3),C_{y1}=(0.6\quad -0.6).$$

• Mode 2：

$$E_2=\begin{pmatrix}1&0\\0&0\end{pmatrix},A_2=\begin{pmatrix}-0.5&1.2\\1.6&-1.5\end{pmatrix},$$

$$B_2=\begin{pmatrix}-1&2\\0.5&-1\end{pmatrix},G_2=\begin{pmatrix}0.2\\-0.1\end{pmatrix},$$

$$C_2=(1\quad -0.2),D_{12}=(-0.8\quad 0.6),D_{22}=-0.4,C_{y2}=(0.2\quad 0.4).$$

此外，转移概率矩阵为 $\Gamma=\begin{pmatrix}-0.5&0.5\\0.6&-0.6\end{pmatrix}$.

选取 $R_1=R_2=I_2,T=2,d=2,c_1=1,\alpha=2$，由定理 4.3 得到 $\gamma=3.0073,c_2=10.7667$ 及

$$X_1=\begin{pmatrix}0.9982&0.0000\\0.0000&0.8569\end{pmatrix},Y_1=\begin{pmatrix}0.2129&-0.1927\\0.6038&-0.2995\end{pmatrix},Z_1=\begin{pmatrix}0.9166\\1.0377\end{pmatrix},$$

$$X_2=\begin{pmatrix}0.6857&-0.0000\\-0.0000&0.8569\end{pmatrix},Y_2=\begin{pmatrix}0.5051&0.0344\\0.1119&0.2116\end{pmatrix},Z_2=\begin{pmatrix}-0.1895\\0.8802\end{pmatrix},$$

$$\Phi_1=\begin{pmatrix}1.0041&-0.0333\\-0.0333&0.2897\end{pmatrix},\Phi_2=\begin{pmatrix}0.8400&-0.2934\\-0.2934&0.6147\end{pmatrix},\sigma_1=0.6852.$$

进而，可以导出以下控制增益矩阵：

$$K_1=\begin{pmatrix}0.3838&-0.1857\\0.8700&-0.2886\end{pmatrix},H_1=\begin{pmatrix}-0.0490\\0.6226\end{pmatrix},$$

$$K_2=\begin{pmatrix}0.7366&0.0401\\0.1632&0.2470\end{pmatrix},H_2=\begin{pmatrix}-0.5663\\-0.4151\end{pmatrix}.$$

此外，由定理 4.3，可以得到 $c_2^2+\gamma^2$ 依赖于参数 α 的最小值的局部最优界. 让 $R_1=R_2=I_2$，$T=2,d=2,c_1=1$，当 $1.27\leqslant\alpha\leqslant 10.11$ 时，可以求出可行解. 图 4.1 给出了在不同 α 值的情况下的最优值. 此外，利用 Matlab 优化工具箱中的搜索 fminsearch 程序，参数初始值取 $\alpha=2$，则在 $\alpha=1.7043$ 时，可得局部收敛解：

$$K_1=\begin{pmatrix}0.3251&-0.1199\\0.5985&-0.1072\end{pmatrix},H_1=\begin{pmatrix}-0.1564\\0.4356\end{pmatrix},$$

$$K_2=\begin{pmatrix}1.1810&-0.1137\\0.6294&-0.0173\end{pmatrix},H_2=\begin{pmatrix}-0.4956\\-0.2904\end{pmatrix},$$

和局部最优值 $\gamma=2.5572$ 和 $c_2=9.7515$.

注 4.3　为了表明通过基于观测器的状态反馈误差奇异跳变系统(4.5a)是奇异随机 H_∞ 有限时间有界的，考虑一个带有参数的双模奇异跳变系统(4.1a)-(4.1c)，矩阵变量

和转移概率矩阵与上述示例相同. 让$\boldsymbol{R}(1)=\boldsymbol{R}(2)=\boldsymbol{I}_2$,$T=2$,$d=2$,$c_1=1$,根据推论4.1,得到$c_2^2$依赖于参数$\alpha$. 当$1.26\leqslant\alpha\leqslant10.35$时,可以找到可行解. 图4.2显示了在不同$\alpha$值的情况下,给出了不同的优化值. 此外,利用Matlab优化工具箱中的搜索fminsearch程序,初始值$\alpha=2$,则在$\alpha=1.7001$时,可以得到局部最优解$c_2=9.7037$.

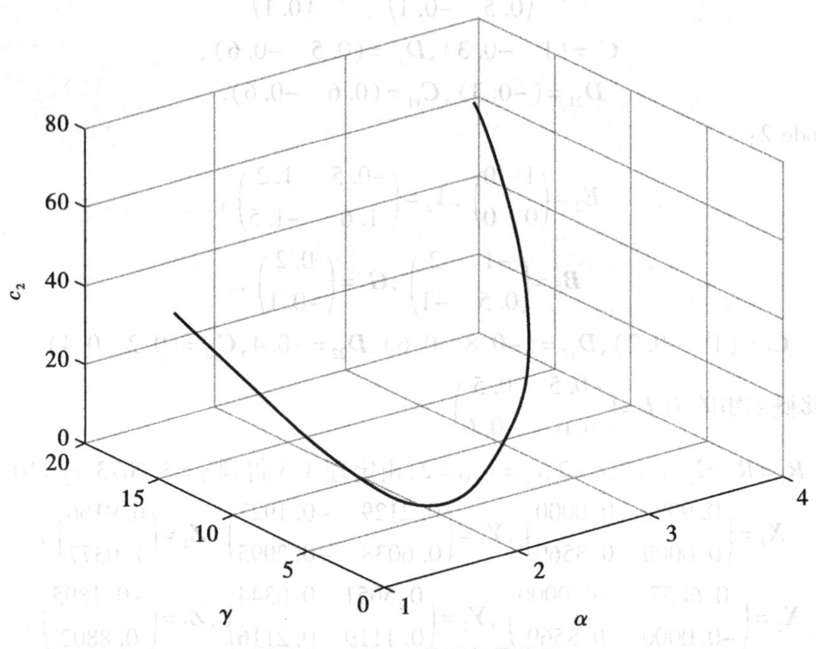

图4.1 γ和c_2的局部最优界

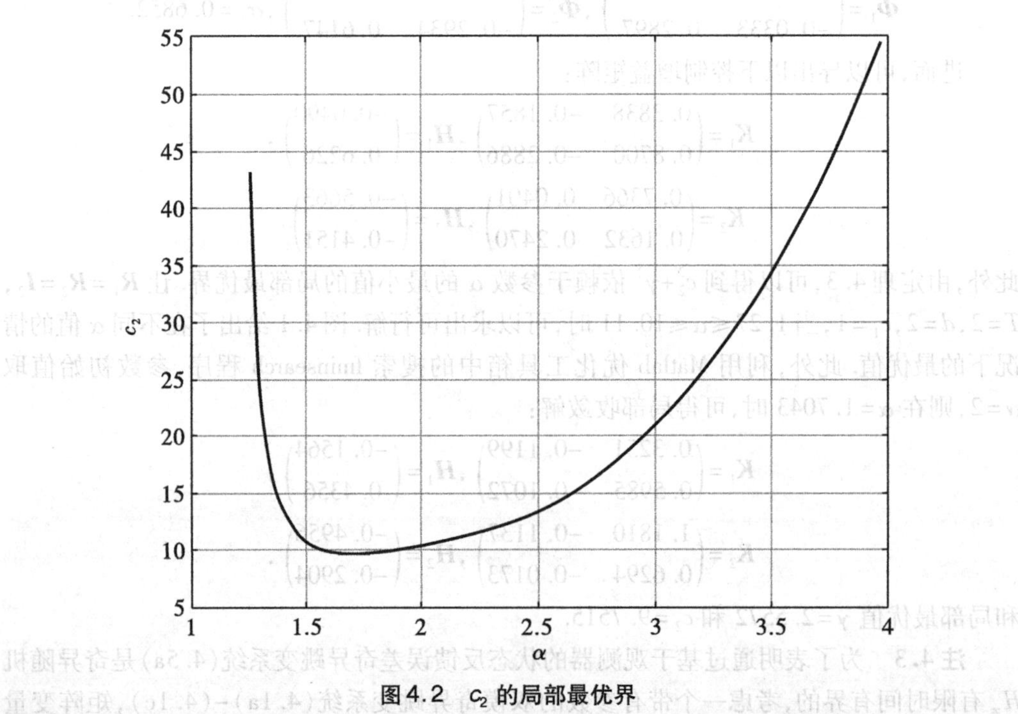

图4.2 c_2的局部最优界

例 4.2　为了表明奇异跳变系统(4.5a)和(4.5b)是奇异随机有限时间有界和随机可镇定的，让

$$\boldsymbol{A}_1=\begin{pmatrix}-4 & 1.45\\ -2.5 & -3.2\end{pmatrix},\boldsymbol{A}_2=\begin{pmatrix}-2.2 & -1.45\\ -1 & -1.5\end{pmatrix},$$

其他的矩阵变量和转移概率矩阵与例 4.1 相同.

让 $\boldsymbol{R}_1=\boldsymbol{R}_2=\boldsymbol{I}_2,d=2,c_1=1$. 由定理 4.3，当 $\alpha=0$ 时，可行解存在. 注意到当 $\alpha=0$ 时，由定理 4.3 得到最优值 $\gamma=0.4001$ 和 $c_2=1.2817$. 因此，上述误差奇异跳变系统是随机可镇定的，并且该奇异跳变系统的控制输出与扰动输入满足 $\|\boldsymbol{T}_{wz}\|<0.4001$.

第 5 章 基于观测器的离散奇异随机系统有限时间 H_∞ 控制

本章主要讨论了具有时变模有界扰动的基于观测器的离散奇异跳变系统的有限时间 H_∞ 控制问题. 本章的主要目的是设计一个观测器和一个状态反馈控制器,以确保通过基于观测器的状态反馈闭环误差系统是奇异随机有限时间有界的,并在有限时间区间内满足规定的 H_∞ 性能水平. 利用 Fridman 和 Shaked 提出的广义系统方法和 LMI 技巧,导出了基于观测器的状态反馈奇异随机 H_∞ 有限时间有界的充分性判据. 仿真也验证了所建议方法的有效性.

5.1 定义和系统描述

考虑以下离散时间奇异跳变系统:

$$\boldsymbol{E}\boldsymbol{x}(k+1)=\boldsymbol{A}(r_k)\boldsymbol{x}(k)+\boldsymbol{B}(r_k)\boldsymbol{u}(k)+\boldsymbol{G}(r_k)\boldsymbol{w}(k), \tag{5.1a}$$

$$\boldsymbol{z}(k)=\boldsymbol{C}(r_k)\boldsymbol{x}(k)+D(r_k)\boldsymbol{w}(k), \tag{5.1b}$$

$$\boldsymbol{y}(k)=\boldsymbol{C}_y(r_k)\boldsymbol{x}(k), \tag{5.1c}$$

这里 $\boldsymbol{x}(k)\in\mathbb{R}^n,\boldsymbol{z}(k)\in\mathbb{R}^{l_1},\boldsymbol{y}(k)\in\mathbb{R}^{l_2},\boldsymbol{u}(k)\in\mathbb{R}^m$ 分别表示系统状态、控制输出、可测输出和控制输入,$\boldsymbol{A}(r_k),\boldsymbol{B}(r_k),\boldsymbol{G}(r_k),\boldsymbol{C}(r_k),D(r_k)$ 和 $\boldsymbol{C}_y(r_k)$ 为适当维度的系数矩阵. 系数矩阵是依赖于取值在有限集合 $\Lambda=\{1,2,\cdots,h\}$ 上的离散时间、离散状态马尔科夫随机跳变过程的矩阵,其转移概率为

$$\Pr\{r_{k+1}=j\mid r_k=i\}=\pi_{ij},$$

这里对任意的 $i\in\Lambda,\pi_{ij}\geqslant 0$ 和 $\sum_{j=1}^{h}\pi_{ij}=1$. 噪声信号 $\boldsymbol{w}(k)\in\mathbb{R}^p$ 满足

$$E\{\sum_{k=0}^{N}\boldsymbol{w}^{\mathrm{T}}(k)\boldsymbol{w}(k)\}\leqslant d^2,d\geqslant 0. \tag{5.2}$$

为了简化符号,对于每个可能的 $r_k=i,i\in\Lambda$,一个矩阵 $\boldsymbol{M}(r_k)$ 将表示为 $\boldsymbol{M}_i$;例如,$\boldsymbol{A}_i$ 表示 $\boldsymbol{A}(r_k)$,$\boldsymbol{B}_i$ 表示 $\boldsymbol{B}(r_k)$,以此类推.

在本章中,构造如下状态观测器和反馈控制器:

$$E\tilde{x}(k+1)=A_i\tilde{x}(k)+B_iu(k)+H_i(y(k)-\tilde{y}(k)), \tag{5.3a}$$

$$\tilde{y}(k)=C_{yi}\tilde{x}(k), \tag{5.3b}$$

$$u(k)=K_i\tilde{x}(k), \tag{5.3c}$$

这里 $\tilde{x}(k)$ 和 $\tilde{y}(k)$ 分别是估计状态和估计输出,K_i 和 H_i 分别是状态反馈增益和待设计的观测器增益. 定义状态误差估计 $e(k)=x(k)-\tilde{x}(k)$ 和 $\bar{x}(k)=(x^{\mathrm{T}}(k)\quad e^{\mathrm{T}}(k))^{\mathrm{T}}$,闭环误差系统可以写成如下的形式:

$$\bar{E}\bar{x}(k+1)=\bar{A}_i\bar{x}(k)+\bar{G}_iw(k), \tag{5.4a}$$

$$z(k)=\bar{C}_i\bar{x}(k)+\bar{D}_iw(k), \tag{5.4b}$$

这里 $\bar{E}=\begin{pmatrix}E & *\\ O & E\end{pmatrix}$,$\bar{A}_i=\begin{pmatrix}A_i+B_iK_i & -B_iK_i\\ O & A_i-H_iC_{yi}\end{pmatrix}$,$\bar{G}_i=\begin{pmatrix}G_i\\ G_i\end{pmatrix}$,$\bar{C}_i=(C_i\quad O)$ 和 $\bar{D}_i=D_i$.

本章需要下面的定义.

定义 5.1　(正则和因果的,文献[97])

(i)称矩阵对(E,A_i)在集合$\{0,1,\cdots,N\}$内是正则的,如果$\forall k\in\{0,1,\cdots,N\}$,特征多项式 $\det(sE-A_i)\neq 0$;

(ii)称矩阵对(E,A_i)在集合$\{0,1,\cdots,N\}$内是因果的,如果$\forall k\in\{0,1,\cdots,N\}$,有 $\deg(\det(sE-A_i))=\mathrm{rank}(E)$.

定义 5.2　[基于观测器的状态反馈奇异随机有限时间有界(SFTB)]

若 $0<\delta<\varepsilon$,$\bar{R}_i>O$,$N\in\{0,1,\cdots\}$. 闭环误差系统(5.4a)关于$(\delta,\varepsilon,\bar{R}_i,N,d)$是通过基于观测器的状态反馈奇异随机有限时间有界的,如果存在一个(5.3a)~(5.3c)形式的观测器和状态反馈控制器,使得系统(5.4a)在集合$\{0,1,\cdots,N\}$内是正则与因果的,并且$\forall k\in\{1,2,\cdots,N\}$,下面的约束成立:

$$E\{\bar{x}^{\mathrm{T}}(0)\bar{E}^{\mathrm{T}}\bar{R}_i\bar{E}\bar{x}(0)\}\leqslant\delta^2\Rightarrow E\{\bar{x}^{\mathrm{T}}(k)\bar{E}^{\mathrm{T}}\bar{R}_i\bar{E}\bar{x}(k)\}<\varepsilon^2. \tag{5.5}$$

定义 5.3　(基于观测器的状态反馈奇异随机 H_∞ 有限时间有界性)

若 $0<\delta<\varepsilon$,$\bar{R}_i>0$,$\gamma>0$ 和 $N\in\{0,1,\cdots\}$. 系统(5.4a)和(5.4b)关于$(\delta,\varepsilon,\bar{R}_i,N,\gamma,d)$是通过基于观测器的状态反馈奇异随机 H_∞ 有限时间有界的,如果系统(5.4a)和(5.4b)关于$(\delta,\varepsilon,\bar{R}_i,N,d)$是奇异随机有限时间有界的,且在零初始条件下和满足(5.2)的非零 $w(k)$ 与输出 $z(k)$,使得下面约束成立:

$$E\left\{\sum_{k=0}^{N}z^{\mathrm{T}}(k)z(k)\right\}<\gamma^2E\left\{\sum_{k=0}^{N}w^{\mathrm{T}}(k)w(k)\right\}. \tag{5.6}$$

本章的主要目的是设计形式为(5.3a)~(5.3c)的有限时间观测器和状态反馈控制器,确保误差系统(5.4a)和(5.4b)是基于观测器的奇异随机 H_∞ 有限时间有界的.

5.2 基于观测器的离散奇异随机有限时间稳定性分析与 H_∞ 合成问题

在本节中，首先提供基于观测器的有限时间状态反馈，使得闭环误差奇异系统(5.4a)是奇异随机有限时间有界的结果.

定理 5.1 闭环误差奇异系统(5.4a)关于$(\delta,\varepsilon,\bar{\boldsymbol{R}}_i,N,d)$是通过基于观测器的状态反馈奇异随机有限时间有界的，如果存在标量$\mu\geqslant1,\varepsilon>0,\delta_1>0,\delta_2>0,\sigma>0$，对称正定矩阵集合$\{\bar{\boldsymbol{P}}_i,i\in\Lambda\}$和$\{\boldsymbol{Q}_i,i\in\Lambda\}$，矩阵集合$\{\bar{\boldsymbol{W}}_i,i\in\Lambda\}$，$\forall i\in\Lambda$，使得下面的不等式成立：

$$\begin{pmatrix}\boldsymbol{\Xi}_{11i} & * & * \\ \bar{\boldsymbol{G}}_i^{\mathrm{T}}\bar{\boldsymbol{V}}_i\bar{\boldsymbol{W}}_i^{\mathrm{T}} & -\boldsymbol{Q}_i & * \\ \bar{\boldsymbol{X}}_i\bar{\boldsymbol{A}}_i & \bar{\boldsymbol{X}}_i\bar{\boldsymbol{G}}_i & -\bar{\boldsymbol{X}}_i\end{pmatrix}<\boldsymbol{O}, \tag{5.7a}$$

$$\bar{\boldsymbol{R}}_i<\bar{\boldsymbol{P}}_i<\sigma\bar{\boldsymbol{R}}_i, \tag{5.7b}$$

$$\delta_1\boldsymbol{I}<\boldsymbol{Q}_i<\delta_2\boldsymbol{I}, \tag{5.7c}$$

$$\sigma\delta^2+\delta_2d^2<\mu^{-N}\varepsilon^2, \tag{5.7d}$$

其中$\boldsymbol{\Xi}_{11i}=\mathrm{He}\{\bar{\boldsymbol{A}}_i^{\mathrm{T}}\bar{\boldsymbol{V}}_i\bar{\boldsymbol{W}}_i^{\mathrm{T}}\}-\mu\bar{\boldsymbol{E}}^{\mathrm{T}}\bar{\boldsymbol{P}}_i\bar{\boldsymbol{E}},\bar{\boldsymbol{X}}_i=\sum\limits_{j=1}^{h}\pi_{ij}\bar{\boldsymbol{P}}_j,\bar{\boldsymbol{V}}_i\in\mathbb{R}^{2n\times(2n-2r)}$是满足$\bar{\boldsymbol{E}}^{\mathrm{T}}\bar{\boldsymbol{V}}_i=\boldsymbol{O}$的任意列满秩矩阵.

证明 首先证明闭环误差奇异系统(5.4a)在集合$\{0,1,\cdots,N\}$内具有正则性和因果的. 使用舒尔补引理 1.1 和条件(5.7a)，得到

$$\mathrm{He}\{\bar{\boldsymbol{A}}_i^{\mathrm{T}}\bar{\boldsymbol{V}}_i\bar{\boldsymbol{W}}_i^{\mathrm{T}}\}-\mu\bar{\boldsymbol{E}}^{\mathrm{T}}\bar{\boldsymbol{P}}_i\bar{\boldsymbol{E}}<\boldsymbol{O}. \tag{5.8}$$

假设$\mathrm{rank}(\boldsymbol{E})=r<n$，选择两个非奇异矩阵$\bar{\boldsymbol{H}}$和$\bar{\boldsymbol{M}}$，则$\bar{\boldsymbol{H}}\bar{\boldsymbol{E}}\bar{\boldsymbol{M}}=\begin{pmatrix}\boldsymbol{I}_{2r} & \boldsymbol{O}\\ * & \boldsymbol{O}\end{pmatrix}$，$\bar{\boldsymbol{H}}\bar{\boldsymbol{A}}_i\bar{\boldsymbol{M}}=\begin{pmatrix}\bar{\boldsymbol{A}}_{11i} & \bar{\boldsymbol{A}}_{12i}\\ \bar{\boldsymbol{A}}_{21i} & \bar{\boldsymbol{A}}_{22i}\end{pmatrix}$，$\bar{\boldsymbol{M}}^{\mathrm{T}}\bar{\boldsymbol{W}}_i=\begin{pmatrix}\bar{\boldsymbol{W}}_{1i}\\ \bar{\boldsymbol{W}}_{2i}\end{pmatrix}$. 从$\bar{\boldsymbol{E}}^{\mathrm{T}}\bar{\boldsymbol{V}}_i=\boldsymbol{O}$和$\mathrm{rank}(\bar{\boldsymbol{V}}_i)=2n-2r<2n$，根据$\bar{\boldsymbol{H}}^{-\mathrm{T}}\bar{\boldsymbol{V}}_i=\begin{pmatrix}\boldsymbol{O} & \bar{\boldsymbol{V}}_{2i}^{\mathrm{T}}\end{pmatrix}^{\mathrm{T}}$，这里$\bar{\boldsymbol{V}}_{2i}\in\mathbb{R}^{(2n-2r)\times(2n-2r)}$是任何非奇异矩阵. (5.8)式的左右两边分别用$\bar{\boldsymbol{M}}^{\mathrm{T}}$和$\bar{\boldsymbol{M}}$相乘，易得$\mathrm{He}\{\bar{\boldsymbol{A}}_{22i}^{\mathrm{T}}\bar{\boldsymbol{V}}_i\bar{\boldsymbol{W}}_{2i}^{\mathrm{T}}\}<\boldsymbol{O}$. 因此，$\bar{\boldsymbol{A}}_{22i}$是非奇异的，这意味着闭环误差系统(5.4a)在集合$\{0,1,\cdots,N\}$内是正则与因果的.

接下来，证明条件(5.5)成立. 考虑以下随机李雅普诺夫函数：

$$V(k)=\bar{\boldsymbol{x}}^{\mathrm{T}}(k)\bar{\boldsymbol{E}}^{\mathrm{T}}\bar{\boldsymbol{P}}_i\bar{\boldsymbol{E}}\bar{\boldsymbol{x}}(k). \tag{5.9}$$

定义$E\{V(k+1)\}=E\{V(\bar{\boldsymbol{x}}(k+1),k+1,r_{k+1})\mid r_k=i\}$，由$\bar{\boldsymbol{X}}_i=\sum\limits_{j=1}^{h}\pi_{ij}\bar{\boldsymbol{P}}_j$和$\bar{\boldsymbol{E}}^{\mathrm{T}}\bar{\boldsymbol{V}}_i=\boldsymbol{O}$，得

$$
\begin{aligned}
&E\{V(k+1)\}\\
&=E\{\sum_{j=1}^{h}\Pr\{r_{k+1}=j\mid r_k=i\}\times\bar{\boldsymbol{x}}^{\mathrm{T}}(k+1)\bar{\boldsymbol{P}}_j\bar{\boldsymbol{x}}(k+1)\}\\
&=[\bar{\boldsymbol{A}}_i\bar{\boldsymbol{x}}(k)+\bar{\boldsymbol{G}}_i\boldsymbol{w}(k)]^{\mathrm{T}}\bar{\boldsymbol{X}}_i[\bar{\boldsymbol{A}}_i\bar{\boldsymbol{x}}(k)+\boldsymbol{G}_i\boldsymbol{w}(k)]+2\bar{\boldsymbol{x}}^{\mathrm{T}}(k+1)\bar{\boldsymbol{E}}^{\mathrm{T}}\bar{\boldsymbol{V}}_i\bar{\boldsymbol{W}}_i^{\mathrm{T}}\bar{\boldsymbol{x}}(k).
\end{aligned}\tag{5.10}
$$

从式(5.7a)和式(5.10),得

$$E\{V(k+1)\}<\mu V(k)+\boldsymbol{w}^{\mathrm{T}}(k)\boldsymbol{Q}_i\boldsymbol{w}(k).\tag{5.11}$$

注意到 $\mu\geqslant1$,从(5.7c)和(5.11),得

$$E\{V(k)\}<\mu^kE\{V(0)\}+\delta_2E\{\sum_{j=0}^{k}\mu^{k-j}\boldsymbol{w}^{\mathrm{T}}(j)\boldsymbol{w}(j)\}.\tag{5.12}$$

注意到 $\mu\geqslant1$ 和 $E\{\bar{\boldsymbol{x}}^{\mathrm{T}}(0)\bar{\boldsymbol{E}}^{\mathrm{T}}\bar{\boldsymbol{R}}_i\bar{\boldsymbol{E}}\bar{\boldsymbol{x}}(0)\}\leqslant\delta^2$,可以从式(5.2)、式(5.7b)~(5.7d)和式(5.12),对于每一个 $k\in\{1,2,\cdots,N\}$,有 $E\{\bar{\boldsymbol{x}}^{\mathrm{T}}(k)\bar{\boldsymbol{E}}^{\mathrm{T}}\bar{\boldsymbol{R}}_i\bar{\boldsymbol{E}}\bar{\boldsymbol{x}}(k)\}<\varepsilon^2$. 证毕.

基于定理5.1,对于系统(5.4a)和(5.4b)可以得到下面基于观测器的状态反馈奇异随机 H_∞ 有限时间有界的结果,由于与定理5.1证明相似,也省略其证明.

定理5.2　闭环误差系统(5.4a)和(5.4b)关于$(\delta,\varepsilon,\bar{\boldsymbol{R}}_i,N,\gamma,d)$是通过基于观测器的状态反馈奇异随机 H_∞ 有限时间有界的,如果存在标量 $\mu\geqslant1,\varepsilon>0,\gamma>0,\sigma>0$,一组对称正定矩阵$\{\boldsymbol{P}_i,i\in\Lambda\}$和一组矩阵$\{\boldsymbol{W}_i,i\in\Lambda\}$,$\forall i\in\Lambda$,使得(5.7b)和下列不等式成立:

$$
\begin{pmatrix}
\boldsymbol{\Xi}_{11i} & * & * & *\\
\bar{\boldsymbol{G}}_i^{\mathrm{T}}\bar{\boldsymbol{V}}_i\bar{\boldsymbol{W}}_i^{\mathrm{T}} & -\gamma^2\mu^{-N}\boldsymbol{I} & * & *\\
\bar{\boldsymbol{X}}_i\bar{\boldsymbol{A}}_i & \bar{\boldsymbol{X}}_i\bar{\boldsymbol{G}}_i & -\bar{\boldsymbol{X}}_i & *\\
\bar{\boldsymbol{C}}_i & \bar{\boldsymbol{D}}_i & \boldsymbol{O} & -\boldsymbol{I}
\end{pmatrix}<\boldsymbol{O},\tag{5.13a}
$$

$$\sigma\delta^2+\mu^{-N}\gamma^2d^2<\mu^{-N}\varepsilon^2.\tag{5.13b}$$

现在,让 $\bar{\boldsymbol{P}}_i=\mathrm{diag}\{\boldsymbol{P}_i,\boldsymbol{P}_i\}$,$\bar{\boldsymbol{R}}_i=\mathrm{diag}\{\boldsymbol{R}_i,\boldsymbol{R}_i\}$,$\bar{\boldsymbol{W}}_i=\mathrm{diag}\{\boldsymbol{W}_i,\boldsymbol{W}_i\}$ 和 $\bar{\boldsymbol{V}}_i=\mathrm{diag}\{\boldsymbol{V}_i,\boldsymbol{V}_i\}$,易从 $\boldsymbol{E}^{\mathrm{T}}\boldsymbol{V}_i=\boldsymbol{O}$,得到 $\bar{\boldsymbol{E}}^{\mathrm{T}}\bar{\boldsymbol{V}}_i=\boldsymbol{O}$. 以下定理给出了 LMI 条件,确保通过基于观测器的状态反馈闭环误差系统(5.4a)和(5.4b)是奇异随机 H_∞ 有限时间有界的.

定理5.3　闭环误差系统(5.4a)和(5.4b)关于$(\delta,\varepsilon,\bar{\boldsymbol{R}}_i,N,\gamma,d)$是基于观测器的状态反馈奇异随机 H_∞ 有限时间有界的,如果存在标量 $\mu\geqslant1,\varepsilon>0,\gamma>0,\sigma>0$,一组正的标量$\{\theta_i,i\in\Lambda\}$,一组对称正定矩阵$\{\boldsymbol{P}_i,i\in\Lambda\}$,矩阵集合$\{\boldsymbol{W}_i,i\in\Lambda\}$,$\{\boldsymbol{L}_i,i\in\Lambda\}$和$\{\boldsymbol{Y}_i,i\in\Lambda\}$,$\forall i\in\Lambda$,使得式(5.13b)和以下不等式成立:

$$
\begin{pmatrix}
\boldsymbol{\Psi}_{11i} & * & * & * & * & *\\
\boldsymbol{\Psi}_{21i} & \boldsymbol{\Psi}_{22i} & * & * & * & *\\
\boldsymbol{\Psi}_{31i} & \boldsymbol{\Psi}_{32i} & \boldsymbol{\Psi}_{33i} & * & * & *\\
\boldsymbol{O} & \boldsymbol{\Psi}_{42i} & \boldsymbol{O} & \boldsymbol{\Psi}_{44i} & * & *\\
\theta_i\boldsymbol{G}_i^{\mathrm{T}} & \theta_i\boldsymbol{G}_i^{\mathrm{T}} & \theta_i\boldsymbol{G}_i^{\mathrm{T}} & \theta_i\boldsymbol{G}_i^{\mathrm{T}} & \boldsymbol{\Psi}_{55i} & *\\
\boldsymbol{C}_i & \boldsymbol{O} & \boldsymbol{O} & \boldsymbol{O} & \boldsymbol{D}_i & -\boldsymbol{I}
\end{pmatrix}<\boldsymbol{O},\tag{5.14a}
$$

$$\boldsymbol{R}_i<\boldsymbol{P}_i<\sigma\boldsymbol{R}_i, \tag{5.14b}$$

其中

$$\boldsymbol{\Psi}_{11i}=\mathrm{He}\{\theta_i(\boldsymbol{A}_i-\boldsymbol{E})+\boldsymbol{B}_i\boldsymbol{L}_i\}-\mu\boldsymbol{E}^{\mathrm{T}}\boldsymbol{P}_i\boldsymbol{E}+\boldsymbol{E}^{\mathrm{T}}\boldsymbol{X}_i\boldsymbol{E},$$
$$\boldsymbol{\Psi}_{21i}=-\boldsymbol{L}_i^{\mathrm{T}}\boldsymbol{B}_i^{\mathrm{T}},\boldsymbol{\Psi}_{22i}=\mathrm{He}\{\theta_i(\boldsymbol{A}_i-\boldsymbol{E})-\boldsymbol{Y}_i\boldsymbol{C}_{yi}\}-\mu\boldsymbol{E}^{\mathrm{T}}\boldsymbol{P}_i\boldsymbol{E}+\boldsymbol{E}^{\mathrm{T}}\boldsymbol{X}_i\boldsymbol{E},$$
$$\boldsymbol{\Psi}_{31i}=\theta_i(\boldsymbol{A}_i-\boldsymbol{E}-\boldsymbol{I})+\boldsymbol{B}_i\boldsymbol{L}_i+\boldsymbol{V}_i\boldsymbol{W}_i^{\mathrm{T}}+\boldsymbol{X}_i\boldsymbol{E},$$
$$\boldsymbol{\Psi}_{32i}=-\boldsymbol{B}_i\boldsymbol{L}_i,\boldsymbol{\Psi}_{33i}=\boldsymbol{\Psi}_{44i}=-2\theta_i\boldsymbol{I}+\boldsymbol{X}_i,$$
$$\boldsymbol{\Psi}_{42i}=\theta_i(\boldsymbol{A}_i-\boldsymbol{E}-\boldsymbol{I})-\boldsymbol{Y}_i\boldsymbol{C}_{yi}+\boldsymbol{V}_i\boldsymbol{W}_i^{\mathrm{T}}+\boldsymbol{X}_i\boldsymbol{E},$$
$$\boldsymbol{\Psi}_{55i}=-\gamma^2\mu^{-N}\boldsymbol{I},\boldsymbol{X}_i=\sum_{j=1}^{h}\pi_{ij}\boldsymbol{P}_j.$$

并且 $\boldsymbol{V}_i\in\mathbb{R}^{n\times(n-r)}$ 是满足 $\boldsymbol{E}^{\mathrm{T}}\boldsymbol{V}_i=\boldsymbol{O}$ 的任意列满秩矩阵，控制器增益和观测器增益分别由 $\boldsymbol{K}_i=\theta_i^{-1}\boldsymbol{L}_i$ 和 $\boldsymbol{H}_i=\theta_i^{-1}\boldsymbol{Y}_i$ 给出.

证明 利用 Fridman 和 Shaked 在文献[107]中提出的广义系统方法，闭环误差奇异系统(5.4a)和(5.4b)可以写成

$$\hat{\boldsymbol{E}}\hat{\boldsymbol{x}}(k+1)=\hat{\boldsymbol{A}}_i\hat{\boldsymbol{x}}(k)+\hat{\boldsymbol{G}}_i\boldsymbol{w}(k) \tag{5.15a}$$
$$\boldsymbol{z}(k)=\hat{\boldsymbol{C}}_i\hat{\boldsymbol{x}}(k)+\hat{\boldsymbol{D}}_i\boldsymbol{w}(k), \tag{5.15b}$$

其中

$$\hat{\boldsymbol{E}}=\begin{pmatrix}\bar{\boldsymbol{E}} & *\\ \boldsymbol{O} & \boldsymbol{O}\end{pmatrix},\hat{\boldsymbol{A}}_i=\begin{pmatrix}\bar{\boldsymbol{E}} & \boldsymbol{I}\\ \bar{\boldsymbol{A}}_i-\bar{\boldsymbol{E}} & -\boldsymbol{I}\end{pmatrix},$$
$$\hat{\boldsymbol{G}}_i=\begin{pmatrix}\boldsymbol{O}\\ \bar{\boldsymbol{G}}_i\end{pmatrix},\hat{\boldsymbol{x}}(k+1)=\begin{pmatrix}\bar{\boldsymbol{x}}(k)\\ \bar{\boldsymbol{E}}\bar{\boldsymbol{x}}(k+1)-\bar{\boldsymbol{E}}\bar{\boldsymbol{x}}(k)\end{pmatrix},$$
$$\hat{\boldsymbol{C}}_i=\begin{pmatrix}\bar{\boldsymbol{C}}_i & \boldsymbol{O}\end{pmatrix},\hat{\boldsymbol{D}}_i=\bar{\boldsymbol{D}}_i.$$

从定理 5.2 可得奇异跳变系统(5.16a)和(5.16b)关于$(\delta,\varepsilon,\hat{\boldsymbol{R}}_i,N,\gamma,d)$是奇异随机 H_∞ 有限时间有界的，如果存在标量 $\mu\geqslant1,\varepsilon>0,\gamma>0,\sigma>0$，一组对称正定矩阵$\{\hat{\boldsymbol{P}}_i,i\in\Lambda\}$ 和一组矩阵$\{\hat{\boldsymbol{W}}_i,i\in\Lambda\}$，对于所有 $i\in\Lambda$，使得式(5.13b)和以下的不等式成立：

$$\begin{pmatrix}\hat{\boldsymbol{\Xi}}_{11i} & * & * & *\\ \hat{\boldsymbol{G}}_i^{\mathrm{T}}\hat{\boldsymbol{V}}_i\hat{\boldsymbol{W}}_i^{\mathrm{T}} & -\gamma^2\mu^{-N}\boldsymbol{I} & * & *\\ \hat{\boldsymbol{X}}_i\hat{\boldsymbol{A}}_i & \hat{\boldsymbol{X}}_i\hat{\boldsymbol{G}}_i & -\hat{\boldsymbol{X}}_i & *\\ \hat{\boldsymbol{C}}_i & \hat{\boldsymbol{D}}_i & \boldsymbol{O} & -\boldsymbol{I}\end{pmatrix}<\boldsymbol{O}, \tag{5.16a}$$

$$\hat{\boldsymbol{R}}_i<\hat{\boldsymbol{P}}_i<\sigma\hat{\boldsymbol{R}}_i, \tag{5.16b}$$

其中 $\hat{\boldsymbol{X}}_i=\sum_{j=1}^{h}\pi_{ij}\hat{\boldsymbol{P}}_j,\hat{\boldsymbol{\Xi}}_{11i}=\mathrm{He}\{\hat{\boldsymbol{A}}_i^{\mathrm{T}}\hat{\boldsymbol{V}}_i\hat{\boldsymbol{W}}_i^{\mathrm{T}}\}-\mu\hat{\boldsymbol{E}}^{\mathrm{T}}\hat{\boldsymbol{P}}_i\hat{\boldsymbol{E}}$ 和 $\hat{\boldsymbol{E}}^{\mathrm{T}}\hat{\boldsymbol{V}}_i=\boldsymbol{O}$. 特别的，可以选择 $\hat{\boldsymbol{P}}_i,\hat{\boldsymbol{W}}_i,\hat{\boldsymbol{V}}_i$

和 $\hat{\boldsymbol{R}}_i$，使得

$$\hat{\boldsymbol{P}}_i=\begin{pmatrix}\bar{\boldsymbol{P}}_i & * \\ \boldsymbol{O} & \alpha_i\boldsymbol{I}\end{pmatrix},\hat{\boldsymbol{V}}_i=\begin{pmatrix}\bar{\boldsymbol{V}}_i & * \\ \boldsymbol{O} & \theta_i\boldsymbol{I}\end{pmatrix},$$

$$\hat{\boldsymbol{W}}_i=\begin{pmatrix}\bar{\boldsymbol{W}}_i & \boldsymbol{I} \\ \boldsymbol{O} & \boldsymbol{I}\end{pmatrix},\hat{\boldsymbol{R}}_i=\begin{pmatrix}\bar{\boldsymbol{R}}_i & * \\ \boldsymbol{O} & \vartheta_i\boldsymbol{I}\end{pmatrix},$$

这里 $\{\alpha_i,i\in\Lambda\}$ 和 $\{\vartheta_i,i\in\Lambda\}$ 是两组正的标量. 从式(5.16a)可以看出 $\theta_i\neq0$，对于每一个 $i\in\Lambda$. 因此，很容易证明 $\hat{\boldsymbol{V}}_i$ 是列满秩且满足 $\hat{\boldsymbol{E}}^{\mathrm{T}}\hat{\boldsymbol{V}}_i=\boldsymbol{O}$. 因此，能够从式(5.16b)得到 $\boldsymbol{R}<\boldsymbol{P}_i<\sigma\boldsymbol{R}$ 和 $\vartheta_i<\alpha_i<\sigma\vartheta_i$. 此外，总可以找到标量 α_i 和 ϑ_i. 因此，当 $\alpha_i\to0$ 时，$\vartheta_i\to0$. 另一方面，让 $\alpha_i\to0$，并注意到 $\bar{\boldsymbol{E}},\bar{\boldsymbol{A}}_i,\bar{\boldsymbol{P}}_i,\bar{\boldsymbol{X}}_i,\bar{\boldsymbol{G}}_i,\bar{\boldsymbol{V}}_i,\bar{\boldsymbol{W}}_i$ 的特殊形式，从式(5.16a)可得如下不等式：

$$\begin{pmatrix}\boldsymbol{\Psi}_{11i} & * & * & * & * & * \\ \boldsymbol{\Psi}_{21i} & \boldsymbol{\Psi}_{22i} & * & * & * & * \\ \boldsymbol{\Psi}_{31i} & \boldsymbol{\Psi}_{32i} & \boldsymbol{\Psi}_{33i} & * & * & * \\ \boldsymbol{O} & \boldsymbol{\Psi}_{42i} & \boldsymbol{O} & \boldsymbol{\Psi}_{44i} & * & * \\ \theta_i\boldsymbol{G}_i^{\mathrm{T}} & \theta_i\boldsymbol{G}_i^{\mathrm{T}} & \theta_i\boldsymbol{G}_i^{\mathrm{T}} & \theta_i\boldsymbol{G}_i^{\mathrm{T}} & \boldsymbol{\Psi}_{55i} & * \\ \boldsymbol{C}_i & \boldsymbol{O} & \boldsymbol{O} & \boldsymbol{O} & \boldsymbol{D}_i & -\boldsymbol{I}\end{pmatrix}<\boldsymbol{O}, \tag{5.17}$$

这里

$$\boldsymbol{\Psi}_{11i}=\mathrm{He}\{\theta_i(\boldsymbol{A}_i+\boldsymbol{B}_i\boldsymbol{K}_i-\boldsymbol{E})\}-\mu\boldsymbol{E}^{\mathrm{T}}\boldsymbol{P}_i\boldsymbol{E}+\boldsymbol{E}^{\mathrm{T}}\boldsymbol{X}_i\boldsymbol{E},$$
$$\boldsymbol{\Psi}_{21i}=-\theta_i\boldsymbol{K}_i^{\mathrm{T}}\boldsymbol{B}_i^{\mathrm{T}},\boldsymbol{\Psi}_{22i}=\mathrm{He}\{\theta_i(\boldsymbol{A}_i-\boldsymbol{H}_i\boldsymbol{C}_{yi}-\boldsymbol{E})\}-\mu\boldsymbol{E}^{\mathrm{T}}\boldsymbol{P}_i\boldsymbol{E}+\boldsymbol{E}^{\mathrm{T}}\boldsymbol{X}_i\boldsymbol{E},$$
$$\boldsymbol{\Psi}_{31i}=\theta_i(\boldsymbol{A}_i+\boldsymbol{B}_i\boldsymbol{K}_i-\boldsymbol{E}-\boldsymbol{I})+\boldsymbol{V}_i\boldsymbol{W}_i^{\mathrm{T}}+\boldsymbol{X}_i\boldsymbol{E},\boldsymbol{\Psi}_{32i}=-\theta_i\boldsymbol{B}_i\boldsymbol{K}_i,$$
$$\boldsymbol{\Psi}_{42i}=\theta_i(\boldsymbol{A}_i-\boldsymbol{H}_i\boldsymbol{C}_{yi}-\boldsymbol{E}-\boldsymbol{I})+\boldsymbol{V}_i\boldsymbol{W}_i^{\mathrm{T}}+\boldsymbol{X}_i\boldsymbol{E},$$
$$\boldsymbol{\Psi}_{33i}=\boldsymbol{\Psi}_{44i}=-2\theta_i\boldsymbol{I}+\boldsymbol{X}_i,\boldsymbol{\Psi}_{55i}=-\gamma^2\mu^{-N}\boldsymbol{I}.$$

因此，让 $\boldsymbol{L}_i=\theta_i\boldsymbol{K}_i$，可以得到式(5.17)等价于式(5.14a). 最后，很容易验证式(5.4a)和式(5.4b)关于 $(\delta,\varepsilon,\bar{\boldsymbol{R}}_i,N,\gamma,d)$ 是基于观测器的奇异随机 H_∞ 有限时间有界的充要条件是系统(5.15a)和(5.15b)关于 $(\delta,\varepsilon,\hat{\boldsymbol{R}}_i,\boldsymbol{N},\gamma,d)$ 是奇异随机 H_∞ 有限时间有界的. 证毕.

注5.2　需要指出条件(5.13)和(5.14)不是严格 LMIs，然而，一旦给定参数 μ，条件可以转化为基于 LMI 的可行性问题. 因此，定理5.1的可行性条件可以转化带有一个固定参数 μ 的如下可行性问题：

$$\min_{\boldsymbol{P}_i,\boldsymbol{W}_i,\boldsymbol{L}_i,\boldsymbol{Y}_i,\theta_i,\sigma}(\varepsilon^2+\gamma^2) \tag{5.18}$$

$$\text{s. t. LMIs(5.13b)，(5.14a)和(5.14b).}$$

注5.3　需要指出的是，有学者在文献[78,95]中通过矩阵分解的方法研究了连续时间奇异跳变系统和离散时间跳变系统的基于观测器的随机有限时间 H_∞ 控制问题. 遗憾的是，该方法不能应用于离散时间奇异跳变系统. 然而，通过广义系统方法可得到奇异随

机 H_∞ 有限时间有界的充分性判据. 从定理 5.3 观察到 $\hat{V}_i$ 的特殊形式,与文献[78]中的矩阵奇异值分解相比,具有一定的保守性. 显然,应用广义系统方法可以研究连续时间奇异跳变系统的有限时间 H_∞ 控制问题,并得到相应的结果.

5.3 数值算例

例 5.1 为证明基于观测器的状态反馈误差系统(5.4a)和(5.4b)是奇异随机 H_∞ 有限时间有界和随机可镇定的,令

$$\boldsymbol{A}_1=\begin{pmatrix}0.8 & 0.2\\0.7 & 0.4\end{pmatrix},\boldsymbol{B}_1=\begin{pmatrix}1 & 0\\1 & 1\end{pmatrix},\boldsymbol{G}_1=\begin{pmatrix}0.1\\0.1\end{pmatrix},$$

$$\boldsymbol{C}_1=(0\quad 0.2),\boldsymbol{D}_1=(0.1),\boldsymbol{C}_{y1}=(0.1\quad 0.3),$$

$$\boldsymbol{A}_2=\begin{pmatrix}0.6 & 0.3\\0.8 & 0.6\end{pmatrix},\boldsymbol{B}_2=\begin{pmatrix}1 & 0\\0.8 & 0.6\end{pmatrix},\boldsymbol{G}_2=\begin{pmatrix}0.1\\0.1\end{pmatrix},$$

$$\boldsymbol{C}_2=(0\quad 0.1),\boldsymbol{D}_2=(0.1),\boldsymbol{C}_{y2}=(0.1\quad 0.2).$$

奇异矩阵 $\boldsymbol{E}$ 取为 $\boldsymbol{E}=\mathrm{diag}\{1,0\}$. 因此,可选取 $\boldsymbol{V}_1$ 和 $\boldsymbol{V}_2$, $\boldsymbol{V}_1=\boldsymbol{V}_2=(0\quad 1)^{\mathrm{T}}$. 此外,转移概率矩阵由下面的矩阵给出:

$$\boldsymbol{\Gamma}=\begin{pmatrix}0.7 & 0.3\\0.4 & 0.6\end{pmatrix}.$$

令 $\boldsymbol{R}_1=\boldsymbol{R}_2=\boldsymbol{I}_2,\delta=1,d=2$ 和 $\mu=1$,通过定理 5.3,可以求出基于 LMI 的可行性问题(5.18)的可行解,得到最优值 $\varepsilon=4.2601,\gamma=2.1612$ 以及下面的状态反馈控制器和观测器增益矩阵:

$$\boldsymbol{K}_1=\begin{pmatrix}-0.2680 & -0.4384\\-0.1466 & -0.7619\end{pmatrix},\boldsymbol{H}_1=\begin{pmatrix}3.3023\\8.0500\end{pmatrix},$$

$$\boldsymbol{K}_2=\begin{pmatrix}-0.6000 & -0.4316\\-0.5333 & -1.8859\end{pmatrix},\boldsymbol{H}_2=\begin{pmatrix}3.9145\\13.6038\end{pmatrix}.$$

在上述最优解下,假设扰动输入为 $w(k)=\mathrm{e}^{-k}\cos k$,给定初始条件 $\boldsymbol{x}_1(0)=-0.0247$, $\boldsymbol{x}_2(0)=0.0749$, $\tilde{\boldsymbol{x}}_1(0)=0.0464$, $\tilde{\boldsymbol{x}}_2(0)=0.1099$ 和初始模式 $r_0=2$. 图 5.1 给出了离散奇异跳变系统的跳跃模态和状态(真实状态和估计状态),这也表明系统是奇异随机有限时间有界和随机可镇定的,而且扰动输入与输出状态满足 $\|\boldsymbol{T}_{wz}\|<2.1612$.

注 5.4 令 $\boldsymbol{E}=\begin{pmatrix}1 & 1\\0 & 0\end{pmatrix},\boldsymbol{A}_1=\begin{pmatrix}1 & 0\\0.5 & 0.3\end{pmatrix},\boldsymbol{A}_2=\begin{pmatrix}0.8 & 0.1\\0.7 & 0.5\end{pmatrix}$;此外,其他矩阵参数和转移概率矩阵与例 5.1 相同. 假设 $\boldsymbol{R}_1=\boldsymbol{R}_2=\boldsymbol{I}_2,\delta=1,d=2$,则 $\mu=1$ 时,基于 LMI 的可行性问题(5.15a)的可行解不存在. 然而,令 $\boldsymbol{R}_1=\boldsymbol{R}_2=\boldsymbol{I}_2,\delta=1,N=6,d=2$ 和 $\mu=2$. 通过定理 5.3,可以从基于 LMI 的可行性问题(5.18)的可行解得 $\varepsilon=10.2802$ 和 $\gamma=3.1390$. 因此,尽管不能说明奇异跳变系统(5.4a)和(5.4b)是随机可镇定的,但该奇异系统关于$(1,10.2802,\boldsymbol{I}_4,6,3.1390,2)$是奇异随机 H_∞ 有限时间有界的.

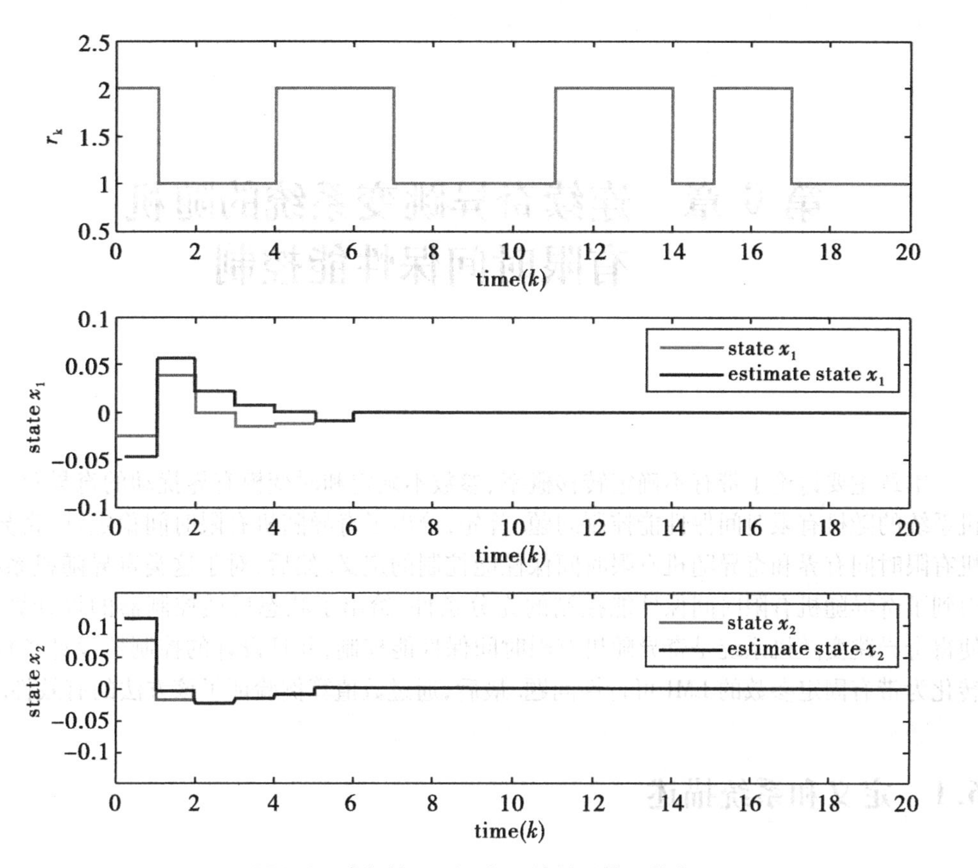

图 5.1　当初始 $r_0=2$ 时，系统的跳模和状态

第 6 章 连续奇异跳变系统的随机有限时间保性能控制

本章主要讨论了带有不确定转移概率、参数不确定和时变模有界扰动的奇异跳变随机系统的随机有限时间保性能控制问题. 首先,给出了奇异随机有限时间稳定性、奇异随机有限时间有界和奇异随机有限时间保性能控制的定义. 然后,对于这类奇异随机系统,得到了奇异随机有限时间保性能控制的充分条件,给出了状态反馈控制器的设计算法,使得奇异跳变随机系统是奇异随机有限时间保性能控制,并且设计的控制器设计条件能转化为带有固定参数的 LMI 可行性问题. 最后,通过数值算例验证了该方法的有效性.

6.1 定义和系统描述

考虑下面的奇异跳变系统:

$$\boldsymbol{E}(r_t)\dot{\boldsymbol{x}}(t)=[\boldsymbol{A}(r_t)+\Delta\boldsymbol{A}(r_t)]\boldsymbol{x}(t)+[\boldsymbol{B}(r_t)+\Delta\boldsymbol{B}(r_t)]\boldsymbol{u}(t)+[\boldsymbol{G}(r_t)+\Delta\boldsymbol{G}(r_t)]\boldsymbol{w}(t), \tag{6.1}$$

其中 $\boldsymbol{x}(t)\in\mathbb{R}^n$ 是系统状态,$\boldsymbol{u}(t)\in\mathbb{R}^m$ 是系统输入,$\boldsymbol{E}(r_t)$ 是满足 $\mathrm{rank}(\boldsymbol{E}(r_t))=r_{r_t}<n$ 的奇异矩阵;$\{r_t,t\geqslant0\}$ 是取值在带有转移概率矩阵 $\boldsymbol{\Gamma}=(\pi_{ij})_{k\times k}$ 的有限空间 $\mathbb{M}\triangleq\{1,2,\cdots,k\}$ 上的连续时间马尔科夫跳变随机过程,转移概率描述如下:

$$\Pr(r_{t+\Delta t}=j|r_t=i)=\begin{cases}\pi_{ij}\Delta t+o(\Delta t), \text{if} \quad i\neq j,\\ 1+\pi_{ij}\Delta t+o(\Delta t), \text{if} \quad i=j,\end{cases} \tag{6.2}$$

其中 $\lim\limits_{\Delta t\to0}\frac{o(\Delta t)}{\Delta t}=0$,$\pi_{ij}$ 满足 $\pi_{ij}\geqslant0(i\neq j)$ 和 $\pi_{ii}=-\sum\limits_{j=1,j\neq i}^{k}\pi_{ij}(i,j\in\mathbb{M})$;$\Delta\boldsymbol{A}(r_t)$,$\Delta\boldsymbol{B}(r_t)$ 和 $\Delta\boldsymbol{G}(r_t)$ 是不确定矩阵,并且满足

$$[\Delta\boldsymbol{A}(r_t),\Delta\boldsymbol{B}(r_t),\Delta\boldsymbol{G}(r_t)]=\boldsymbol{F}(r_t)\Delta(r_t)[\boldsymbol{E}_1(r_t),\boldsymbol{E}_2(r_t),\boldsymbol{E}_3(r_t)], \tag{6.3}$$

其中 $\Delta(r_t)$ 是一个未知的时变矩阵函数,并且满足

$$\Delta^{\mathrm{T}}(r_t)\Delta(r_t)\leqslant\boldsymbol{I}, \quad \forall r_t\in\mathbb{M}; \tag{6.4}$$

而且,扰动 $\boldsymbol{w}(t)\in\mathbb{R}^p$ 满足

$$E\{\int_0^T\boldsymbol{w}^{\mathrm{T}}(t)\boldsymbol{w}(t)\mathrm{d}t\} < d^2, d > 0, \tag{6.5}$$

并且对所有的 $r_t\in\mathbb{M}$,矩阵 $\boldsymbol{A}(r_t)$,$\boldsymbol{B}(r_t)$,$\boldsymbol{G}(r_t)$ 是具有适当维数的系数矩阵. 另外,对奇异随机系统(6.1)中的不确定转移概率满足如下假设.

假设 6.1　假设在模态 i 时的马尔科夫转移概率参数满足

$$0<\underline{\pi}_i\leqslant\pi_{ij}\leqslant\overline{\pi}_i,\ \forall\, i,j\in\mathbb{M},i\neq j,\tag{6.6}$$

其中 $\underline{\pi}_i$,$\overline{\pi}_i$ 是每个模式的已知参数,或者可以表示出传递概率的下限和上限,即

$$0<\underline{\pi}_i=\inf_{i,j\in\mathbb{M}}\{\pi_{ij}\neq0,i\neq j\}\leqslant\overline{\pi}_i=\sup_{i,j\in\mathbb{M}}\{\pi_{ij}\neq0,i\neq j\};\tag{6.7}$$

此外,让 N_i 表示从 i 包括模态本身的访问模态的次数.

考虑一个状态反馈控制器

$$\boldsymbol{u}(t)=\boldsymbol{K}(r_t)\boldsymbol{x}(r_t),\tag{6.8}$$

其中 $\{\boldsymbol{K}(r_t),r_t=i\in\mathbb{M}\}$ 是一个后来确定的矩阵集合. 带有控制器(6.8)的系统(6.1)可以写成如下控制系统:

$$\boldsymbol{E}(r_t)\dot{\boldsymbol{x}}(t)=\overline{\boldsymbol{A}}(r_t)\boldsymbol{x}(t)+\overline{\boldsymbol{G}}(r_t)\boldsymbol{w}(t),\tag{6.9}$$

其中 $\overline{\boldsymbol{A}}(r_t)=\boldsymbol{A}(r_t)+\Delta\boldsymbol{A}(r_t)+[\boldsymbol{B}(r_t)+\Delta\boldsymbol{B}(r_t)]\boldsymbol{K}(r_t)$ 和 $\overline{\boldsymbol{G}}(r_t)=\boldsymbol{G}(r_t)+\Delta\boldsymbol{G}(r_t)$.

定义 6.1　(正则和无脉冲的)

(i)在 $\boldsymbol{u}(t)\equiv\boldsymbol{0}$ 和 $\boldsymbol{w}(t)\equiv\boldsymbol{0}$ 的情况下,奇异跳变系统(6.9)在时间区间 $[0,T]$ 内被说成是正则的,如果对任意的 $t\in[0,T]$,特征多项式 $\det(s\boldsymbol{E}(r_t)-\boldsymbol{A}(r_t))\neq0$;

(ii)在 $\boldsymbol{u}(t)\equiv\boldsymbol{0}$ 和 $\boldsymbol{w}(t)\equiv\boldsymbol{0}$ 的情况下,奇异跳变系统(6.9)在时间区间 $[0,T]$ 内被说成是无脉冲的,如果对任意的 $t\in[0,T]$,有 $\deg(\det(s\boldsymbol{E}(r_t)-\boldsymbol{A}(r_t)))=\mathrm{rank}(\boldsymbol{E}(r_t))$.

定义 6.2　[奇异随机有限时间稳定(SSFTS)]

若 $c_1<c_2$,$\boldsymbol{R}(r_t)>\boldsymbol{O}$,在 $\boldsymbol{w}(t)\equiv\boldsymbol{0}$ 的情况下,闭环奇异跳变系统(6.9)被说成是关于 $(c_1,c_2,T,\boldsymbol{R}(r_t))$ 奇异随机有限时间稳定的,如果随机系统在区间 $[0,T]$ 内是正则和无脉冲的,并且 $\forall\, t\in[0,T]$,有

$$E\{\boldsymbol{x}^{\mathrm{T}}(0)\boldsymbol{E}^{\mathrm{T}}(r_t)\boldsymbol{R}(r_t)\boldsymbol{E}(r_t)\boldsymbol{x}(0)\}\leqslant c_1^2\Rightarrow E\{\boldsymbol{x}^{\mathrm{T}}(t)\boldsymbol{E}^{\mathrm{T}}(r_t)\boldsymbol{R}(r_t)\boldsymbol{E}(r_t)\boldsymbol{x}(t)\}<c_2^2.\tag{6.10}$$

定义 6.3　[奇异随机有限时间有界(SSFTB)]

若 $c_1<c_2$,$\boldsymbol{R}(r_t)>\boldsymbol{O}$,满足(6.5) 的闭环马尔科夫跳变奇异系统(6.9)被说成是关于 $(c_1,c_2,T,\boldsymbol{R}(r_t),d)$ 奇异随机有限时间有界的,如果随机系统在区间 $[0,T]$ 内是正则和无脉冲的,并且条件(6.10)成立.

定义 6.4　(文献[31])让 $V(\boldsymbol{x}(t),r_t=i,t>0)$ 是随机函数,通过

$$\mathcal{J}\,V(\boldsymbol{x}(t),r_t=i,t)=V_t(\boldsymbol{x}(t),i,t)+V_x(\boldsymbol{x}(t),i,t)\dot{\boldsymbol{x}}(t,i)+\sum_{j=1}^{k}\pi_{ij}V(\boldsymbol{x}(t),j,t).\tag{6.11}$$

定义随机过程 $\{(\boldsymbol{x}(t),r_t=i),t\geqslant0\}$ 的弱无穷小算子 $\mathcal{J}$.

与奇异随机系统(6.9)相关的储能函数为

$$\mathcal{J}_T(r_t)=E\{\int_0^T[\boldsymbol{x}^{\mathrm{T}}(t)\boldsymbol{R}_1(r_t)\boldsymbol{x}(t)+\boldsymbol{u}^{\mathrm{T}}(t)\boldsymbol{R}_2(r_t)\boldsymbol{u}(t)]\mathrm{d}t\},\tag{6.12}$$

其中$\boldsymbol{R}_1(r_t)$和$\boldsymbol{R}_2(r_t)$是两个对称正定矩阵.

定义 6.5 如果存在一个控制器(6.8)和一个标量ψ_0使得马尔科夫跳变闭环奇异随机系统(6.9)关于$(c_1,c_2,T,\boldsymbol{R}(r_t),d)$是奇异随机有限时间有界的,并且对于所有$r_t\in\mathbb{M}$,储能函数(6.12)满足$\mathcal{J}_T(r_t)<\psi_0$,则奇异随机系统(6.9)被称为奇异随机有限时间保性能控制;而且,ψ_0被说成是奇异随机保性能的界,设计的控制器(6.8)被称为奇异随机系统(6.9)的奇异随机有限时间保性能控制器.

本章的主要目的是设计一个形如(6.8)的状态反馈控制器,使得闭环奇异跳变随机系统(6.9)是奇异随机有限时间保性能控制.

6.2 连续奇异跳变系统的随机有限时间有界保性能控制分析

本节讨论闭环奇异跳变系统(6.9)的奇异随机有限时间有界保性能分析与有限时间控制器设计.

定理 6.1 闭环奇异跳变系统(6.9)关于$(c_1,c_2,T,\boldsymbol{R}(r_t),d)$是奇异随机有限时间有界的,如果存在一个标量$\alpha\geqslant 0$,一个非奇异矩阵集合$\{\boldsymbol{P}(i),i\in\mathbb{M}\}$,对称正定矩阵集合$\{\boldsymbol{Q}_1(i),i\in\mathbb{M}\}$,$\{\boldsymbol{Q}_2(i),i\in\mathbb{M}\}$,对于所有$r_t=i\in\mathbb{M}$,使得下面不等式成立:

$$\boldsymbol{E}(i)\boldsymbol{P}^{\mathrm{T}}(i)=\boldsymbol{P}(i)\boldsymbol{E}^{\mathrm{T}}(i)\geqslant\boldsymbol{O},\tag{6.13a}$$

$$\begin{pmatrix}\mathrm{He}\{\bar{\boldsymbol{A}}(i)\boldsymbol{P}^{\mathrm{T}}(i)\}+\boldsymbol{\Gamma}(i)-\alpha\boldsymbol{E}(i)\boldsymbol{P}^{\mathrm{T}}(i) & \bar{\boldsymbol{G}}(i)\\ * & -\boldsymbol{Q}_2(i)\end{pmatrix}<\boldsymbol{O},\tag{6.13b}$$

$$\boldsymbol{P}^{-1}(i)\boldsymbol{E}(i)=\boldsymbol{E}^{\mathrm{T}}(i)\boldsymbol{R}^{\frac{1}{2}}(i)\boldsymbol{Q}_1(i)\boldsymbol{R}^{\frac{1}{2}}(i)\boldsymbol{E}(i),\tag{6.13c}$$

$$\sup_{i\in\mathbb{M}}\{\lambda_{\max}(\boldsymbol{Q}_1(i))\}c_1^2+\sup_{i\in\mathbb{M}}\{\lambda_{\max}(\boldsymbol{Q}_2(i))\}d^2<\inf_{i\in\mathbb{M}}\{\lambda_{\min}(\boldsymbol{Q}_1(i))\}c_2^2\mathrm{e}^{-\alpha T},\tag{6.13d}$$

其中$\boldsymbol{\Gamma}(i)=\sum_{j=1}^{k}\pi_{ij}\boldsymbol{P}(i)\boldsymbol{P}^{-1}(j)\boldsymbol{E}(j)\boldsymbol{P}^{\mathrm{T}}(i)+\boldsymbol{P}(i)[\boldsymbol{R}_1(i)+\boldsymbol{K}^{\mathrm{T}}(i)\boldsymbol{R}_2(i)\boldsymbol{K}(i)]\boldsymbol{P}^{\mathrm{T}}(i)$;此外,对于奇异随机系统的一个奇异随机有限时间保性能上界可以选择为

$$\psi_0=\mathrm{e}^{\alpha T}\sup_{i\in M}\{\lambda_{\max}(\boldsymbol{Q}_1(i))c_1^2+\lambda_{\max}(\boldsymbol{Q}_2(i))d^2\}.$$

证明 首先,证明奇异随机系统(6.9)在时间区间$[0,T]$内是正则的和无脉冲的. 由舒尔补引理 1.1 和条件(6.13b),得到

$$\mathrm{He}\{\bar{\boldsymbol{A}}(i)\boldsymbol{P}^{\mathrm{T}}(i)\}-\alpha\boldsymbol{E}(i)\boldsymbol{P}^{\mathrm{T}}(i)<-\sum_{j=1}^{k}\pi_{ij}\boldsymbol{P}(i)\boldsymbol{P}^{-1}(j)\boldsymbol{E}(j)\boldsymbol{P}^{\mathrm{T}}(i)\leqslant\boldsymbol{O}.\tag{6.14}$$

现在,选择非奇异矩阵$\boldsymbol{M}(i)$和$\boldsymbol{N}(i)$,使得

$$\boldsymbol{M}(i)\boldsymbol{E}(i)\boldsymbol{N}(i)=\mathrm{diag}\{\boldsymbol{I}_{r_i},\boldsymbol{O}\},$$

$$\boldsymbol{M}(i)\bar{\boldsymbol{A}}(i)\boldsymbol{N}(i)=\begin{pmatrix}\boldsymbol{A}_{11}(i) & \boldsymbol{A}_{12}(i)\\ \boldsymbol{A}_{21}(i) & \boldsymbol{A}_{22}(i)\end{pmatrix},$$

$$\boldsymbol{M}(i)\boldsymbol{P}(i)\boldsymbol{N}^{-\mathrm{T}}(i)=\begin{pmatrix}\boldsymbol{P}_{11}(i) & \boldsymbol{P}_{12}(i)\\ \boldsymbol{P}_{21}(i) & \boldsymbol{P}_{22}(i)\end{pmatrix}.$$

则

$$E(i)=M^{-1}(i)\operatorname{diag}\{I_{r_i},0\}N^{-1}(i), \tag{6.15a}$$

$$P(i)=M^{-1}(i)\begin{pmatrix}P_{11}(i) & P_{12}(i)\\ P_{21}(i) & P_{22}(i)\end{pmatrix}N^{\mathrm{T}}(i). \tag{6.15b}$$

从式(6.13a)、式(6.15a)和式(6.15b),可以得到

$$\begin{aligned}&(M^{-1}(i)\operatorname{diag}\{I_{r_i},O\}N^{-1}(i))(M^{-1}(i)\begin{pmatrix}P_{11}(i) & P_{12}(i)\\ P_{21}(i) & P_{22}(i)\end{pmatrix}N^{\mathrm{T}}(i))^{\mathrm{T}}\\ &=(M^{-1}(i)\begin{pmatrix}P_{11}(i) & P_{12}(i)\\ P_{21}(i) & P_{22}(i)\end{pmatrix}N^{\mathrm{T}}(i))(M^{-1}(i)\operatorname{diag}\{I_{r_i},O\}N^{-1}(i))^{\mathrm{T}}\\ &\geqslant O.\end{aligned} \tag{6.16}$$

计算上述条件(6.16),可以得到$P_{11}(i)=P_{11}^{\mathrm{T}}(i)\geqslant 0, P_{21}(i)=0$. 因此,得到

$$E(i)P^{\mathrm{T}}(i)=P(i)E^{\mathrm{T}}(i)=M^{-1}(i)\begin{pmatrix}P_{11}(i) & O\\ O & O\end{pmatrix}M^{-\mathrm{T}}(i)\geqslant O. \tag{6.17}$$

让$M(i)$和$M^{\mathrm{T}}(i)$分别乘以(6.14)的左右两边,并且注意到(6.17),这就得到了以下矩阵不等式:

$$\begin{pmatrix}? & ?\\ ? & P_{22}(i)A_{22}(i)+A_{22}^{\mathrm{T}}(i)P^{\mathrm{T}}(i)\end{pmatrix}<O, \tag{6.18}$$

其中符号? 表示与下面讨论无关的项. 根据舒尔补引理,得$P_{22}(i)A_{22}(i)+A_{22}^{\mathrm{T}}(i)P_{22}^{\mathrm{T}}(i)<O$. 因此$A_{22}(i)$是非奇异的,这意味着连续时间闭环奇异随机系统(6.9)在时间间隔$[0,T]$内是正则的和无脉冲的.

考虑奇异随机系统(6.9)的二次李雅普诺夫函数为$V(x(t),i)=x^{\mathrm{T}}(t)P^{-1}(i)E(i)\cdot x(t)$. 沿着系统(9)的解计算$V(x(t),i)$的导数$\mathcal{J}V$,并且注意到条件(6.13a),得到

$$\mathcal{J}V(x(t),i)=\begin{pmatrix}x(t)\\ w(t)\end{pmatrix}^{\mathrm{T}}\begin{pmatrix}\tilde{\Gamma}(i) & P^{-1}(i)\bar{G}(i)\\ * & O\end{pmatrix}\begin{pmatrix}x(t)\\ w(t)\end{pmatrix}, \tag{6.19}$$

其中$\tilde{\Gamma}(i)=\operatorname{He}\{P^{-1}(i)\bar{A}(i)\}+\sum_{j=1}^{N}\pi_{ij}P^{-1}(j)E(j)-\alpha P^{-1}(i)E(i)$.

把式(6.13b)的左右两边分别乘以$\operatorname{diag}\{P^{-1}(i),I\}$和$\operatorname{diag}\{P^{-\mathrm{T}}(i),I\}$,得到

$$\begin{pmatrix}\begin{pmatrix}\operatorname{He}\{P^{-1}(i)\bar{A}(i)\}+\sum_{j=1}^{k}\pi_{ij}P^{-1}(j)E(j)\\ +R_1(i)+K^{\mathrm{T}}(i)R_2(i)K(i)-\alpha P^{-1}(i)E(i)\end{pmatrix} & P^{-1}(i)\bar{G}(i)\\ * & -Q_2(i)\end{pmatrix}<O. \tag{6.20}$$

注意到$R_1(i)$和$R_2(i)$, $i\in\mathcal{M}$是对称正定矩阵,因此,从(6.19)和(6.20),得

$$E\{\mathcal{J}V(x(t),i)\}<\alpha E\{V(x(t),i)+w^{\mathrm{T}}(t)Q_2(i)w(t)\}. \tag{6.21}$$

而且,(6.21)可以改写为

$$E\{\mathrm{e}^{-\alpha t}\mathcal{J}V(x(t),i)\}<E\{\mathrm{e}^{-\alpha t}w^{\mathrm{T}}(t)Q_2(i)w(t)\}. \tag{6.22}$$

对式(6.22)从0和t积分,$t\in[0,T]$并且注意到$\alpha\geqslant 0$,得

$$e^{-\alpha t}E\{V(\boldsymbol{x}(t),i)\} < E\{V(\boldsymbol{x}(0),i=r_0)\} + E\left\{\int_0^t e^{-\alpha\tau}\boldsymbol{w}^{\mathrm{T}}(\tau)\boldsymbol{Q}_2(i)\boldsymbol{w}(\tau)\mathrm{d}\tau\right\}. \tag{6.23}$$

注意到$\alpha\geqslant 0,t\in[0,T]$和条件(6.13c),得到

$$\begin{aligned} &E\{V(\boldsymbol{x}(t),i)\}\\ &=E\{\boldsymbol{x}^{\mathrm{T}}(t)\boldsymbol{P}^{-1}(i)\boldsymbol{E}(i)\boldsymbol{x}(t)\}\\ &< e^{\alpha t}E\{V(\boldsymbol{x}(0),i=r_0)\} + e^{\alpha t}E\left\{\int_0^t e^{-\alpha\tau}\boldsymbol{w}^{\mathrm{T}}(\tau)\boldsymbol{Q}_2(i)\boldsymbol{w}(\tau)\mathrm{d}\tau\right\}\\ &\leqslant e^{\alpha t}\left\{\sup_{i\in M}\{\lambda_{\max}(\boldsymbol{Q}_1(i))\}c_1^2 + \sup_{i\in M}\{\lambda_{\max}(\boldsymbol{Q}_2(i))\}d^2\right\}. \end{aligned} \tag{6.24}$$

考虑到

$$\begin{aligned} &E\{\boldsymbol{x}^{\mathrm{T}}(t)\boldsymbol{P}^{-1}(i)\boldsymbol{E}(i)\boldsymbol{x}(t)\}\\ &=E\{\boldsymbol{x}^{\mathrm{T}}(t)\boldsymbol{E}^{\mathrm{T}}(i)\boldsymbol{R}^{1/2}(i)\boldsymbol{Q}_1(i)\boldsymbol{R}^{1/2}(i)\boldsymbol{E}(i)\boldsymbol{x}(t)\}\\ &\geqslant \inf_{i\in M}\{\lambda_{\min}(\boldsymbol{Q}_1(i))\}E\{\boldsymbol{x}^{\mathrm{T}}(t)\boldsymbol{E}^{\mathrm{T}}(i)\boldsymbol{R}(i)\boldsymbol{E}(i)\boldsymbol{x}(t)\}, \end{aligned} \tag{6.25}$$

得到

$$\begin{aligned} &E\{\boldsymbol{x}^{\mathrm{T}}(t)\boldsymbol{E}^{\mathrm{T}}(i)\boldsymbol{R}(i)\boldsymbol{E}(i)\boldsymbol{x}(t)\}\\ &\leqslant \sup_{i\in M}\{\lambda_{\max}(\boldsymbol{Q}_1^{-1}(i))\}E\{\boldsymbol{x}^{\mathrm{T}}(t)\boldsymbol{P}(i)\boldsymbol{E}(i)\boldsymbol{x}(t)\}\\ &\leqslant e^{\alpha T}\frac{\sup_{i\in M}\{\lambda_{\max}(\boldsymbol{Q}_1(i))\}c_1^2+\sup_{i\in M}\{\lambda_{\max}(\boldsymbol{Q}_2(i))\}d^2}{\inf_{i\in M}\{\lambda_{\min}(\boldsymbol{Q}_1(i))\}}. \end{aligned} \tag{6.26}$$

因此,条件(6.13d)暗示了对于所有$t\in[0,T]$,$E\{\boldsymbol{x}^{\mathrm{T}}(t)\boldsymbol{E}^{\mathrm{T}}(i)\boldsymbol{R}(r_t)\boldsymbol{E}(i)\boldsymbol{x}(t)\}\leqslant c_2^2$.
又从式(6.9)和式(6.20),易得

$$\mathcal{J}V(\boldsymbol{x}(t),i)<\alpha V(\boldsymbol{x}(t),i)+\boldsymbol{w}^{\mathrm{T}}(t)\boldsymbol{Q}_2(i)\boldsymbol{w}(t)-[\boldsymbol{x}^{\mathrm{T}}(t)\boldsymbol{R}_1(i)\boldsymbol{x}(t)+\boldsymbol{u}^{\mathrm{T}}(t)\boldsymbol{R}_2(i)\boldsymbol{u}(t)]. \tag{6.27}$$

而且,式(6.27)可以表示为

$$\mathcal{J}[e^{-\alpha t}V(\boldsymbol{x}(t),i)]<e^{-\alpha t}\boldsymbol{w}^{\mathrm{T}}(t)\boldsymbol{Q}_2(i)\boldsymbol{w}(t)-e^{-\alpha t}[\boldsymbol{x}^{\mathrm{T}}(t)\boldsymbol{R}_1(i)\boldsymbol{x}(t)+\boldsymbol{u}^{\mathrm{T}}(t)\boldsymbol{R}_2(i)\boldsymbol{u}(t)]. \tag{6.28}$$

对式(6.28)从0到T积分,得到

$$\begin{aligned} &\int_0^T e^{-\alpha t}[\boldsymbol{x}^{\mathrm{T}}(t)\boldsymbol{R}_1(i)\boldsymbol{x}(t) + \boldsymbol{u}^{\mathrm{T}}(t)\boldsymbol{R}_2(i)\boldsymbol{u}(t)]\mathrm{d}t\\ &< \int_0^T e^{-\alpha t}\boldsymbol{w}^{\mathrm{T}}(t)\boldsymbol{Q}_2(i)\boldsymbol{w}(t)\mathrm{d}t - \int_0^T \mathcal{J}[e^{-\alpha t}V(\boldsymbol{x}(t),i)]\mathrm{d}t. \end{aligned} \tag{6.29}$$

利用 Dynkin 公式,得

$$E\left\{\int_0^T e^{-\alpha t}[\boldsymbol{x}^{\mathrm{T}}(t)\boldsymbol{R}_1(i)\boldsymbol{x}(t)+\boldsymbol{u}^{\mathrm{T}}(t)\boldsymbol{R}_2(i)\boldsymbol{u}(t)]\mathrm{d}t\right\}$$
$$<E\left\{\int_0^T e^{-\alpha t}\boldsymbol{w}^{\mathrm{T}}(t)\boldsymbol{Q}_2(i)\boldsymbol{w}(t)\mathrm{d}t\right\}-E\left\{\int_0^T \mathcal{J}[e^{-\alpha t}V(\boldsymbol{x}(t),i)]\mathrm{d}t\right\}. \tag{6.30}$$

注意到 $\alpha\geqslant 0$ 及 $\boldsymbol{R}_1(i)$ 与 $\boldsymbol{R}_2(i)$ 是两个给定的对称正定矩阵. 因此,得到

$$\begin{aligned}\mathcal{J}_T(i)&=E\left\{\int_0^T[\boldsymbol{x}^{\mathrm{T}}(t)\boldsymbol{R}_1(i)\boldsymbol{x}(t)+\boldsymbol{u}^{\mathrm{T}}(t)\boldsymbol{R}_2(i)\boldsymbol{u}(t)]\mathrm{d}t\right\}\\&\leqslant e^{\alpha T}E\left\{\int_0^T e^{-\alpha t}[\boldsymbol{x}^{\mathrm{T}}(t)\boldsymbol{R}_1(i)\boldsymbol{x}(t)+\boldsymbol{u}^{\mathrm{T}}(t)\boldsymbol{R}_2(i)\boldsymbol{u}(t)]\mathrm{d}t\right\}\\&<e^{\alpha T}\left\{E\left\{\int_0^T e^{-\alpha t}\boldsymbol{w}^{\mathrm{T}}(t)\boldsymbol{Q}_2(i)\boldsymbol{w}(t)\mathrm{d}t\right\}-E\left\{\int_0^T\mathcal{J}[e^{-\alpha t}\boldsymbol{V}(\boldsymbol{x}(t),i)]\mathrm{d}t\right\}\right\}\\&\leqslant e^{\alpha T}\{\lambda_{\max}(\boldsymbol{Q}_1(i))c_1^2+\lambda_{\max}(\boldsymbol{Q}_2(i))d^2\}.\end{aligned}$$

因此,可以得到储能函数满足

$$\mathcal{J}_T(i)<\psi_0=e^{\alpha T}\sup_{i\in\mathbb{M}}\{\lambda_{\max}(\boldsymbol{Q}_1(i))c_1^2+\lambda_{\max}(\boldsymbol{Q}_2(i))d^2\}$$

对于所有 $i\in\mathbb{M}$成立. 证毕.

推论 6.1　带有 $\boldsymbol{w}(t)=\boldsymbol{0}$ 的奇异跳变系统(6.9)关于$(c_1,c_2,T,\boldsymbol{R}(r_t))$是奇异随机有限时间稳定的,如果存在一个标量 $\alpha\geqslant 0$,一个非奇异矩阵集合$\{\boldsymbol{P}(i),i\in\mathbb{M}\}$,一个对称正定矩阵集合$\{\boldsymbol{Q}_1(i),i\in\mathbb{M}\}$,并且对于所有 $r_t=i\in\mathbb{M}$,使得式(6.13a)、(6.13c)及下面的不等式

$$\mathrm{He}\{\bar{\boldsymbol{A}}(i)\boldsymbol{P}^{\mathrm{T}}(i)\}+\boldsymbol{\Gamma}(i)-\alpha\boldsymbol{E}(i)\boldsymbol{P}^{\mathrm{T}}(i)<\boldsymbol{O}, \tag{6.31a}$$

$$\sup_{i\in\mathbb{M}}\{\lambda_{\max}(\boldsymbol{Q}_1(i))\}c_1^2<\inf_{i\in\mathbb{M}}\{\lambda_{\min}(\boldsymbol{Q}_1(i))\}c_2^2e^{-\alpha T} \tag{6.31b}$$

成立,其中 $\boldsymbol{\Gamma}(i)=\sum_{j=1}^{N}\pi_{ij}\boldsymbol{P}(i)\boldsymbol{P}^{-1}(j)\boldsymbol{E}(j)\boldsymbol{P}^{\mathrm{T}}(i)+\boldsymbol{P}(i)[\boldsymbol{R}_1(i)+\boldsymbol{K}^{\mathrm{T}}(i)\boldsymbol{R}_2(i)\boldsymbol{K}(i)]\boldsymbol{P}^{\mathrm{T}}(i)-\alpha\boldsymbol{E}(i)\boldsymbol{P}^{\mathrm{T}}(i)$. 此外,奇异随机系统的保性能界可以选择为

$$\psi_0=\sup_{i\in\mathbb{M}}\{\lambda_{\max}(\boldsymbol{Q}_1(i))e^{\alpha T}c_1^2\}.$$

通过引理 1.3、定理 6.1,利用矩阵分解,可以得到如下定理.

定理 6.2　存在状态反馈控制器 $\boldsymbol{u}=\boldsymbol{K}(r_t)\boldsymbol{x}(t)$,$\boldsymbol{K}(r_t)=\boldsymbol{L}^{\mathrm{T}}(r_t)\boldsymbol{P}^{-\mathrm{T}}(r_t)$,$r_t=i\in\mathbb{M}$,使得闭环奇异跳变随机系统(6.9)关于$(c_1,c_2,T,\boldsymbol{R}(r_t),d)$是奇异随机有限时间有界的,如果存在一个标量 $\alpha\geqslant 0$,一个正定矩阵集合$\{\boldsymbol{X}(i),i\in\mathbb{M}\}$,一个对称正定矩阵集合$\{\boldsymbol{Q}_2(i),i\in\mathbb{M}\}$,一个矩阵集合$\{\boldsymbol{Y}(i),i\in\mathbb{M}\}$,$\boldsymbol{Y}(i)\in\mathbb{R}^{n\times(n-r_i)}$,两个正标量集合$\{\sigma_i,i\in\mathbb{M}\}$和$\{\varepsilon_i,i\in\mathbb{M}\}$,对于所有 $r_t=i\in\mathbb{M}$,使得式(6.13d)和下面的不等式:

$$0\leqslant\boldsymbol{E}(i)\boldsymbol{P}^{\mathrm{T}}(i)=\boldsymbol{P}(i)\boldsymbol{E}^{\mathrm{T}}(i)=\boldsymbol{E}(i)\boldsymbol{N}^{-1}(i)\boldsymbol{X}(i)\boldsymbol{N}^{\mathrm{T}}(i)\boldsymbol{E}^{\mathrm{T}}(i)\leqslant\sigma_i\boldsymbol{I}, \tag{6.32a}$$

$$\begin{pmatrix} \boldsymbol{\Omega}_{11}(i) & \boldsymbol{G}(i) & \boldsymbol{P}(i) & L(i) & \boldsymbol{\Omega}_{15}(i) & \boldsymbol{U}_i \\ * & -\boldsymbol{Q}_2(i) & \boldsymbol{O} & \boldsymbol{O} & \boldsymbol{E}_3^{\mathrm{T}}(i) & \boldsymbol{O} \\ * & * & -\boldsymbol{R}_1^{-1}(i) & \boldsymbol{O} & \boldsymbol{O} & \boldsymbol{O} \\ * & * & * & -\boldsymbol{R}_2^{-1}(i) & \boldsymbol{O} & \boldsymbol{O} \\ * & * & * & * & -\varepsilon_i \boldsymbol{I} & \boldsymbol{O} \\ * & * & * & * & * & -\boldsymbol{W}_i \end{pmatrix} < \boldsymbol{O} \tag{6.32b}$$

成立. 其中

$\boldsymbol{\Omega}_{11}(i)=\mathrm{He}\{\boldsymbol{P}(i)\boldsymbol{A}^{\mathrm{T}}(i)+L(i)\boldsymbol{B}^{\mathrm{T}}(i)\}+\varepsilon_i\boldsymbol{F}(i)\boldsymbol{F}^{\mathrm{T}}(i)-[(\boldsymbol{N}_i-1)\underline{\pi}_i+\alpha]\boldsymbol{P}(i)\boldsymbol{E}^{\mathrm{T}}(i)$,

$\boldsymbol{\Omega}_{15}(i)=\boldsymbol{P}(i)\boldsymbol{E}_1^{\mathrm{T}}(i)+L(i)\boldsymbol{E}_2^{\mathrm{T}}(i)$,

$\boldsymbol{U}_i=(\sqrt{\overline{\pi}_i}\boldsymbol{P}(i),\cdots,\sqrt{\overline{\pi}_i}\boldsymbol{P}(i))$,

$\boldsymbol{W}_i=\mathrm{diag}\{\mathrm{He}\{\boldsymbol{P}(1)\}-\sigma_1\boldsymbol{I},\cdots,\mathrm{He}\{\boldsymbol{P}(i-1)\}-\sigma_{i-1}\boldsymbol{I},\mathrm{He}\{\boldsymbol{P}(i+1)\}-\sigma_{i+1}\boldsymbol{I},\cdots,$
$\quad\mathrm{He}\{\boldsymbol{P}(k)\}-\sigma_k\boldsymbol{I}\}$,

$\boldsymbol{P}(i)=\boldsymbol{E}(i)\boldsymbol{N}(i)\boldsymbol{X}(i)\boldsymbol{N}^{\mathrm{T}}(i)+\boldsymbol{M}^{-1}(i)\boldsymbol{Y}(i)\boldsymbol{Y}^{\mathrm{T}}(i)$,

$\boldsymbol{Y}(i)=\boldsymbol{N}(i)(\boldsymbol{O}\quad \boldsymbol{I}_{n-r_i})^{\mathrm{T}},\boldsymbol{M}(i)\boldsymbol{E}(i)\boldsymbol{N}(i)=\mathrm{diag}\{\boldsymbol{I}_{r_i},\boldsymbol{O}\}$,

$\boldsymbol{Q}_1(i)=\boldsymbol{R}^{-\frac{1}{2}}(i)\boldsymbol{M}^{\mathrm{T}}(i)\boldsymbol{X}^{-1}(i)\boldsymbol{M}(i)\boldsymbol{R}^{-\frac{1}{2}}(i)$.

此外,$\boldsymbol{X}(i)$和$\boldsymbol{Y}(i)$来自式(6.41);在此基础上,奇异随机系统的随机有限时间一个保性能上界可选择为

$$\psi_0=\mathrm{e}^{\alpha T}\sup_{i\in\mathbb{M}}\{\lambda_{\max}(\boldsymbol{R}^{-\frac{1}{2}}(i)\boldsymbol{M}^{\mathrm{T}}(i)\boldsymbol{X}^{-1}(i)\boldsymbol{M}(i)\boldsymbol{R}^{-\frac{1}{2}}(i))c_1^2+\lambda_{\max}(\boldsymbol{Q}_2(i))d^2\}.$$

证明 首先证明条件(6.32b)暗示条件(6.13b). 通过条件(6.32a),得到

$$\boldsymbol{P}^{-1}(j)\boldsymbol{E}(j)\leqslant\sigma_j\boldsymbol{P}^{-1}(j)\boldsymbol{P}^{-\mathrm{T}}(j),\ \forall j\in\mathbb{M}. \tag{6.33}$$

由假设 6.1,得

$$\pi_{ii}\boldsymbol{P}(i)\boldsymbol{E}^{\mathrm{T}}(i)=-\sum_{j=1,j\neq i}^{k}\pi_{ij}\boldsymbol{P}(i)\boldsymbol{E}^{\mathrm{T}}(i)\leqslant-(\boldsymbol{N}_i-1)\underline{\pi}_i\boldsymbol{P}(i)\boldsymbol{E}^{\mathrm{T}}(i), \tag{6.34a}$$

$$\sum_{j=1,j\neq i}^{k}\pi_{ij}\sigma_j\boldsymbol{P}^{-1}(j)\boldsymbol{P}^{-\mathrm{T}}(j)\leqslant\sum_{j=1,j\neq i}^{k}\overline{\pi}_i\sigma_j\boldsymbol{P}^{-1}(j)\boldsymbol{P}^{-\mathrm{T}}(j). \tag{6.34b}$$

因此,不等式

$$\begin{aligned}\sum_{j=1,j\neq i}^{k}\pi_{ij}\boldsymbol{P}(i)\boldsymbol{P}^{-1}(j)\boldsymbol{E}(j)\boldsymbol{P}^{\mathrm{T}}(i)&\leqslant\sum_{j=1,j\neq i}^{k}\pi_{ij}\sigma_j\boldsymbol{P}(i)\boldsymbol{P}^{-1}(j)\boldsymbol{P}^{-\mathrm{T}}(j)\boldsymbol{P}^{\mathrm{T}}(i)\\&\leqslant\sum_{j=1,j\neq i}^{N}\overline{\pi}_i\sigma_j\boldsymbol{P}(i)\boldsymbol{P}^{-1}(j)\boldsymbol{P}^{-\mathrm{T}}(j)\boldsymbol{P}^{\mathrm{T}}(i)\\&\leqslant\boldsymbol{U}_i\boldsymbol{V}_i^{-1}\boldsymbol{U}_i^{\mathrm{T}}\end{aligned} \tag{6.35}$$

成立,其中

$\boldsymbol{U}_i=(\sqrt{\overline{\pi}_i}\boldsymbol{P}(i),\cdots,\sqrt{\overline{\pi}_i}\boldsymbol{P}(i))$,

$\boldsymbol{V}_i=\mathrm{diag}\{\sigma_1^{-1}\boldsymbol{P}^{\mathrm{T}}(1)\boldsymbol{P}(1),\cdots,\sigma_{i-1}^{-1}\boldsymbol{P}^{\mathrm{T}}(i-1)\boldsymbol{P}(i-1),\sigma_{i+1}^{-1}\boldsymbol{P}^{\mathrm{T}}(i+1)\boldsymbol{P}(i+1),\cdots,$
$\quad\sigma_k^{-1}\boldsymbol{P}^{\mathrm{T}}(k)\boldsymbol{P}(k)\}$.

注意到对于所有$j\in\mathbb{M}$,不等式

$$\sigma_i^{-1}\boldsymbol{P}^{\mathrm{T}}(i)\boldsymbol{P}(i)\geqslant\boldsymbol{P}^{\mathrm{T}}(i)+\boldsymbol{P}(i)-\sigma_i\boldsymbol{I}$$

成立. 因此

$$\sum_{j=1,j\neq i}^{k}\pi_{ij}\boldsymbol{P}(i)\boldsymbol{P}^{-1}(j)\boldsymbol{E}(j)\boldsymbol{P}^{\mathrm{T}}(i)\leqslant\boldsymbol{U}_i\boldsymbol{W}_i^{-1}\boldsymbol{U}_i^{\mathrm{T}},\tag{6.36}$$

其中

$$\boldsymbol{W}_i=\mathrm{diag}\{\mathrm{He}\{\boldsymbol{P}(1)\}-\sigma_1\boldsymbol{I},\cdots,\mathrm{He}\{\boldsymbol{P}(i-1)\}-\sigma_{i-1}\boldsymbol{I},\mathrm{He}\{\boldsymbol{P}(i+1)\}-\sigma_{i+1}\boldsymbol{I},\cdots,\mathrm{He}\{\boldsymbol{P}(k)\}-\sigma_k\boldsymbol{I}\}.$$

因此,确保(6.13b)成立的一个充分条件是

$$\boldsymbol{\Xi}(i)=\begin{pmatrix}\bar{\boldsymbol{\Psi}}(i) & \bar{\boldsymbol{G}}(i)\\ * & -\boldsymbol{Q}_2(i)\end{pmatrix}<\boldsymbol{O},\tag{6.37}$$

其中 $\bar{\boldsymbol{\Psi}}(i)=\mathrm{He}\{\bar{\boldsymbol{A}}(i)\boldsymbol{P}^{\mathrm{T}}(i)\}+\boldsymbol{P}(i)[\boldsymbol{R}_1(i)+\boldsymbol{K}^{\mathrm{T}}(i)\boldsymbol{R}_2(i)\boldsymbol{K}(i)]\boldsymbol{P}^{\mathrm{T}}(i)+\boldsymbol{U}_i\boldsymbol{W}_i^{-1}\boldsymbol{U}_i^{\mathrm{T}}-[(\boldsymbol{N}_i-1)\underline{\pi}_i+\alpha]\boldsymbol{E}(i)\boldsymbol{P}^{\mathrm{T}}(i)$. 注意到

$$\boldsymbol{\Xi}(i)=\begin{pmatrix}\bar{\boldsymbol{\Psi}}_0(i)+\bar{\boldsymbol{\Psi}}_1(i) & \boldsymbol{G}(i)\\ * & -\boldsymbol{Q}_2(i)\end{pmatrix}+\boldsymbol{\Xi}_1(i),\tag{6.38}$$

其中

$$\begin{aligned}\boldsymbol{\Xi}_1(i)&=\begin{pmatrix}\mathrm{He}\{(\Delta\boldsymbol{A}(i)+\Delta\boldsymbol{B}(i)\boldsymbol{K}(i))\boldsymbol{P}^{\mathrm{T}}(i)\} & \Delta\boldsymbol{G}(i)\\ * & \boldsymbol{O}\end{pmatrix}\\&=\mathrm{He}\left\{\begin{pmatrix}\boldsymbol{F}(i)\\ \boldsymbol{O}\end{pmatrix}\Delta(i)\begin{pmatrix}\boldsymbol{E}_{12}(i)\boldsymbol{P}^{\mathrm{T}}(i) & \boldsymbol{E}_3(i)\end{pmatrix}\right\},\end{aligned}$$

$$\bar{\boldsymbol{\Psi}}_0(i)=\mathrm{He}\{\tilde{\boldsymbol{A}}(i)\boldsymbol{P}^{\mathrm{T}}(i)\}-[(\boldsymbol{N}_i-1)\underline{\pi}_i+\alpha]\boldsymbol{P}(i)\boldsymbol{E}^{\mathrm{T}}(i),$$

$$\bar{\boldsymbol{\Psi}}_1(i)=\boldsymbol{P}(i)(\boldsymbol{R}_1(i)+\boldsymbol{K}^{\mathrm{T}}(i)\boldsymbol{R}_2(i)\boldsymbol{K}(i))\boldsymbol{P}^{\mathrm{T}}(i)+\boldsymbol{U}_i\boldsymbol{W}_i^{-1}\boldsymbol{U}_i^{\mathrm{T}},$$

$$\boldsymbol{E}_{12}(i)=\boldsymbol{E}_1(i)+\boldsymbol{E}_2(i)\boldsymbol{K}(i),\tilde{\boldsymbol{A}}(i)=\boldsymbol{A}(i)+\boldsymbol{B}(i)\boldsymbol{K}(i).$$

由引理 1.2,得

$$\begin{aligned}\boldsymbol{\Xi}(i)\leqslant&\begin{pmatrix}\bar{\boldsymbol{\Psi}}_0(i)+\boldsymbol{P}(i)(\boldsymbol{R}_1(i)+\boldsymbol{K}^{\mathrm{T}}(i)\boldsymbol{R}_2(i)\boldsymbol{K}(i))\boldsymbol{P}^{\mathrm{T}}(i)+\boldsymbol{U}_i\boldsymbol{W}_i^{-1}\boldsymbol{U}_i^{\mathrm{T}} & \boldsymbol{G}(i)\\ * & -\boldsymbol{Q}_2(i)\end{pmatrix}\\&+\varepsilon_i\begin{pmatrix}\boldsymbol{F}(i)\boldsymbol{F}^{\mathrm{T}}(i) & \boldsymbol{O}\\ * & \boldsymbol{O}\end{pmatrix}+\varepsilon_i^{-1}\begin{pmatrix}\boldsymbol{P}(i)\boldsymbol{E}_{12}^{\mathrm{T}}(i)\\ \boldsymbol{E}_3^{\mathrm{T}}(i)\end{pmatrix}\begin{pmatrix}\boldsymbol{E}_{12}(i)\boldsymbol{P}^{\mathrm{T}}(i) & \boldsymbol{E}_3(i)\end{pmatrix}\\&=\begin{pmatrix}\bar{\boldsymbol{\Psi}}_0(i)+\boldsymbol{M}_i\boldsymbol{F}(i)\boldsymbol{F}^{\mathrm{T}}(i) & \boldsymbol{G}(i)\\ * & -\boldsymbol{Q}_2(i)\end{pmatrix}-\Lambda_i\boldsymbol{\Gamma}^{-1}(i)\Lambda_i^{\mathrm{T}}\\&\triangleq\bar{\boldsymbol{\Xi}}(i).\end{aligned}\tag{6.39}$$

其中

$$\boldsymbol{\Gamma}(i)=\mathrm{diag}\{-\boldsymbol{R}_1^{-1}(i),-\boldsymbol{R}_2^{-1}(i),-\varepsilon_i\boldsymbol{I},-\boldsymbol{W}_i\},$$

$$\Lambda_i=\begin{pmatrix}\boldsymbol{P}(i) & \boldsymbol{P}(i)\boldsymbol{K}^{\mathrm{T}}(i) & \boldsymbol{P}(i)\boldsymbol{E}_{12}^{\mathrm{T}}(i) & \boldsymbol{U}_i\\ \boldsymbol{O} & \boldsymbol{O} & \boldsymbol{E}_3^{\mathrm{T}}(i) & \boldsymbol{O}\end{pmatrix}.$$

由引理 1.1 知，$\bar{\Xi}(i)<O$ 成立的充要条件是下列不等式：

$$\begin{pmatrix} \boldsymbol{\Omega}_{11}(i) & \boldsymbol{G}(i) & \boldsymbol{P}(i) & \boldsymbol{P}(i)\boldsymbol{K}^{\mathrm{T}}(i) & \boldsymbol{P}(i)\boldsymbol{E}_{12}^{\mathrm{T}}(i) & \boldsymbol{U}_i \\ * & -\boldsymbol{Q}_2(i) & \boldsymbol{O} & \boldsymbol{O} & \boldsymbol{E}_3^{\mathrm{T}}(i) & \boldsymbol{O} \\ * & * & -\boldsymbol{R}_1^{-1}(i) & \boldsymbol{O} & \boldsymbol{O} & \boldsymbol{O} \\ * & * & * & -\boldsymbol{R}_2^{-1}(i) & \boldsymbol{O} & \boldsymbol{O} \\ * & * & * & * & -\varepsilon_i \boldsymbol{I} & \boldsymbol{O} \\ * & * & * & * & * & -\boldsymbol{W}_i \end{pmatrix} < \boldsymbol{O} \tag{6.40}$$

成立，其中 $\boldsymbol{\Omega}_{11}(i)=\mathrm{He}\{\tilde{\boldsymbol{A}}(i)\boldsymbol{P}^{\mathrm{T}}(i)\}+\varepsilon_i \boldsymbol{F}(i)\boldsymbol{F}^{\mathrm{T}}(i)-[(\boldsymbol{N}_i-1)\underline{\pi}_i+\alpha]\boldsymbol{P}(i)\boldsymbol{E}^{\mathrm{T}}(i)$ 和 $\tilde{\boldsymbol{A}}(i)=\boldsymbol{A}(i)+\boldsymbol{B}(i)\boldsymbol{K}(i)$.

因此，让 $L(i)=\boldsymbol{P}(i)\boldsymbol{K}^{\mathrm{T}}(i)$，并且注意到 $\boldsymbol{E}(i)\boldsymbol{P}^{\mathrm{T}}(i)=\boldsymbol{P}(i)\boldsymbol{E}^{\mathrm{T}}(i)$，从(6.40)，容易得到条件(6.32b)暗示了条件(6.13b).

注意到 $\boldsymbol{E}(i)$ 是满足 $\mathrm{rank}(\boldsymbol{E}(i))=r_i$ 的奇异矩阵，因此存在两个非奇异矩阵 $\boldsymbol{M}(i)$ 和 $\boldsymbol{N}(i)$，满足 $\boldsymbol{M}(i)\boldsymbol{E}(i)\boldsymbol{N}(i)=\mathrm{diag}\{\boldsymbol{I}_{r_i},\boldsymbol{O}\}$. 让 $\bar{\boldsymbol{P}}(i)=\boldsymbol{M}(i)\boldsymbol{P}(i)\boldsymbol{N}^{-\mathrm{T}}(i)$，由引理 1.3，得到 $\bar{\boldsymbol{P}}(i)$ 具有形式：

$$\begin{pmatrix} \boldsymbol{P}_{11}(i) & \boldsymbol{P}_{12}(i) \\ \boldsymbol{O} & \boldsymbol{P}_{22}(i) \end{pmatrix},$$

其中 $\boldsymbol{P}_{11}(i)\geqslant \boldsymbol{O}$，$\boldsymbol{P}_{12}(i)\in\mathbb{R}^{r\times(n-r_i)}$ 和 $\boldsymbol{P}_{22}(i)\in\mathbb{R}^{(n-r_i)\times(n-r_i)}$.

令 $\boldsymbol{Y}(i)=\boldsymbol{N}(i)[\boldsymbol{O},\boldsymbol{I}_{n-r_i}]^{\mathrm{T}}$. 则 $\mathrm{rank}\boldsymbol{Y}(i)=n-r_i$，$\boldsymbol{E}(i)\boldsymbol{Y}(i)=\boldsymbol{O}$，且有

$$\boldsymbol{P}(i)=\boldsymbol{E}(i)\boldsymbol{N}(i)\boldsymbol{X}(i)\boldsymbol{N}^{\mathrm{T}}(i)+\boldsymbol{M}^{-1}(i)\boldsymbol{Y}(i)\boldsymbol{Y}^{\mathrm{T}}(i), \tag{6.41}$$

其中 $\boldsymbol{X}(i)=\mathrm{diag}\{\boldsymbol{P}_{11}(i),\boldsymbol{\Theta}(i)\}$，$\boldsymbol{Y}(i)=(\boldsymbol{P}_{12}^{\mathrm{T}}(i) \quad \boldsymbol{P}_{22}^{\mathrm{T}}(i))^{\mathrm{T}}$.

让

$$\boldsymbol{Q}_1(i)=\boldsymbol{R}^{-\frac{1}{2}}(i)\boldsymbol{M}^{\mathrm{T}}(i)\boldsymbol{X}^{-1}(i)\boldsymbol{M}(i)\boldsymbol{R}^{-\frac{1}{2}}(i),$$

由引理 1.3，得

$$\boldsymbol{P}(i)=\boldsymbol{E}(i)\boldsymbol{N}(i)\boldsymbol{X}(i)\boldsymbol{N}^{\mathrm{T}}(i)+\boldsymbol{M}^{-1}(i)\boldsymbol{Y}(i)\boldsymbol{Y}^{\mathrm{T}}(i)$$

满足 $\boldsymbol{P}(i)\boldsymbol{E}^{\mathrm{T}}(i)=\boldsymbol{E}(i)\boldsymbol{P}^{\mathrm{T}}(i)=\boldsymbol{E}(i)\boldsymbol{N}(i)\boldsymbol{X}(i)\boldsymbol{N}^{\mathrm{T}}(i)\boldsymbol{E}^{\mathrm{T}}(i)$，并且 $\boldsymbol{Q}_1(i)$ 是(6.13c)的一个解.

从定理 6.1 的证明中，注意到 $\boldsymbol{Q}_1(i)=\boldsymbol{R}^{-\frac{1}{2}}(i)\boldsymbol{M}^{\mathrm{T}}(i)\boldsymbol{X}^{-1}(i)\boldsymbol{M}(i)\boldsymbol{R}^{-\frac{1}{2}}(i)$. 因此，对任意的 $i\in\mathbb{M}$，有

$$\mathcal{J}_T(i)<\psi_0=\mathrm{e}^{\alpha T}\sup_{i\in\mathbb{M}}\{\lambda_{\max}(\boldsymbol{R}^{-\frac{1}{2}}(i)\boldsymbol{M}^{\mathrm{T}}(i)\boldsymbol{X}^{-1}(i)\boldsymbol{M}(i)\boldsymbol{R}^{-\frac{1}{2}}(i))c_1^2+\lambda_{\max}(\boldsymbol{Q}_2(i))d^2\}.$$

这就完成了定理的证明. 证毕.

由定理 6.1、推论 6.1 和定理 6.2，得到如下推论.

推论 6.2 存在状态反馈控制器 $\boldsymbol{u}=\boldsymbol{K}(r_t)\boldsymbol{x}(t)$ 和 $\boldsymbol{K}(r_t)=\boldsymbol{L}^{\mathrm{T}}(r_t)\boldsymbol{P}^{-\mathrm{T}}(r_t)$，使得在 $\boldsymbol{w}(t)=\boldsymbol{0}$ 的情形，闭环奇异跳变随机系统(6.9)关于$(c_1,c_2,T,\boldsymbol{R}(r_t))$是奇异随机有限时间稳定的，如果存在一个标量 $\alpha\geqslant 0$，一个正定矩阵集合 $\{\boldsymbol{X}(i),i\in\mathbb{M}\}$，一个矩阵集合

$\{\boldsymbol{Y}(i),i\in\mathbb{M}\}$,两个正标量集合$\{\sigma_i,i\in\mathbb{M}\}$,$\{\varepsilon_i,i\in\mathbb{M}\}$,对于所有 $r_t=i\in\mathbb{M}$,使得式(6.31b)、式(6.32a)和

$$\begin{pmatrix} \overline{\boldsymbol{\Phi}}_{11}(i) & \boldsymbol{P}(i) & L(i) & \overline{\boldsymbol{\Phi}}_{14}(i) & \boldsymbol{U}_i \\ * & -\boldsymbol{R}_1^{-1}(i) & \boldsymbol{O} & \boldsymbol{O} & \boldsymbol{O} \\ * & * & -\boldsymbol{R}_2^{-1}(i) & \boldsymbol{O} & \boldsymbol{O} \\ * & * & * & -\varepsilon_i\boldsymbol{I} & \boldsymbol{O} \\ * & * & * & * & -\boldsymbol{W}_i \end{pmatrix}<\boldsymbol{O} \tag{6.42}$$

成立,其中

$$\overline{\boldsymbol{\Phi}}_{11}(i)=\mathrm{He}\{\boldsymbol{P}(i)\boldsymbol{A}^{\mathrm{T}}(i)+L(i)\boldsymbol{B}^{\mathrm{T}}(i)\}+\varepsilon_i\boldsymbol{F}(i)\boldsymbol{F}^{\mathrm{T}}(i)-[(\boldsymbol{N}_i-1)\underline{\pi}_i-\alpha]\boldsymbol{P}(i)\boldsymbol{E}^{\mathrm{T}}(i),$$

$$\overline{\boldsymbol{\Phi}}_{14}(i)=\boldsymbol{P}(i)\boldsymbol{E}_1^{\mathrm{T}}(i)+L(i)\boldsymbol{E}_2^{\mathrm{T}}(i).$$

此外,其他矩阵变量与定理 6.2 相同,奇异随机系统的一个保性能上界可选择为

$$\psi_0=\sup_{i\in\mathbb{M}}\{\lambda_{\max}(\boldsymbol{R}^{-\frac{1}{2}}(i)\boldsymbol{M}^{\mathrm{T}}(i)\boldsymbol{X}^{-1}(i)\boldsymbol{M}(i)\boldsymbol{R}^{-\frac{1}{2}}(i))\}\mathrm{e}^{\alpha T}c_1^2.$$

注 6.1　很容易验证下面的条件能确保(6.13d)和(6.31b)成立:

$$\eta_1\boldsymbol{I}<\boldsymbol{R}^{\frac{1}{2}}(i)\boldsymbol{M}^{-1}(i)\boldsymbol{X}(i)\boldsymbol{M}^{-\mathrm{T}}(i)\boldsymbol{R}^{\frac{1}{2}}(i)<\boldsymbol{I}, \tag{6.43a}$$

$$\eta_3\boldsymbol{I}<\boldsymbol{Q}_2(i)<\eta_2\boldsymbol{I}, \tag{6.43b}$$

$$\begin{pmatrix} \mathrm{e}^{-\alpha T}c_2^2-d^2\eta_2 & c_1 \\ c_1 & \eta_1 \end{pmatrix}>\boldsymbol{O}, \tag{6.43c}$$

和

$$\eta_1\boldsymbol{I}<\boldsymbol{R}^{\frac{1}{2}}(i)\boldsymbol{M}^{-1}(i)\boldsymbol{X}(i)\boldsymbol{M}^{-\mathrm{T}}(i)\boldsymbol{R}^{\frac{1}{2}}(i)<\boldsymbol{I}, \tag{6.44a}$$

$$\begin{pmatrix} \mathrm{e}^{-\alpha T}c_2^2 & c_1 \\ c_1 & \eta_1 \end{pmatrix}>\boldsymbol{O}. \tag{6.44b}$$

此外,条件(6.32b)和(6.42)不是严格的 LMIs;然而,一旦固定了参数 α,条件(6.32b)和(6.42)可以转化为基于 LMI 的可行性问题.

注 6.2　由以上讨论可以看出,定理 6.2 和推论 6.2 中所述条件的可行性可以分别转化为以下基于 LMI 的具有固定参数 α 的可行性问题:

$$\min_{\boldsymbol{X}(i),\boldsymbol{Y}(i),L(i),\boldsymbol{Q}_2(i),\varepsilon_i,\sigma_i,\eta_1,\eta_2,\eta_3} c_2^2 \quad \text{s.t. (6.32a),(6.32b)和(6.43a)–(6.43c)} \tag{6.45}$$

和

$$\min_{\boldsymbol{X}(i),\boldsymbol{Y}(i),L(i),\varepsilon_i,\sigma_i,\eta_1} c_2^2 \quad \text{s.t. (6.32a),(6.42),(6.44a)和(6.44b).} \tag{6.46}$$

注 6.3　如果 $\alpha=0$ 是一个可行性问题(6.46)的解,那么在 $\boldsymbol{w}(t)\equiv\boldsymbol{0}$ 时的闭环奇异随机系统(6.9)关于$(c_1,c_2,T,\boldsymbol{R}(r_t))$是奇异随机有限时间稳定的,并且也是随机可镇定的.

6.3　数值算例

例 6.1　考虑带有下面参数奇异跳变系统(6.1)：

● Mode 1：

$$\boldsymbol{E}(1)=\begin{pmatrix}1&0&0\\0&1&0\\0&0&0\end{pmatrix},\boldsymbol{A}(1)=\begin{pmatrix}2.6&1&1\\-1&3&0\\-1&-1&0\end{pmatrix},\boldsymbol{B}(1)=\begin{pmatrix}0&1&2\\1&-1&0\\0&0&1\end{pmatrix},$$

$$\boldsymbol{F}(1)=\begin{pmatrix}0.5&0&0\\0&0.1&1\\0&0&0\end{pmatrix},\quad \boldsymbol{E}_1(1)=\begin{pmatrix}0.03&0&0.2\\0.01&0.2&0\\0.3&0&0.1\end{pmatrix},$$

$$\boldsymbol{E}_2(1)=\begin{pmatrix}0.06&0&0.02\\0.01&0.1&0\\0.04&0&0.5\end{pmatrix},\boldsymbol{E}_3(1)=\begin{pmatrix}0.01\\0.01\\0\end{pmatrix},\boldsymbol{G}(1)=\begin{pmatrix}0\\0\\0.1\end{pmatrix},$$

● Mode 2：

$$\boldsymbol{E}(2)=\begin{pmatrix}1&0&0\\0&1&0\\0&0&0\end{pmatrix},\boldsymbol{A}(2)=\begin{pmatrix}2&0&1\\0&0&1\\0&1&-1\end{pmatrix},\boldsymbol{B}(2)=\begin{pmatrix}0.5&0.1&0\\1&1&0\\0&1&0\end{pmatrix},$$

$$\boldsymbol{F}(2)=\begin{pmatrix}0.1&0&0\\0&0.1&0\\0&0&0\end{pmatrix},\quad \boldsymbol{E}_1(2)=\begin{pmatrix}0.02&0&0.2\\0.01&0.2&0\\0.1&0&0.5\end{pmatrix},$$

$$\boldsymbol{E}_2(2)=\begin{pmatrix}0.04&0&0.01\\0.01&0.1&0\\0.3&0&0.1\end{pmatrix},\boldsymbol{E}_3(2)=\begin{pmatrix}0.04\\0.01\\0.3\end{pmatrix},\boldsymbol{G}(2)=\begin{pmatrix}0\\0\\0.1\end{pmatrix};$$

并且 $d=2$ 和 $\Delta(i)=\mathrm{diag}\{r_1(i),r_2(i),r_3(i)\}$，其中 $r_j(i)$ 满足 $|r_j(i)|\leqslant 1(i=1,2;j=1,2,3)$.

两种模式之间的切换由转移概率矩阵 $\boldsymbol{\Gamma}=\begin{pmatrix}\pi_{11}&\pi_{12}\\\pi_{21}&\pi_{22}\end{pmatrix}$ 描述. 对于 $i,j\in\mathcal{M}$，参数 π_{ij} 的下限和上限在表 6.1 中给出：

表 6.1　部分已知的转移概率参数

参数	下界	上界
π_{12}	1	1.1
π_{21}	2	2.2

然后，选择 $\boldsymbol{R}_1(1)=\boldsymbol{R}_1(2)=\boldsymbol{R}_2(1)=\boldsymbol{R}_2(2)=\boldsymbol{R}(1)=\boldsymbol{R}(2)=\boldsymbol{I}_3$，$T=1.5$，$c_1=1$，$\alpha=2$. 利用 Matlab 的 LMI 控制工具箱，从定理 6.2 可以得到最优值 $c_2=20.6686$，$\psi_0=426.2786$ 及

$$X(1)=\begin{pmatrix}0.0946 & -0.0244 & 0\\ -0.0244 & 0.0748 & 0\\ 0 & 0 & 0.5271\end{pmatrix},Y(1)=\begin{pmatrix}-0.0181\\ -0.0025\\ 0.1558\end{pmatrix},$$

$$X(2)=\begin{pmatrix}0.0544 & -0.0025 & 0\\ -0.0025 & 0.0806 & 0\\ 0 & 0 & 0.5271\end{pmatrix},Y(2)=\begin{pmatrix}-0.1182\\ 0.0329\\ 0.3341\end{pmatrix},$$

$$L(1)=\begin{pmatrix}0.1041 & -0.9367 & -0.8087\\ -0.9746 & 0.9310 & 0.0596\\ 0.0383 & -0.0023 & -0.4082\end{pmatrix},L(2)=\begin{pmatrix}-0.3732 & -0.0971 & 0.0419\\ -0.8239 & -0.9822 & 0.0579\\ -0.1311 & -0.9817 & -0.0439\end{pmatrix},$$

$\eta_1=0.0541,\eta_2=0.6948,\eta_3=0.2301,\varepsilon_1=0.1571,\varepsilon_2=0.5278,$

$\sigma_1=0.1110,\sigma_2=0.0809,Q_2(1)=0.6920,Q_2(2)=0.6875.$

然后,可以得到以下状态反馈控制器增益矩阵:

$$K(1)=\begin{pmatrix}-2.4102 & -13.8074 & 0.2455\\ -7.3133 & 10.0632 & -0.0146\\ -9.6821 & -2.4455 & -2.6195\end{pmatrix},K(2)=\begin{pmatrix}-8.1944 & -10.3144 & -0.3925\\ -8.6928 & -11.2534 & -2.9386\\ 0.5215 & 0.7875 & -0.1313\end{pmatrix}.$$

此外,让$R_1(1)=R_1(2)=R_2(1)=R_2(2)=R(1)=R(2)=I_3,T=1.5,c_1=1$,根据定理6.2,最小值为$c_2^2$的最优界取决于参数$\alpha$. 当$0.37\leqslant\alpha\leqslant12.92$时,可以找到可行的解. 图6.1显示了不同$\alpha$值的最优值. 当$\alpha=1.4$时,得到最优值$c_2=18.3686$和$\psi_0=337.0518$. 然后,利用Matlab优化工具箱中的fminsearch程序,参数初始值取$\alpha=1.4$,在$\alpha=1.4217$时,可以得到局部收敛解为

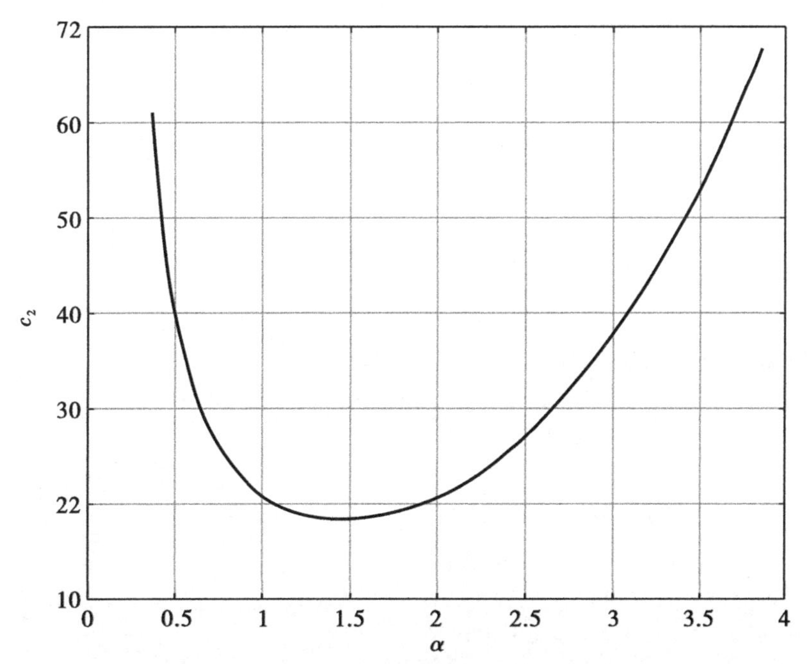

图6.1 c_2的局部最优界

$$\boldsymbol{K}(1)=\begin{pmatrix}-2.9698 & -17.3253 & 0.4007\\ -9.0355 & 12.3614 & -0.0178\\ -11.8034 & -2.3818 & -3.3381\end{pmatrix},\ \boldsymbol{K}(2)=\begin{pmatrix}-10.4290 & -12.9186 & -1.0405\\ -16.3971 & -19.4281 & -4.6741\\ 2.9505 & 4.3393 & -0.3515\end{pmatrix}.$$

及局部最优值 $c_2=18.3341$ 和 $\psi_0=336.0016$.

例 6.2 在 $\boldsymbol{w}(t)\equiv 0$ 的情况下考虑带有下面参数的的奇异随机系统(6.1):

$$\boldsymbol{A}(1)=\begin{pmatrix}-2.6 & 1 & 1\\ -1 & 3 & 0\\ 1 & -1 & 0\end{pmatrix},\boldsymbol{A}(2)=\begin{pmatrix}-1 & 0 & 1\\ 0 & 0 & 1\\ 0 & 1 & -1\end{pmatrix};$$

此外,转移概率矩阵和其他矩阵参数与例 6.1 相同.

然后,让 $\boldsymbol{R}_1(1)=\boldsymbol{R}_1(2)=\boldsymbol{R}_2(1)=\boldsymbol{R}_2(2)=\boldsymbol{R}(1)=\boldsymbol{R}(2)=\boldsymbol{I}_3$, $T=1.5$, $c_1=1$,根据推论 6.2,最小值为 c_2^2 的最优界取决于参数 α. 当 $0\leqslant\alpha\leqslant 13.37$ 时,可以找到可行解. 在 $\alpha=1.4217$ 时,可得局部最优值 $c_2=2.7682$, $\psi_0=7.6608$ 和以下状态反馈控制器增益:

$$\boldsymbol{K}(1)=\begin{pmatrix}-0.3633 & -7.2605 & 0.1285\\ -3.7567 & 6.3517 & 0.0046\\ -4.2329 & -0.6284 & -2.0607\end{pmatrix},\boldsymbol{K}(2)=\begin{pmatrix}-3.7840 & -7.5189 & -0.0097\\ -4.1361 & -9.5627 & -2.6484\\ 0.0089 & 0.0198 & -0.0046\end{pmatrix}.$$

第 7 章 连续奇异跳变系统的静态输出反馈下鲁棒随机有限时间控制

本章主要讨论了奇异跳变系统的静态输出反馈下鲁棒随机有限时间控制问题. 首先,对具有参数不确定性和模有界扰动的奇异随机系统,得到了静态输出反馈奇异随机有限时间有界的充分条件. 然后,把其延伸到奇异随机系统的奇异随机 H_∞ 有限时间有界性,而且设计了静态输出反馈有限时间控制器,使得闭环奇异跳变系统是奇异随机 H_∞ 有限时间有界的基于 LMI 的可行性问题. 最后,数值算例表明了建议方法的有效性.

7.1 定义和系统描述

在本章中,考虑如下连续时间奇异跳变系统:

$$\boldsymbol{E}(r_t)\dot{\boldsymbol{x}}(t)=[\boldsymbol{A}(r_t)+\Delta\boldsymbol{A}(r_t)]\boldsymbol{x}(t)+[\boldsymbol{B}(r_t)+\Delta\boldsymbol{B}(r_t)]\boldsymbol{u}(t)+[\boldsymbol{G}(r_t)+\Delta\boldsymbol{G}(r_t)]\boldsymbol{w}(t), \tag{7.1a}$$

$$\boldsymbol{y}(t)=\boldsymbol{C}_y(r_t)\boldsymbol{x}(t), \tag{7.1b}$$

$$\boldsymbol{z}(t)=\boldsymbol{C}(r_t)\boldsymbol{x}(t)+\boldsymbol{D}_1(r_t)\boldsymbol{u}(t)+\boldsymbol{D}_2(r_t)\boldsymbol{w}(t), \tag{7.1c}$$

其中 $\boldsymbol{x}(t)\in\mathbb{R}^n$ 是状态变量, $\boldsymbol{u}(t)\in\mathbb{R}^m$ 是控制输入, $\boldsymbol{y}(t)\in\mathbb{R}^{q_1}$ 是系统输出, $\boldsymbol{z}(t)\in\mathbb{R}^{q_2}$ 是控制输出, $\boldsymbol{E}(r_t)$ 是满足 $\mathrm{rank}(\boldsymbol{E}(r_t))=r_{r_t}<n$ 的奇异矩阵; $\{r_t,t\geqslant0\}$ 是取值在有限空间 $\mathbb{M}\triangleq\{1,2,\cdots,k\}$ 上的连续时间马尔科夫跳变随机过程,并且带有转移概率矩阵 $\boldsymbol{\Gamma}=(\pi_{ij})_{k\times k}$,其转移概率满足:

$$\Pr(r_{t+\Delta t}=j|r_t=i)=\begin{cases}\pi_{ij}\Delta t+o(\Delta t), & \text{if}\quad i\neq j,\\ 1+\pi_{ij}\Delta t+o(\Delta t), & \text{if}\quad i=j.\end{cases} \tag{7.2}$$

其中 $\lim\limits_{\Delta t\to0}\dfrac{o(\Delta t)}{\Delta t}=0$, π_{ij} 满足 $\pi_{ij}\geqslant0\,(i\neq j)$ 和 $\pi_{ii}=-\sum\limits_{j=1,j\neq i}^{k}\pi_{ij}\,(i,j\in\mathbb{M})$; $\Delta\boldsymbol{A}(r_t)$, $\Delta\boldsymbol{B}(r_t)$ 和 $\Delta\boldsymbol{G}(r_t)$ 是不确定矩阵,满足下面的矩匹配条件

$$(\Delta\boldsymbol{A}(r_t),\Delta\boldsymbol{B}(r_t),\Delta\boldsymbol{G}(r_t))=\boldsymbol{F}(r_t)\Delta(r_t)(\boldsymbol{E}_1(r_t),\boldsymbol{E}_2(r_t),\boldsymbol{E}_3(r_t)). \tag{7.3}$$

其中 $\Delta(r_t)$ 是不确时变矩阵函数,并且对所有的 $r_t\in\mathbb{M}$ 满足 $\Delta^{\mathrm{T}}(r_t)\Delta(r_t)\leqslant\boldsymbol{I}$;此外,扰动 $\boldsymbol{w}(t)\in\mathbb{R}^p$ 满足

$$E\left\{\int_0^T \boldsymbol{w}^{\mathrm{T}}(t)\boldsymbol{w}(t)\mathrm{d}t\right\} < d^2, d > 0, \tag{7.4}$$

并且对所有的 $r_t \in \mathbb{M}$,矩阵 $\boldsymbol{A}(r_t)$,$\boldsymbol{B}(r_t)$,$\boldsymbol{G}(r_t)$,$\boldsymbol{C}_y(r_t)$,$\boldsymbol{C}(r_t)$,$\boldsymbol{D}_1(r_t)$和$\boldsymbol{D}_2(r_t)$是具有适当维数的系数矩阵.

考虑状态反馈控制器

$$\boldsymbol{u}(t)=\boldsymbol{K}(r_t)\boldsymbol{y}(r_t), \tag{7.5}$$

其中 $\boldsymbol{K}(r_t)$是将要设计的控制增益矩阵. 在控制器(7.5)下的系统(7.1a)-(7.1c)被写为下面的闭环控制系统:

$$\boldsymbol{E}(r_t)\dot{\boldsymbol{x}}(t)=\bar{\boldsymbol{A}}(r_t)\boldsymbol{x}(t)+\bar{\boldsymbol{G}}(r_t)\boldsymbol{w}(t), \tag{7.6a}$$

$$\boldsymbol{z}(t)=\bar{\boldsymbol{C}}(r_t)\boldsymbol{x}(t)+\boldsymbol{D}_2(r_t)\boldsymbol{w}(t), \tag{7.6b}$$

其中 $\bar{\boldsymbol{A}}(r_t)=\boldsymbol{A}(r_t)+\Delta\boldsymbol{A}(r_t)+[\boldsymbol{B}(r_t)+\Delta\boldsymbol{B}(r_t)]\boldsymbol{K}(r_t)\boldsymbol{C}_y(r_t)$,$\bar{\boldsymbol{G}}(r_t)=\boldsymbol{G}(r_t)+\Delta\boldsymbol{G}(r_t)$和$\bar{\boldsymbol{C}}(r_t)=\boldsymbol{C}(r_t)+\boldsymbol{D}_1(r_t)\boldsymbol{K}(r_t)\boldsymbol{C}_y(r_t)$.

定义 7.1 (正则和无脉冲的,文献[92,93])

(i)满足 $\boldsymbol{u}(t)\equiv\boldsymbol{0}$ 的连续时间奇异跳变系统(7.6a)在区间[0,T]称为正则的,如果对所有的 $t\in[0,T]$,特征多项式 $\det(s\boldsymbol{E}(r_t)-\boldsymbol{A}(r_t))\neq 0$;

(ii)满足 $\boldsymbol{u}(t)\equiv\boldsymbol{0}$ 的连续时间奇异跳变系统(7.6a)在区间[0,T]称为无脉冲的,如果对所有的 $t\in[0,T]$,满足 $\deg(\det(s\boldsymbol{E}(r_t)-\boldsymbol{A}(r_t)))=\mathrm{rank}(\boldsymbol{E}(r_t))$.

定义 7.2 [奇异随机有限时间稳定(SSFTS)]

若 $c_1<c_2$,$\boldsymbol{R}(r_t)>\boldsymbol{O}$,满足 $\boldsymbol{w}(t)\equiv\boldsymbol{0}$ 的连续时间闭环奇异跳变系统(7.6a)关于(c_1,c_2,T,$\boldsymbol{R}(r_t)$)被称为奇异随机有限时间稳定的,如果随机系统(7.6a)在时间区间[0,T]是正则与无脉冲的,并且 $\forall t\in[0,T]$,满足

$$E\{\boldsymbol{x}_0^{\mathrm{T}}\boldsymbol{E}^{\mathrm{T}}(r_t)\boldsymbol{R}(r_t)\boldsymbol{E}(r_t)\boldsymbol{x}_0\}\leqslant c_1^2\Rightarrow E\{\boldsymbol{x}^{\mathrm{T}}(t)\boldsymbol{E}^{\mathrm{T}}(r_t)\boldsymbol{R}(r_t)\boldsymbol{E}(r_t)\boldsymbol{x}(t)\}<c_2^2. \tag{7.7}$$

定义 7.3 [奇异随机有限时间有界(SSFTB)]

若 $c_1<c_2$,$\boldsymbol{R}(r_t)>\boldsymbol{O}$,满足(7.4)的连续时间闭环奇异跳变系统(7.6a)被说成是关于(c_1,c_2,T,$\boldsymbol{R}(r_t)$,d)奇异随机有限时间有界的,如果随机系统(7.6a)在时间区间[0,T]内是正则与无脉冲的,并且满足约束关系(7.7).

定义 7.4 [奇异随机 H_∞ 有限时间有界(SSH_∞FTB)]

称闭环奇异跳变系统(7.6a)和(7.6b)是关于(c_1,c_2,T,$\boldsymbol{R}(r_t)$,γ,d)奇异随机 H_∞ 有限时间有界的,如果(7.6a)和(7.6b)是关于(c_1,c_2,T,$\boldsymbol{R}(r_t)$,d)奇异随机有限时间有界的,并且在零初始状态的条件下,控制输出 $\boldsymbol{z}$ 与满足(7.4)的扰动 $\boldsymbol{w}(t)$ 满足

$$E\left\{\int_0^T \boldsymbol{z}^{\mathrm{T}}(t)\boldsymbol{z}(t)\mathrm{d}t\right\} < \gamma^2 E\left\{\int_0^T \boldsymbol{w}^{\mathrm{T}}(t)\boldsymbol{w}(t)\mathrm{d}t\right\}. \tag{7.8}$$

定义 7.5 设 $V(\boldsymbol{x}(t),r_t,t>0)$ 为闭环连续时间奇异系统(7.6a)的随机李雅普诺夫函数,定义一个随机过程的弱无穷小算子$\mathcal{J}$为

$$\mathcal{J}V(\boldsymbol{x}(t),i)=V_t(\boldsymbol{x}(t),i)+V_x(\boldsymbol{x}(t),i)\dot{\boldsymbol{x}}(t,i)+\sum_{j=1}^{N}\pi_{ij}V(\boldsymbol{x}(t),j). \tag{7.9}$$

本章的主要目的是设计一个形如(7.5)的静态输出反馈控制器,使得闭环奇异跳变

系统(7.6a)和(7.6b)是奇异随机 H_∞ 有限时间有界的.

7.2　输出反馈下奇异系统的有限时间稳定性分析和 H_∞ 合成问题

这部分首先给出闭环奇异跳变系统(7.6a)是奇异随机有限时间有界的结果.

定理 7.1　闭环奇异跳变系统(7.6a)关于$(c_1,c_2,T,\boldsymbol{R}(r_t),d)$是奇异随机有限时间有界的,如果存在一个标量 $\alpha\geqslant 0$,可逆矩阵集$\{\boldsymbol{P}(i),i\in\mathbb{M}\}$,对称正定矩阵集$\{\boldsymbol{Q}_1(i),i\in\mathbb{M}\}$和$\{\boldsymbol{Q}_2(i),i\in\mathbb{M}\}$,对所有的 $i\in\mathbb{M}$,使得以下条件成立:

$$\boldsymbol{P}(i)\boldsymbol{E}^{\mathrm{T}}(i)=\boldsymbol{E}(i)\boldsymbol{P}^{\mathrm{T}}(i)\geqslant \boldsymbol{O}, \tag{7.10a}$$

$$\begin{pmatrix} \mathrm{He}\{\bar{\boldsymbol{A}}(i)\boldsymbol{P}^{\mathrm{T}}(i)\}+\sum\limits_{j=1}^{k}\pi_{ij}\boldsymbol{P}(i)\boldsymbol{P}^{-1}(j)\boldsymbol{E}(i)\boldsymbol{P}^{\mathrm{T}}(i)-\alpha\boldsymbol{E}(i)\boldsymbol{P}^{\mathrm{T}}(i) & \bar{\boldsymbol{G}}(i) \\ * & -\boldsymbol{Q}_2(i) \end{pmatrix}<\boldsymbol{O}, \tag{7.10b}$$

$$\boldsymbol{P}^{-1}(i)\boldsymbol{E}(i)=\boldsymbol{E}^{\mathrm{T}}(i)\boldsymbol{R}^{\frac{1}{2}}(i)\boldsymbol{Q}_1(i)\boldsymbol{R}^{\frac{1}{2}}(i)\boldsymbol{E}(i), \tag{7.10c}$$

$$c_1^2\sup_{i\in\mathbb{M}}\{\lambda_{\max}(\boldsymbol{Q}_1(i))\}+d^2\sup_{i\in\mathbb{M}}\{\lambda_{\max}(\boldsymbol{Q}_2(i))\}<c_2^2\mathrm{e}^{-\alpha T}\inf_{i\in\mathbb{M}}\{\lambda_{\min}(\boldsymbol{Q}_1(i))\}. \tag{7.10d}$$

证明　首先,证明奇异跳变系统(7.6a)在时间区间$[0,T]$是正则与无脉冲的. 应用引理 1.1,由条件(7.10b),得

$$\mathrm{He}\{\bar{\boldsymbol{A}}(i)\boldsymbol{P}^{\mathrm{T}}(i)\}+(\pi_{ii}-\alpha)\boldsymbol{E}(i)\boldsymbol{P}^{\mathrm{T}}(i)<-\sum_{j=1,j\neq i}^{k}\pi_{ij}\boldsymbol{P}(i)\boldsymbol{P}^{-1}(j)\boldsymbol{E}(i)\boldsymbol{P}^{\mathrm{T}}(i)\leqslant 0. \tag{7.11}$$

现在,选择非奇异矩阵 $\boldsymbol{M}(i)$ 和 $\boldsymbol{N}(i)$,使得

$$\boldsymbol{M}(i)\bar{\boldsymbol{A}}(i)\boldsymbol{N}(i)=\begin{pmatrix}\tilde{\boldsymbol{A}}_{11}(i) & \tilde{\boldsymbol{A}}_{12}(i)\\ \tilde{\boldsymbol{A}}_{21}(i) & \tilde{\boldsymbol{A}}_{22}(i)\end{pmatrix},\boldsymbol{M}(i)\boldsymbol{P}(i)\boldsymbol{N}^{-\mathrm{T}}(i)=\begin{pmatrix}\tilde{\boldsymbol{P}}_{11}(i) & \tilde{\boldsymbol{P}}_{12}(i)\\ \tilde{\boldsymbol{P}}_{21}(i) & \tilde{\boldsymbol{P}}_{22}(i)\end{pmatrix}. \tag{7.12}$$

其次,由引理 1.3,从式(7.10a)以及利用式(7.12)的表达式,得到 $\tilde{\boldsymbol{P}}_{21}(i)=\boldsymbol{O}$ 和 $\det(\tilde{\boldsymbol{P}}_{22}(i))\neq 0$. 将式(7.11)左右两边分别乘以 $\boldsymbol{M}(i)$ 和 $\boldsymbol{M}^{\mathrm{T}}(i)$,得到如下矩阵不等式:

$$\begin{pmatrix} * & * \\ * & \tilde{\boldsymbol{P}}_{22}(i)\tilde{\boldsymbol{A}}_{22}(i)+\tilde{\boldsymbol{A}}_{22}^{\mathrm{T}}(i)\tilde{\boldsymbol{P}}_{22}^{\mathrm{T}}(i)\end{pmatrix}<\boldsymbol{O},$$

其中 * 表示与下面讨论无关的项. 通过引理 1.1,得到

$$\tilde{\boldsymbol{P}}_{22}(i)\tilde{\boldsymbol{A}}_{22}(i)+\tilde{\boldsymbol{A}}_{22}^{\mathrm{T}}(i)\tilde{\boldsymbol{P}}_{22}^{\mathrm{T}}(i)<\boldsymbol{O}.$$

因此,$\tilde{\boldsymbol{A}}_{22}(i)$是非奇异的,这意味着奇异跳变系统(7.6a)在时间区间$[0,T]$上是正则与无脉冲的.

考虑奇异跳变系统(7.6a)的二次李雅普诺夫函数为 $V(\boldsymbol{x}(t),i)=\boldsymbol{x}^{\mathrm{T}}(t)\boldsymbol{P}^{-1}(i)\boldsymbol{E}(i)\cdot\boldsymbol{x}(t)$. 沿着系统(7.6a)的解计算从点在 t 时刻由点$(\boldsymbol{x},i)$出发的弱无穷小算子,注意到条

件(7.10a),得到

$$\mathcal{J}V(\boldsymbol{x}(t),i)=\begin{pmatrix}\boldsymbol{x}(t)\\ \boldsymbol{w}(t)\end{pmatrix}^{\mathrm{T}}\begin{pmatrix}\mathrm{He}\{\boldsymbol{P}^{-1}(i)\bar{\boldsymbol{A}}(i)\}+\sum_{j=1}^{k}\pi_{ij}\boldsymbol{P}^{-1}(j)\boldsymbol{E}(i) & \boldsymbol{P}^{-1}(i)\bar{\boldsymbol{G}}(i)\\ * & \boldsymbol{O}\end{pmatrix}\begin{pmatrix}\boldsymbol{x}(t)\\ \boldsymbol{w}(t)\end{pmatrix}.\tag{7.13}$$

对(7.10b)左右分别乘以 $\mathrm{diag}\{\boldsymbol{P}^{-1}(i),\boldsymbol{I}\}$ 和 $\mathrm{diag}\{\boldsymbol{P}^{-\mathrm{T}}(i),\boldsymbol{I}\}$,得到如下矩阵不等式:

$$\begin{pmatrix}\mathrm{He}\{\boldsymbol{P}^{-1}(i)\bar{\boldsymbol{A}}(i)\}+\sum_{j=1}^{k}\pi_{ij}\boldsymbol{P}^{-1}(j)\boldsymbol{E}(i)-\alpha\boldsymbol{P}^{-1}(i)\boldsymbol{E}(i) & \boldsymbol{P}^{-1}(i)\bar{\boldsymbol{G}}(i)\\ * & -\boldsymbol{Q}_2(i)\end{pmatrix}<\boldsymbol{O}.\tag{7.14}$$

从式(7.13)和式(7.14),得

$$E\{\mathcal{J}V(\boldsymbol{x}(t),i)\}<\alpha E\{V(\boldsymbol{x}(t),i)+\boldsymbol{w}^{\mathrm{T}}(t)\boldsymbol{Q}_2(i)\boldsymbol{w}(t)\}.\tag{7.15}$$

同时,式(7.15)可以被写为

$$E\{\mathrm{e}^{-\alpha t}\mathcal{J}V(\boldsymbol{x}(t),i)\}<E\{\mathrm{e}^{-\alpha t}\boldsymbol{w}^{\mathrm{T}}(t)\boldsymbol{Q}_2(i)\boldsymbol{w}(t)\}.\tag{7.16}$$

在 $t\in[0,T]$ 时,对式(7.16)从 0 到 t 进行积分,得

$$\mathrm{e}^{-\alpha t}E\{V(\boldsymbol{x}(t),i)\}<E\{V(\boldsymbol{x}(0),i=r_0)\}+E\left\{\int_0^t\mathrm{e}^{-\alpha\tau}\boldsymbol{w}^{\mathrm{T}}(\tau)\boldsymbol{Q}_2(i)\boldsymbol{w}(\tau)\mathrm{d}\tau\right\}.\tag{7.17}$$

注意到 $\alpha\geqslant0$,$t\in[0,T]$ 和条件(7.10c),有

$$\begin{aligned}E\{\boldsymbol{x}^{\mathrm{T}}(t)\boldsymbol{P}^{-1}(i)\boldsymbol{E}(i)\boldsymbol{x}(t)\}&=E\{V(\boldsymbol{x}(t),i)\}\\&<\mathrm{e}^{\alpha t}E\{V(\boldsymbol{x}(0),i=r_0)\}+\mathrm{e}^{\alpha t}E\left\{\int_0^t\boldsymbol{w}^{\mathrm{T}}(\tau)\boldsymbol{Q}_2(i)\boldsymbol{w}(\tau)\mathrm{d}\tau\right\}\\&\leqslant\mathrm{e}^{\alpha t}\{\sup_{i\in\mathbb{M}}\{\lambda_{\max}(\boldsymbol{Q}_1(i))\}c_1^2+\sup_{i\in\mathbb{M}}\{\lambda_{\max}(\boldsymbol{Q}_2(i))\}d^2.\end{aligned}\tag{7.18}$$

考虑到

$$\begin{aligned}E\{\boldsymbol{x}^{\mathrm{T}}(t)\boldsymbol{P}^{-1}(i)\boldsymbol{E}(i)\boldsymbol{x}(t)\}&=E\{\boldsymbol{x}^{\mathrm{T}}(t)\boldsymbol{E}^{\mathrm{T}}(i)\boldsymbol{R}^{1/2}(i)\boldsymbol{Q}_1(i)\boldsymbol{R}^{1/2}(i)\boldsymbol{E}(i)\boldsymbol{x}(t)\}\\&\geqslant\inf_{i\in\mathbb{M}}\{\lambda_{\min}(\boldsymbol{Q}_1(i))\}E\{\boldsymbol{x}^{\mathrm{T}}(t)\boldsymbol{E}^{\mathrm{T}}(i)\boldsymbol{R}(i)\boldsymbol{E}(i)\boldsymbol{x}(t)\},\end{aligned}\tag{7.19}$$

得

$$E\{\boldsymbol{x}^{\mathrm{T}}(t)\boldsymbol{E}^{\mathrm{T}}(i)\boldsymbol{R}(i)\boldsymbol{E}(i)\boldsymbol{x}(t)\}<\mathrm{e}^{\alpha T}\frac{\sup_{i\in\mathbb{M}}\{\lambda_{\max}(\boldsymbol{Q}_1(i))\}c_1^2+\sup_{i\in\mathbb{M}}\{\lambda_{\max}(\boldsymbol{Q}_2(i))\}d^2}{\inf_{i\in\mathbb{M}}\{\lambda_{\min}(\boldsymbol{Q}_1(i))\}}.\tag{7.20}$$

因此,对所有 $t\in[0,T]$,条件(7.10d)意味着 $E\{\boldsymbol{x}^{\mathrm{T}}(t)\boldsymbol{E}^{\mathrm{T}}(r_t)\boldsymbol{R}(r_t)\boldsymbol{E}(r_t)\boldsymbol{x}(t)\}\leqslant c_2^2$. 证毕.

推论 7.1 满足 $\boldsymbol{w}(t)\equiv\boldsymbol{0}$ 的闭环奇异跳变系统(7.6a)关于 $(c_1,c_2,T,\boldsymbol{R}(r_t))$ 是奇异随机有限时间稳定的,如果存在标量 $\alpha\geqslant0$,非奇异矩阵集 $\boldsymbol{P}(i)\in\mathbb{R}^{n\times n}$,正定对称矩阵集 $\{\boldsymbol{Q}_1(i),i\in\mathbb{M}\}$,对所有的 $i\in\mathbb{M}$,使得式(7.10a)、式(7.10c)以及下面的不等式成立:

$$\mathrm{He}\{\bar{\boldsymbol{A}}(i)\boldsymbol{P}^{\mathrm{T}}(i)\}+\sum_{j=1}^{k}\pi_{ij}\boldsymbol{P}(i)\boldsymbol{P}^{-1}(j)\boldsymbol{E}(i)\boldsymbol{P}^{\mathrm{T}}(i)-\alpha\boldsymbol{E}(i)\boldsymbol{P}^{\mathrm{T}}(i)<\boldsymbol{O},\tag{7.21a}$$

$$c_1^2\sup_{i\in\mathbb{M}}\{\lambda_{\max}(\boldsymbol{Q}_1(i))\}<c_2^2\mathrm{e}^{-\alpha T}\inf_{i\in\mathbb{M}}\{\lambda_{\min}(\boldsymbol{Q}_1(i))\}. \tag{7.21b}$$

定理7.2　存在一个静态输出反馈控制增益 $\boldsymbol{K}(r_t)=L(r_t)\boldsymbol{Z}^{-\mathrm{T}}(r_t)$，闭环奇异跳变系统(7.6a)关于$(c_1,c_2,T,\boldsymbol{R}(r_t),d)$是奇异随机有限时间有界的，如果存在一个标量 $\alpha\geqslant 0$，正定对称矩阵集$\{\boldsymbol{Q}_2(i),i\in\mathbb{M}\}$，矩阵集$\{\boldsymbol{Z}(i),i\in\mathbb{M}\}$，非奇异矩阵集$\{\boldsymbol{P}(i),i\in\mathbb{M}\}$，矩阵集$\{L(i),i\in\mathbb{M}\}$，两个正标量集$\{\sigma_i,i\in\mathbb{M}\}$，$\{\varepsilon_i,i\in\mathbb{M}\}$，对所有的 $i\in\mathbb{M}$，使得式(7.10c)、式(7.10d)和下面不等式成立：

$$\boldsymbol{O}\leqslant\boldsymbol{P}(i)\boldsymbol{E}^{\mathrm{T}}(i)=\boldsymbol{E}(i)\boldsymbol{P}^{\mathrm{T}}(i)\leqslant\sigma_i\boldsymbol{I}, \tag{7.22a}$$

$$\begin{pmatrix}\boldsymbol{\Phi}_{11}(i) & \boldsymbol{G}(i) & \boldsymbol{\Phi}_{13}(i) & \boldsymbol{U}_i\\ * & -\boldsymbol{Q}_2(i) & \boldsymbol{E}_3^{\mathrm{T}}(i) & \boldsymbol{O}\\ * & * & -\varepsilon_i\boldsymbol{I} & \boldsymbol{O}\\ * & * & * & -\boldsymbol{W}_i\end{pmatrix}<\boldsymbol{O}, \tag{7.22b}$$

$$\boldsymbol{P}(i)\boldsymbol{C}_y^{\mathrm{T}}(i)=\boldsymbol{C}_y^{\mathrm{T}}(i)\boldsymbol{Z}(i), \tag{7.22c}$$

其中

$$\boldsymbol{U}_i=\left(\sqrt{\pi_{i,1}}\boldsymbol{P}(i),\cdots,\sqrt{\pi_{i,i-1}}\boldsymbol{P}(i),\sqrt{\pi_{i,i+1}}\boldsymbol{P}(i),\cdots,\sqrt{\pi_{i,N}}\boldsymbol{P}(i)\right),$$

$$\boldsymbol{W}_i=\mathrm{diag}\{\{\boldsymbol{P}(1)\}-\sigma_1\boldsymbol{I},\cdots,\{\boldsymbol{P}(i-1)\}-\sigma_{i-1}\boldsymbol{I},\{\boldsymbol{P}(i+1)\}-\sigma_{i+1}\boldsymbol{I},\cdots,\{\boldsymbol{P}(k)\}-\sigma_k\boldsymbol{I}\},$$

$$\boldsymbol{\Phi}_{11}(i)=\mathrm{He}\{\boldsymbol{P}(i)\boldsymbol{A}^{\mathrm{T}}(i)+L(i)\boldsymbol{C}_y(i)\boldsymbol{B}^{\mathrm{T}}(i)\}+\varepsilon_i\boldsymbol{F}(i)\boldsymbol{F}^{\mathrm{T}}(i)+(\pi_{ii}-\alpha)\boldsymbol{P}(i)\boldsymbol{E}^{\mathrm{T}}(i),$$

$$\boldsymbol{\Phi}_{13}(i)=\boldsymbol{P}(i)\boldsymbol{E}_1^{\mathrm{T}}(i)+L(i)\boldsymbol{C}_y(i)\boldsymbol{E}_2^{\mathrm{T}}(i).$$

证明　首先证明条件(7.22b)能确保式(7.10b)成立. 由条件(7.22a)，得到

$$\boldsymbol{P}^{-1}(j)\boldsymbol{E}(j)\leqslant\sigma_j\boldsymbol{P}^{-1}(j)\boldsymbol{P}^{-\mathrm{T}}(j),\ \forall j\in\mathbb{M}. \tag{7.23}$$

因此不等式

$$\begin{aligned}\sum_{j=1,j\neq i}^{k}\pi_{ij}\boldsymbol{P}(i)\boldsymbol{P}^{-1}(j)\boldsymbol{E}(j)\boldsymbol{P}^{\mathrm{T}}(i)&\leqslant\sum_{j=1,j\neq i}^{k}\pi_{ij}\sigma_j\boldsymbol{P}(i)\boldsymbol{P}^{-1}(j)\boldsymbol{P}^{-\mathrm{T}}(j)\boldsymbol{P}^{\mathrm{T}}(i)\\&\leqslant\boldsymbol{U}_i\boldsymbol{V}_i^{-1}\boldsymbol{U}_i^{\mathrm{T}}\end{aligned} \tag{7.24}$$

成立，其中

$$\begin{aligned}\boldsymbol{V}_i=\mathrm{diag}\{&\sigma_1^{-1}\boldsymbol{P}^{\mathrm{T}}(1)\boldsymbol{P}(1),\cdots,\sigma_{i-1}^{-1}\boldsymbol{P}^{\mathrm{T}}(i-1)\boldsymbol{P}(i-1),\\&\sigma_{i+1}^{-1}\boldsymbol{P}^{\mathrm{T}}(i+1)\boldsymbol{P}(i+1),\cdots,\sigma_k^{-1}\boldsymbol{P}^{\mathrm{T}}(k)\boldsymbol{P}(k)\},\end{aligned} \tag{7.25}$$

$$\boldsymbol{U}_i=\left(\sqrt{\pi_{i,1}}\boldsymbol{P}(i),\cdots,\sqrt{\pi_{i,i-1}}\boldsymbol{P}(i),\sqrt{\pi_{i,i+1}}\boldsymbol{P}(i),\cdots,\sqrt{\pi_{i,k}}\boldsymbol{P}(i)\right). \tag{7.26}$$

注意到 $\forall j\in\mathbb{M}$，不等式 $\sigma_j^{-1}\boldsymbol{P}^{\mathrm{T}}(j)\boldsymbol{P}(j)\geqslant\boldsymbol{P}^{\mathrm{T}}(j)+\boldsymbol{P}(j)-\sigma_j\boldsymbol{I}$ 成立. 因此

$$\sum_{j=1,j\neq i}^{k}\pi_{ij}\boldsymbol{P}(i)\boldsymbol{P}^{-1}(j)\boldsymbol{E}(j)\boldsymbol{P}^{\mathrm{T}}(i)\leqslant\boldsymbol{U}_i\boldsymbol{W}_i^{-1}\boldsymbol{U}_i^{\mathrm{T}}. \tag{7.27}$$

其中 $\boldsymbol{W}_i=\mathrm{diag}\{\mathrm{He}\{\boldsymbol{P}(1)\}-\sigma_1\boldsymbol{I},\cdots,\mathrm{He}\{\boldsymbol{P}(i-1)\}-\sigma_{i-1}\boldsymbol{I},\mathrm{He}\{\boldsymbol{P}(i+1)\}-\sigma_{i+1}\boldsymbol{I},\cdots,\mathrm{He}\{\boldsymbol{P}(k)\}-\sigma_k\boldsymbol{I}\}$.

因此，下面的条件能确保条件(7.10b)成立：

$$\boldsymbol{\Phi}(i)\triangleq\begin{pmatrix}\mathrm{He}\{\bar{\boldsymbol{A}}(i)\boldsymbol{P}^{\mathrm{T}}(i)\}+\boldsymbol{U}_i\boldsymbol{W}_i^{-1}\boldsymbol{U}_i^{\mathrm{T}}+(\pi_{ii}-\alpha)\boldsymbol{E}(i)\boldsymbol{P}^{\mathrm{T}}(i) & \bar{\boldsymbol{G}}(i)\\ * & -\boldsymbol{Q}_2(i)\end{pmatrix}<\boldsymbol{O}. \tag{7.28}$$

注意到

$$\boldsymbol{\Phi}(i)=\begin{pmatrix}\boldsymbol{\Psi}_0(i)+\boldsymbol{U}_i\boldsymbol{W}_i^{-1}\boldsymbol{U}_i^{\mathrm{T}} & \boldsymbol{G}(i)\\ * & -\boldsymbol{Q}_2(i)\end{pmatrix}+\boldsymbol{\Phi}_1(i), \tag{7.29}$$

其中

$$\begin{aligned}\boldsymbol{\Phi}_1(i)&=\begin{pmatrix}\mathrm{He}\{(\Delta\boldsymbol{A}(i)+\Delta\boldsymbol{B}(i)\boldsymbol{K}(i)\boldsymbol{C}_y(i))\boldsymbol{P}^{\mathrm{T}}(i)\} & \Delta\boldsymbol{G}(i)\\ * & \boldsymbol{O}\end{pmatrix}\\ &=\mathrm{He}\left\{\begin{pmatrix}\boldsymbol{F}(i)\\ \boldsymbol{O}\end{pmatrix}\Delta(i)\begin{pmatrix}\boldsymbol{E}_{12}(i)\boldsymbol{P}^{\mathrm{T}}(i) & \boldsymbol{E}_3(i)\end{pmatrix}\right\},\end{aligned} \tag{7.30}$$

和

$$\boldsymbol{\Psi}_0(i)=\mathrm{He}\{\tilde{\boldsymbol{A}}(i)\boldsymbol{P}^{\mathrm{T}}(i)\}+(\pi_{ii}-\alpha)\boldsymbol{E}(i)\boldsymbol{P}^{\mathrm{T}}(i),$$

$$\boldsymbol{E}_{12}(i)=\boldsymbol{E}_1(i)+\boldsymbol{E}_2(i)\boldsymbol{K}(i)\boldsymbol{C}_y(i),\ \tilde{\boldsymbol{A}}(i)=\boldsymbol{A}(i)+\boldsymbol{B}(i)\boldsymbol{K}(i)\boldsymbol{C}_y(i).$$

由引理1.2,得到

$$\begin{aligned}\boldsymbol{\Phi}(i)&\leqslant\begin{pmatrix}\boldsymbol{\Psi}_0(i)+\boldsymbol{U}_i\boldsymbol{W}_i^{-1}\boldsymbol{U}_i^{\mathrm{T}} & \boldsymbol{G}(i)\\ * & -\boldsymbol{Q}_2(i)\end{pmatrix}+\varepsilon_i\begin{pmatrix}\boldsymbol{F}(i)\boldsymbol{F}^{\mathrm{T}}(i) & \boldsymbol{O}\\ \boldsymbol{O} & \boldsymbol{O}\end{pmatrix}\\ &\quad+\varepsilon_i^{-1}\begin{pmatrix}\boldsymbol{P}(i)\boldsymbol{E}_{12}^{\mathrm{T}}(i)\\ \boldsymbol{E}_3^{\mathrm{T}}(i)\end{pmatrix}\begin{pmatrix}\boldsymbol{E}_{12}(i)\boldsymbol{P}^{\mathrm{T}}(i) & \boldsymbol{E}_3(i)\end{pmatrix}\\ &=\begin{pmatrix}\boldsymbol{\Psi}_0(i)+\varepsilon_i\boldsymbol{F}(i)\boldsymbol{F}^{\mathrm{T}}(i) & \boldsymbol{G}(i)\\ * & -\boldsymbol{Q}_2(i)\end{pmatrix}-\begin{pmatrix}\boldsymbol{P}(i)\boldsymbol{E}_{12}^{\mathrm{T}}(i) & \boldsymbol{U}_i\\ \boldsymbol{E}_3^{\mathrm{T}}(i) & \boldsymbol{O}\end{pmatrix}\begin{pmatrix}-\varepsilon_i & \boldsymbol{O}\\ \boldsymbol{O} & -\boldsymbol{W}_i\end{pmatrix}^{-1}\begin{pmatrix}\boldsymbol{P}(i)\boldsymbol{E}_{12}^{\mathrm{T}}(i) & \boldsymbol{U}_i\\ \boldsymbol{E}_3^{\mathrm{T}}(i) & \boldsymbol{O}\end{pmatrix}^{\mathrm{T}}\\ &\triangleq\overline{\boldsymbol{\Phi}}(i).\end{aligned} \tag{7.31}$$

由引理1.1,$\overline{\boldsymbol{\Phi}}(i)<\boldsymbol{O}$ 成立当且仅当下面的不等式成立:

$$\begin{pmatrix}\boldsymbol{\Phi}_{11}(i) & \boldsymbol{G}(i) & \boldsymbol{P}(i)\boldsymbol{E}_{12}^{\mathrm{T}}(i) & \boldsymbol{U}_i\\ * & -\boldsymbol{Q}_2(i) & \boldsymbol{E}_3^{\mathrm{T}}(i) & \boldsymbol{O}\\ * & * & -\varepsilon_i\boldsymbol{I} & \boldsymbol{O}\\ * & * & * & -\boldsymbol{W}_i\end{pmatrix}<\boldsymbol{O} \tag{7.32}$$

其中

$$\boldsymbol{\Phi}_{11}(i)=\mathrm{He}\{\tilde{\boldsymbol{A}}(i)\boldsymbol{P}^{\mathrm{T}}(i)\}+\varepsilon_i\boldsymbol{F}(i)\boldsymbol{F}^{\mathrm{T}}(i)+(\pi_{ii}-\alpha)\boldsymbol{E}(i)\boldsymbol{P}^{\mathrm{T}}(i),$$

$$\tilde{\boldsymbol{A}}(i)=\boldsymbol{A}(i)+\boldsymbol{B}(i)\boldsymbol{K}(i)\boldsymbol{C}_y(i).$$

因此,设 $L(i)=\boldsymbol{K}(i)\boldsymbol{Z}^{\mathrm{T}}(i)$. 由 $\boldsymbol{P}(i)\boldsymbol{E}^{\mathrm{T}}(i)=\boldsymbol{E}(i)\boldsymbol{P}^{\mathrm{T}}(i)$ 和 $\boldsymbol{P}(i)\boldsymbol{C}_y^{\mathrm{T}}(i)=\boldsymbol{C}_y^{\mathrm{T}}(i)\boldsymbol{Z}(i)$,从式(7.30)易知条件(7.32)暗示了条件(7.10b)成立. 证毕.

推论7.2 存在一个静态输出反馈下,控制增益 $\boldsymbol{K}(r_t)=L(r_t)\boldsymbol{Z}^{-\mathrm{T}}(r_t)$,$r_t=i\in\mathbb{M}$,闭环连续时间奇异跳变系统(7.6a)关于 $(c_1,c_2,T,\boldsymbol{R}(r_t))$ 是奇异随机有限时间稳定的,其中 $w(t)=\boldsymbol{0}$,如果存在一个标量 $\alpha\geqslant0$,一组满秩矩阵 $\{\boldsymbol{Z}(i),i\in\mathbb{M}\}$ 和 $\boldsymbol{Z}(i)\in\mathbb{R}^{q_1\times q_1}$,一组

非奇异矩阵$\{\boldsymbol{P}(i),i\in\mathbb{M}\}$,$\boldsymbol{P}(i)\in\mathbb{R}^{n\times n}$,一组矩阵$\{L(i),i\in\mathbb{M}\}$,$L(i)\in\mathbb{R}^{m\times q_1}$,两个正标量集$\{\sigma_i,i\in\mathbb{M}\}$,$\{\varepsilon_i,i\in\mathbb{M}\}$,对所有的$i\in\mathbb{M}$,满足式(7.10c)、式(7.21b)、式(7.22a)、式(7.22c)和

$$\begin{pmatrix}\boldsymbol{\Phi}_{11}(i) & \boldsymbol{\Phi}_{13}(i) & \boldsymbol{U}_i\\ * & -\varepsilon_i\boldsymbol{I} & \boldsymbol{O}\\ * & * & -\boldsymbol{W}_i\end{pmatrix}<\boldsymbol{O} \tag{7.33}$$

成立,其中$\boldsymbol{U}_i$,$\boldsymbol{W}_i$,$\boldsymbol{\Phi}_{11}(i)$和$\boldsymbol{\Phi}_{13}(i)$与定理7.2相同.

注7.1　推论7.2将奇异随机系统的输出反馈镇定推广到奇异跳变系统的输出反馈有限时间稳定.事实上,如果条件(7.31)中$\alpha=0$,就可以得到奇异随机系统随机稳定的充分条件.

定理7.3　连续时间闭环奇异跳变系统(7.6a)和(7.6b)关于$(c_1,c_2,T,\boldsymbol{R}(r_t),\gamma,d)$是奇异随机$H_\infty$有限时间有界的,如果存在一个标量$\alpha\geqslant0$,则存在正定对称矩阵集$\{\boldsymbol{Q}_1(i),i\in\mathbb{M}\}$,以及非奇异矩阵集$\{\boldsymbol{P}(i),i\in\mathbb{M}\}$,对于所有的$i\in\mathbb{M}$,使得式(7.10a)、式(7.10c)、式(7.10d)和下面的不等式成立:

$$\begin{pmatrix}\boldsymbol{\Psi}(i) & \boldsymbol{P}(i)\bar{\boldsymbol{C}}^{\mathrm{T}}(i)\boldsymbol{D}_2(i)+\bar{\boldsymbol{G}}(i)\\ * & \boldsymbol{D}_2^{\mathrm{T}}(i)\boldsymbol{D}_2(i)-\gamma^2\mathrm{e}^{-\alpha T}\boldsymbol{I}\end{pmatrix}<\boldsymbol{O}, \tag{7.34}$$

其中

$$\boldsymbol{\Psi}(i)=\mathrm{He}\{\bar{\boldsymbol{A}}(i)\boldsymbol{P}^{\mathrm{T}}(i)\}+\sum_{j=1}^{k}\pi_{ij}\boldsymbol{P}(i)\boldsymbol{P}^{-1}(j)\boldsymbol{E}(i)\boldsymbol{P}^{\mathrm{T}}(i)+\boldsymbol{P}(i)\bar{\boldsymbol{C}}^{\mathrm{T}}(i)\bar{\boldsymbol{C}}(i)\boldsymbol{P}^{\mathrm{T}}(i)-\alpha\boldsymbol{E}(i)\boldsymbol{P}^{\mathrm{T}}(i).$$

证明　用$\mathrm{diag}\{\boldsymbol{P}^{-1}(i),\boldsymbol{I}\}$和$\mathrm{diag}\{\boldsymbol{P}^{-\mathrm{T}}(i),\boldsymbol{I}\}$分别乘以(7.28)的左右两边,得

$$\begin{pmatrix}\bar{\boldsymbol{\Psi}}(i) & \bar{\boldsymbol{C}}^{\mathrm{T}}(i)\boldsymbol{D}_2(i)+\boldsymbol{P}^{-1}(i)\bar{\boldsymbol{G}}(i)\\ * & \boldsymbol{D}_2^{\mathrm{T}}(i)\boldsymbol{D}_2(i)-\boldsymbol{Q}_2(i)\end{pmatrix}<\boldsymbol{O}. \tag{7.35}$$

其中$\bar{\boldsymbol{\Psi}}(i)=\mathrm{He}\{\boldsymbol{P}^{-1}(i)\bar{\boldsymbol{A}}(i)\}+\sum_{j=1}^{k}\pi_{ij}\boldsymbol{P}^{-1}(j)\boldsymbol{E}(i)+\bar{\boldsymbol{C}}^{\mathrm{T}}(i)\bar{\boldsymbol{C}}(i)-\alpha\boldsymbol{P}^{-1}(i)\boldsymbol{E}(i)$.注意到

$$\begin{pmatrix}\bar{\boldsymbol{C}}^{\mathrm{T}}(i)\bar{\boldsymbol{C}}(i) & \bar{\boldsymbol{C}}^{\mathrm{T}}(i)\boldsymbol{D}_2(i)\\ * & \boldsymbol{D}_2^{\mathrm{T}}(i)\boldsymbol{D}_2(i)\end{pmatrix}=\begin{pmatrix}\bar{\boldsymbol{C}}^{\mathrm{T}}(i)\\ \boldsymbol{D}_2^{\mathrm{T}}(i)\end{pmatrix}\begin{pmatrix}\bar{\boldsymbol{C}}(i) & \boldsymbol{D}_2(i)\end{pmatrix}\geqslant\boldsymbol{O}. \tag{7.36}$$

因此,由条件(7.32)可得

$$\begin{pmatrix}\mathrm{He}\{\boldsymbol{P}^{-1}(i)\bar{\boldsymbol{A}}(i)\}+\sum_{j=1}^{k}\pi_{ij}\boldsymbol{P}^{-1}(j)\boldsymbol{E}(i)-\alpha\boldsymbol{P}^{-1}(i)\boldsymbol{E}(i) & \boldsymbol{P}^{-1}(i)\bar{\boldsymbol{G}}(i)\\ * & -\gamma^2\mathrm{e}^{-\alpha T}\boldsymbol{I}\end{pmatrix}<\boldsymbol{O}. \tag{7.37}$$

设$\boldsymbol{Q}_2(i)=-\gamma^2\mathrm{e}^{-\alpha T}\boldsymbol{I}$,由定理7.1,条件(7.10a)、(7.10c)、(7.10d)和(7.35)能确保系统(7.6a)和(7.6b)关于$(c_1,c_2,T,\boldsymbol{R}(r_t),d)$是奇异随机有限时间有界的.因此,只需要证明(7.8)成立.设$V(\boldsymbol{x}(t),i)=\boldsymbol{x}^{\mathrm{T}}(t)\boldsymbol{P}^{-1}(i)\boldsymbol{E}(i)\boldsymbol{x}(t)$,并考虑到式(7.13)和(7.35),得到

$$E\{\mathcal{J}V(\boldsymbol{x}(t),i)\}<\alpha E\{V(\boldsymbol{x}(t),i)+\gamma^2\mathrm{e}^{-\alpha T}\boldsymbol{w}^{\mathrm{T}}(t)\boldsymbol{w}(t)\}-E\{\boldsymbol{z}^{\mathrm{T}}(t)\boldsymbol{z}(t)\}. \tag{7.38}$$

与定理7.1的证明类似,可以很容易地得到条件(7.8)成立.证毕.

定理 7.4 存在静态输出反馈控制增益 $\boldsymbol{K}(r_t)=L(r_t)\boldsymbol{Z}^{-\mathrm{T}}(r_t)$，连续时间闭环奇异跳变系统(7.6a)和(7.6b)关于$(c_1,c_2,T,\boldsymbol{R}(r_t),\gamma,d)$是奇异随机 H_∞ 有限时间有界的，如果存在一个标量 $\alpha\geqslant0$，矩阵集合$\{\boldsymbol{Z}(i),i\in\mathbb{M}\}$，非奇异矩阵集$\{\boldsymbol{P}(i),i\in\mathbb{M}\}$，矩阵集$\{L(i),i\in\mathbb{M}\}$，两个正标量集$\{\sigma_i,i\in\mathbb{M}\}$和$\{\varepsilon_i,i\in\mathbb{M}\}$，对所有的 $i\in\mathbb{M}$，使得式(7.10a)、式(7.10d)和下面的不等式成立：

$$\begin{pmatrix}\boldsymbol{\Gamma}_{11}(i) & \boldsymbol{G}(i) & \boldsymbol{\Gamma}_{13}(i) & \boldsymbol{\Gamma}_{14}(i) & \boldsymbol{U}_i\\ * & -\gamma^2\mathrm{e}^{-\alpha T}\boldsymbol{I} & \boldsymbol{E}_3^{\mathrm{T}}(i) & \boldsymbol{D}_2^{\mathrm{T}}(i) & \boldsymbol{O}\\ * & * & -\varepsilon_i\boldsymbol{I} & \boldsymbol{O} & \boldsymbol{O}\\ * & * & * & -\boldsymbol{I} & \boldsymbol{O}\\ * & * & * & * & -\boldsymbol{W}_i\end{pmatrix}<\boldsymbol{O}, \tag{7.39}$$

其中

$$\boldsymbol{U}_i=\left(\sqrt{\pi_{i,1}}\boldsymbol{P}(i),\cdots,\sqrt{\pi_{i,i-1}}\boldsymbol{P}(i),\sqrt{\pi_{i,i+1}}\boldsymbol{P}(i),\cdots,\sqrt{\pi_{i,k}}\boldsymbol{P}(i)\right),$$

$$\boldsymbol{W}_i=\mathrm{diag}\{\{\boldsymbol{P}(1)\}-\sigma_1\boldsymbol{I},\cdots,\{\boldsymbol{P}(i-1)\}-\sigma_{i-1}\boldsymbol{I},\{\boldsymbol{P}(i+1)\}-\sigma_{i+1}\boldsymbol{I},\cdots,\{\boldsymbol{P}(k)\}-\sigma_k\boldsymbol{I}\},$$

$$\boldsymbol{\Gamma}_{11}(i)=\mathrm{He}\{\boldsymbol{P}(i)\boldsymbol{A}^{\mathrm{T}}(i)+L(i)\boldsymbol{C}_y(i)\boldsymbol{B}^{\mathrm{T}}(i)\}+\varepsilon_i\boldsymbol{F}(i)\boldsymbol{F}^{\mathrm{T}}(i)+(\pi_{ii}-\alpha)\boldsymbol{P}(i)\boldsymbol{E}^{\mathrm{T}}(i),$$

$$\boldsymbol{\Gamma}_{13}(i)=\boldsymbol{P}(i)\boldsymbol{E}_1^{\mathrm{T}}(i)+L(i)\boldsymbol{C}_y(i)\boldsymbol{E}_2^{\mathrm{T}}(i),\boldsymbol{\Gamma}_{14}(i)=\boldsymbol{P}(i)\boldsymbol{C}^{\mathrm{T}}(i)+L(i)\boldsymbol{C}_y(i)\boldsymbol{D}_1^{\mathrm{T}}(i).$$

该定理的证明与定理 7.2 的证明类似，因此省略这个定理的证明.

由引理 1.3，存在两个非奇异矩阵 $\boldsymbol{M}(i)$ 和 $\boldsymbol{N}(i)$，使得 $\boldsymbol{M}(i)\boldsymbol{E}(i)\boldsymbol{N}(i)=\mathrm{diag}\{\boldsymbol{I}_{r_i},\boldsymbol{O}\}$. 注意到 $\boldsymbol{P}(i)$ 是一个非奇异矩阵并且设 $\overline{\boldsymbol{P}}(i)=\boldsymbol{M}(i)\boldsymbol{P}(i)\boldsymbol{N}^{-\mathrm{T}}(i)$，则 $\overline{\boldsymbol{P}}(i)$ 具有形式 $\begin{pmatrix}\boldsymbol{P}_{11}(i) & \boldsymbol{P}_{12}(i)\\ \boldsymbol{O} & \boldsymbol{P}_{22}(i)\end{pmatrix}$，其中 $\boldsymbol{P}_{11}(i)\geqslant\boldsymbol{O},\boldsymbol{P}_{12}(i)\in\mathbb{R}^{r_i\times(n-r_i)},\boldsymbol{P}_{22}(i)\in\mathbb{R}^{(n-r_i)\times(n-r_i)}$.

让 $\Pi(i)=\boldsymbol{N}(i)(\boldsymbol{O},\boldsymbol{I}_{n-r})^{\mathrm{T}}$，则

$$\boldsymbol{P}(i)=\boldsymbol{E}(i)\boldsymbol{N}(i)\boldsymbol{X}(i)\boldsymbol{N}^{\mathrm{T}}(i)+\boldsymbol{M}^{-1}(i)\boldsymbol{Y}(i)\Pi^{\mathrm{T}}(i) \tag{7.40}$$

其中 $\boldsymbol{X}(i)=\mathrm{diag}\{\boldsymbol{P}_{11}(i),\Lambda(i)\}$ 和 $\boldsymbol{Y}(i)=(\boldsymbol{P}_{12}^{\mathrm{T}}(i),\boldsymbol{P}_{22}^{\mathrm{T}}(i))^{\mathrm{T}}$. 并且 $\boldsymbol{P}(i)$ 满足 $\boldsymbol{P}(i)\boldsymbol{E}^{\mathrm{T}}(i)=\boldsymbol{E}(i)\boldsymbol{P}^{\mathrm{T}}(i)=\boldsymbol{E}(i)\boldsymbol{N}(i)\boldsymbol{X}(i)\boldsymbol{N}^{\mathrm{T}}(i)\boldsymbol{E}^{\mathrm{T}}(i)\boldsymbol{Q}_1(i)=\boldsymbol{R}^{-\frac{1}{2}}(i)\boldsymbol{M}^{\mathrm{T}}(i)\boldsymbol{X}^{-1}(i)\boldsymbol{M}(i)\boldsymbol{R}^{-\frac{1}{2}}(i)$ 满足(7.10c).

根据以上讨论，可得如下定理.

定理 7.5 存在静态输出反馈控制增益 $\boldsymbol{K}(r_t)=L(r_t)\boldsymbol{Z}^{-\mathrm{T}}(r_t)$，连续时间闭环奇异跳变系统(7.6a)和(7.6b)关于$(c_1,c_2,T,\boldsymbol{R}(r_t),\gamma,d)$是奇异随机 H_∞ 有限时间有界的，如果存在一个标量 $\alpha\geqslant0$，矩阵集$\{\boldsymbol{Z}(i),i\in\mathbb{M}\}$，正定矩阵$\{\boldsymbol{X}(i),i\in\mathbb{M}\}$，矩阵集$\{\boldsymbol{Y}(i),i\in\mathbb{M}\}$和$\{L(i),i\in\mathbb{M}\}$，两个正标量集$\{\sigma_i,i\in\mathbb{M}\}$和$\{\varepsilon_i,i\in\mathbb{M}\}$，对所有的 $i\in\mathbb{M}$，使得式(7.22a)、式(7.22c)、式(7.10d)和下面的条件成立：

$$\boldsymbol{O}\leqslant\boldsymbol{P}(i)\boldsymbol{E}^{\mathrm{T}}(i)=\boldsymbol{E}(i)\boldsymbol{P}^{\mathrm{T}}(i)=\boldsymbol{E}(i)\boldsymbol{N}(i)\boldsymbol{X}(i)\boldsymbol{N}^{\mathrm{T}}(i)\boldsymbol{E}^{\mathrm{T}}(i)\leqslant\sigma_i\boldsymbol{I}, \tag{7.41a}$$

$$\begin{pmatrix} \boldsymbol{\Gamma}_{11}(i) & \boldsymbol{G}(i) & \boldsymbol{\Gamma}_{13}(i) & \boldsymbol{\Gamma}_{14}(i) & \boldsymbol{U}_i \\ * & -\gamma^2 \mathrm{e}^{-\alpha T}\boldsymbol{I} & \boldsymbol{E}_3^{\mathrm{T}}(i) & \boldsymbol{D}_2^{\mathrm{T}}(i) & \boldsymbol{O} \\ * & * & -\varepsilon_i \boldsymbol{I} & \boldsymbol{O} & \boldsymbol{O} \\ * & * & * & -\boldsymbol{I} & \boldsymbol{O} \\ * & * & * & * & -\boldsymbol{W}_i \end{pmatrix} < \boldsymbol{O}, \tag{7.41b}$$

其中 $\boldsymbol{P}(i)=\boldsymbol{E}(i)\boldsymbol{N}(i)\boldsymbol{X}(i)\boldsymbol{N}^{\mathrm{T}}(i)+\boldsymbol{M}^{-1}(i)\boldsymbol{Y}(i)\Pi^{\mathrm{T}}(i)$，$\boldsymbol{M}(i)\boldsymbol{E}(i)\boldsymbol{N}(i)=\mathrm{diag}\{\boldsymbol{I}_{r_i},\boldsymbol{O}\}$，$\Pi(i)=\boldsymbol{N}(i)(\boldsymbol{O},\boldsymbol{I}_{n-r_i})^{\mathrm{T}}$，$\boldsymbol{X}(i)$ 和 $\boldsymbol{Y}(i)$ 是来自于(7.38)的形式. 此外，其他的矩阵变量与定理 7.4 相同.

注 7.2　这个条件(7.22c)不易用 Matlab 中的 LMI 工具箱来求解. 为了克服这个问题，可以用下面的条件来代替这个条件，它可以近似地表示为下面的约束：

$$(\boldsymbol{P}(i)\boldsymbol{C}_y^{\mathrm{T}}(i)-\boldsymbol{C}_y^{\mathrm{T}}(i)\boldsymbol{Z}(i))^{\mathrm{T}}(\boldsymbol{P}(i)\boldsymbol{C}_y^{\mathrm{T}}(i)-\boldsymbol{C}_y^{\mathrm{T}}(i)\boldsymbol{Z}(i))\leqslant\beta\boldsymbol{I}, \tag{7.42}$$

其中 β 是一个给定的充分小的正标量. 然后，由引理 1.1，约束条件(7.42)等价于下面的 LMI：

$$\begin{pmatrix} -\beta\boldsymbol{I} & * \\ \boldsymbol{P}(i)\boldsymbol{C}_y^{\mathrm{T}}(i)-\boldsymbol{C}_y^{\mathrm{T}}(i)\boldsymbol{Z}(i) & -\boldsymbol{I} \end{pmatrix} < \boldsymbol{O}. \tag{7.43}$$

要使得条件(7.10d)和条件(7.21b)成立，只需以下约束成立：

$$\eta\boldsymbol{I}<\boldsymbol{R}^{\frac{1}{2}}(i)\boldsymbol{M}^{-1}(i)\boldsymbol{X}(i)\boldsymbol{M}^{-\mathrm{T}}(i)\boldsymbol{R}^{\frac{1}{2}}(i)<\boldsymbol{I}, \tag{7.44a}$$

$$\begin{pmatrix} (-c_2^2+\gamma^2 d^2)\mathrm{e}^{-\alpha T} & c_1 \\ * & -\eta\boldsymbol{I} \end{pmatrix} < \boldsymbol{O} \tag{7.44b}$$

和

$$\eta\boldsymbol{I}<\boldsymbol{R}^{\frac{1}{2}}(i)\boldsymbol{M}^{-1}(i)\boldsymbol{X}(i)\boldsymbol{M}^{-\mathrm{T}}(i)\boldsymbol{R}^{\frac{1}{2}}(i)<\boldsymbol{I}, \tag{7.45a}$$

$$\begin{pmatrix} -c_2^2 & c_1 \\ * & -\eta\boldsymbol{I} \end{pmatrix} < \boldsymbol{O}. \tag{7.45b}$$

注 7.3　推论 7.2 和定理 7.5 所述条件可分别转化为以下具有固定参数 α 的基于 LMI 的可行性问题：

$$\min_{\boldsymbol{X}(i),\boldsymbol{Y}(i),L(i),\boldsymbol{Z}(i),\varepsilon_i,\sigma_i,\eta} c_2^2 \tag{7.46}$$

s. t. (7.33)，(7.41a)，(7.43)，(7.45a)和(7.45b).

和

$$\min_{\boldsymbol{X}(i),\boldsymbol{Y}(i),L(i),\boldsymbol{Z}(i),\varepsilon_i,\sigma_i,\eta} (c_2^2+\gamma^2) \tag{7.47}$$

s. t. (7.41a)，(7.42b)，(7.43)，(7.44a)和(7.44b).

7.3 数值算例

例 7.1 考虑带有下面参数的奇异跳变系统(7.1a)–(7.1c)：

- Mode 1：

$$\boldsymbol{E}(1)=\begin{pmatrix}1&0&0\\0&1&0\\0&0&0\end{pmatrix},\boldsymbol{A}(1)=\begin{pmatrix}2.4&0.6&1.2\\-1.4&2.3&0\\-1.1&-1.2&0\end{pmatrix},\boldsymbol{B}(1)=\begin{pmatrix}0&0.8&1.8\\1&-1.2&0\\0&0&0.9\end{pmatrix},$$

$$\boldsymbol{F}(1)=\begin{pmatrix}0.3&0&0\\0&0.2&1\\0&0&0\end{pmatrix},\boldsymbol{E}_1(1)=\begin{pmatrix}0.02&0&0.2\\0.03&0.2&0\\0.2&0&0.1\end{pmatrix},\boldsymbol{C}_y(1)=\begin{pmatrix}0.1&0&0\\0&1&0.1\\0&0.1&1\end{pmatrix},$$

$$\boldsymbol{E}_2(1)=\begin{pmatrix}0.5&0&0.02\\0.01&0.1&0\\0.4&0&0.4\end{pmatrix},\boldsymbol{E}_3(1)=\begin{pmatrix}0.01\\0.01\\0.3\end{pmatrix},\boldsymbol{G}(1)=\begin{pmatrix}0\\0\\0.1\end{pmatrix},\boldsymbol{C}(1)=\begin{pmatrix}1\\1\\0.8\end{pmatrix},$$

- Mode 2：

$$\boldsymbol{E}(2)=\begin{pmatrix}1&0&0\\0&1&0\\0&0&0\end{pmatrix},\boldsymbol{A}(2)=\begin{pmatrix}2.2&0&0.8\\0&0&1\\0&1.2&-0.8\end{pmatrix},\boldsymbol{B}(2)=\begin{pmatrix}0.8&0.3&0\\1.5&1&0\\0&1.2&0\end{pmatrix},$$

$$\boldsymbol{F}(2)=\begin{pmatrix}0.1&0&0\\0&0.1&0\\0&0&0\end{pmatrix},\boldsymbol{E}_1(2)=\begin{pmatrix}0.02&0&0.2\\0.01&0.5&0\\0.1&0&0.5\end{pmatrix},\boldsymbol{C}_y(2)=\begin{pmatrix}1&0&0\\0&0.8&0.01\\0&0.1&1\end{pmatrix},$$

$$\boldsymbol{E}_2(2)=\begin{pmatrix}0.5&0&0.8\\0.03&0.1&0\\0.5&0&0.1\end{pmatrix},\boldsymbol{E}_3(2)=\begin{pmatrix}0.04\\0.01\\0.8\end{pmatrix},\boldsymbol{G}(2)=\begin{pmatrix}0\\0\\0.1\end{pmatrix},\boldsymbol{C}(2)=\begin{pmatrix}1\\0.8\\1\end{pmatrix},$$

$\boldsymbol{D}_1(1)=\boldsymbol{D}_1(2)=(0.1\ \ 0\ \ 0)$，$\boldsymbol{D}_2(1)=\boldsymbol{D}_2(2)=0.1$，$d=\sqrt{2}$.
并且 $\Delta(i)=\mathrm{diag}\{r_1(i),r_2(i),r_3(i)\}$，这里 $r_j(i)$ 满足 $|r_j(i)|\leqslant 1$ ($i=1,2$ 和 $j=1,2,3$). 这两种模式之间的转移概率矩阵为

$$\boldsymbol{\Gamma}=\begin{pmatrix}-1.5&1.5\\2&-2\end{pmatrix}.$$

选择 $\boldsymbol{R}(1)=\boldsymbol{R}(2)=\boldsymbol{I}_3$，$T=2$，$c_1=0.3$，$\alpha=2$ 和 $\beta=10^{-10}$，由定理 7.5 得到 $\gamma=4.3900$，$c_2=9.8030$ 及下面的参数：

$$\boldsymbol{X}(1)=\begin{pmatrix}0.2849&-0.0854&0\\-0.0854&0.2481&0\\0&0&0.5427\end{pmatrix},\boldsymbol{Y}(1)=\begin{pmatrix}-0.2062\\0.1553\\0.2804\end{pmatrix},$$

$$\boldsymbol{X}(2)=\begin{pmatrix}0.0857&-0.0033&0\\-0.0033&0.1334&0\\0&0&0.5427\end{pmatrix},\boldsymbol{Y}(2)=\begin{pmatrix}-0.1017\\0.0325\\0.2117\end{pmatrix},$$

$$L(1)=\begin{pmatrix}271.6363 & -112.3745 & -100.3156\\ 45.2935 & 335.0821 & -84.9241\\ 257.9727 & 64.7186 & -88.6246\end{pmatrix},$$

$$\boldsymbol{Z}(1)=\begin{pmatrix}0.2849 & -1.0602 & -2.1478\\ -0.0086 & 0.2635 & 0.1536\\ 0.0009 & 0.0017 & 0.2651\end{pmatrix},L(2)=\begin{pmatrix}-1.4159 & -54.3035 & 2.1355\\ -2.3639 & -182.8571 & 4.4015\\ 0.7991 & -220.9197 & 1.1304\end{pmatrix},$$

$$\boldsymbol{Z}(2)=\begin{pmatrix}0.0857 & -0.0036 & -0.1020\\ -0.0041 & 0.1337 & 0.0309\\ 0.0000 & 0.0008 & 0.2114\end{pmatrix},$$

$\eta=0.0854,\varepsilon_1=13.9728,\varepsilon_2=2.3326,\sigma_1=0.3539,\sigma_2=0.1336.$

因此,可以导出如下的静态输出有限时间反馈控制器增益矩阵:

$$\boldsymbol{K}(1)=\begin{pmatrix}15.9786 & -6.6103 & -5.9009\\ 2.6643 & 19.7107 & -4.9955\\ 15.1749 & 3.8070 & -5.2132\end{pmatrix},\boldsymbol{K}(2)=\begin{pmatrix}-0.0787 & -3.0169 & 0.1186\\ -0.1313 & -10.1587 & 0.2445\\ 0.0444 & -12.2733 & 0.0628\end{pmatrix}.$$

根据定理7.5,以 $c_2^2+\gamma^2$ 为最小值的最优界依赖于参数 α. 当 $1.11\leqslant\alpha\leqslant11.36$ 时,可以求出可行解. 图7.1和图7.2为不同 α 值时的最优值. 初值取 $\alpha=2$,应用Matlab优化工具箱中的搜索fminsearch程序,在 $\alpha=2.0919$ 时,可得到如下局部收敛解:

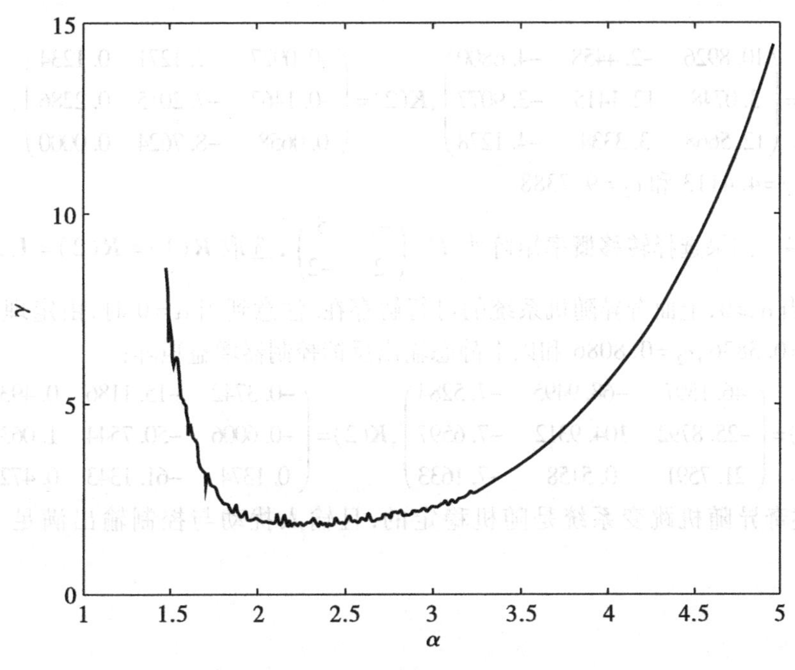

图7.1　γ 的局部最优界

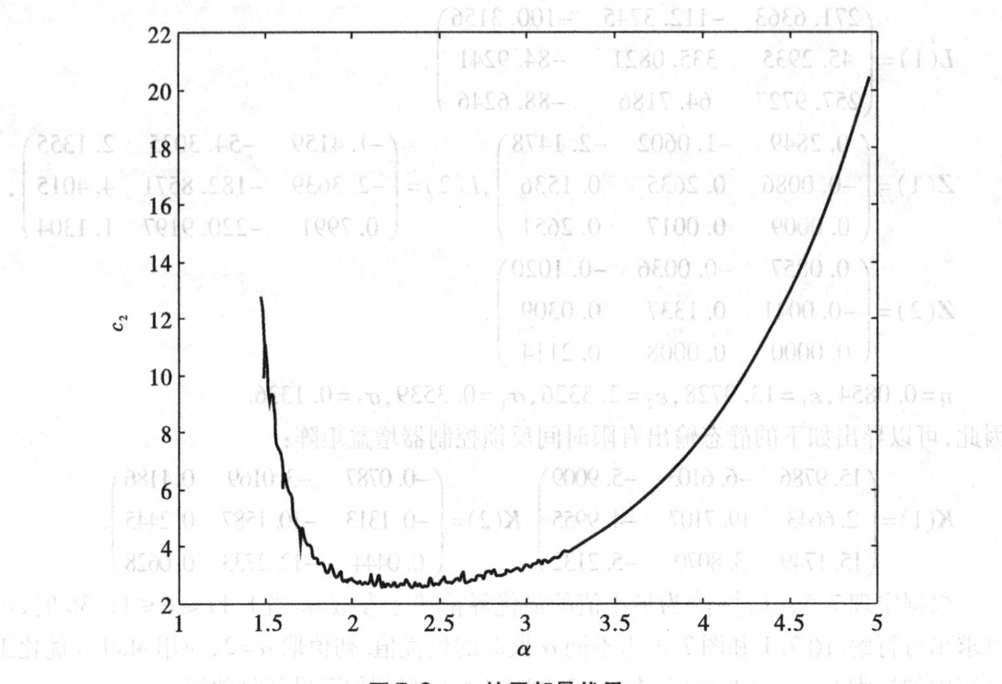

图 7.2　c_2 的局部最优界

$$
\boldsymbol{K}(1)=\begin{pmatrix} 10.8926 & -2.4458 & -4.6800 \\ 3.0748 & 12.1415 & -3.9077 \\ 12.5668 & 3.3334 & -4.1278 \end{pmatrix}, \boldsymbol{K}(2)=\begin{pmatrix} -0.0927 & -2.1271 & 0.1234 \\ -0.1467 & -7.2015 & 0.2286 \\ 0.0658 & -8.7624 & 0.0000 \end{pmatrix},
$$

和最优值 $\gamma=4.4113$ 和 $c_2=9.7388$.

注 7.4　如果选择转移概率矩阵为 $\boldsymbol{\Gamma}=\begin{pmatrix} -5 & 5 \\ 2 & -2 \end{pmatrix}$，选取 $\boldsymbol{R}(1)=\boldsymbol{R}(2)=\boldsymbol{I}_3$，$c_1=0.3$，$\beta=10^{-30}$，当 $\alpha\geqslant 0$，上面奇异随机系统的可行解存在. 注意到当 $\alpha=0$ 时，由定理 7.5 可得最优值 $\gamma=0.3836$，$c_2=0.8086$ 和以下静态输出反馈控制器增益矩阵：

$$
\boldsymbol{K}(1)=\begin{pmatrix} 46.1597 & -68.9495 & -7.5284 \\ -25.8792 & 104.9312 & -7.6597 \\ 21.7591 & 0.5158 & -7.1633 \end{pmatrix}, \boldsymbol{K}(2)=\begin{pmatrix} -0.3742 & -15.1186 & 0.4931 \\ -0.6006 & -50.7544 & 1.0638 \\ 0.1374 & -61.1343 & 0.4721 \end{pmatrix}.
$$

因此，上述奇异随机跳变系统是随机稳定的，且输入扰动与控制输出满足 $\|\boldsymbol{T}_{wz}\|<0.3836$.

第 8 章　连续奇异跳变系统的随机有限时间 H_∞ 滤波

本章主要讨论了具有参数不确定和时变模有界扰动的奇异跳变系统的奇异随机有限时间 H_∞ 滤波问题. 本章首先给出了奇异随机有限时间有界和奇异随机 H_∞ 有限时间有界的定义. 随后,设计的奇异随机 H_∞ 滤波器能确保滤波误差系统是奇异随机有限时间有界的,并在给定的有限时间区间内满足一定的 H_∞ 性能水准. 此外,利用矩阵分解技巧给出了基于 LMI 的可行性问题. 最后,通过数值算例验证了该方法的有效性.

8.1　定义和系统描述

本章考虑下面的连续时间奇异跳变系统:

$$\boldsymbol{E}\dot{\boldsymbol{x}}(t)=[\boldsymbol{A}(r_t)+\Delta\boldsymbol{A}(r_t)]\boldsymbol{x}(t)+[\boldsymbol{B}(r_t)+\Delta\boldsymbol{B}(r_t)]\boldsymbol{w}(t), \tag{8.1a}$$

$$\boldsymbol{y}(t)=\boldsymbol{C}(r_t)\boldsymbol{x}(t)+\boldsymbol{D}(r_t)\boldsymbol{w}(t), \tag{8.1b}$$

$$\boldsymbol{z}(t)=L(r_t)\boldsymbol{x}(t)+\boldsymbol{G}(r_t)\boldsymbol{w}(t), \tag{8.1c}$$

其中 $\boldsymbol{x}(t)\in\mathbb{R}^n$ 状态变量,$\boldsymbol{y}(t)\in\mathbb{R}^{q_1}$ 是系统的测量输出,$\boldsymbol{z}(t)\in\mathbb{R}^{q_2}$ 是待估计信号,$\boldsymbol{E}$ 是满足 $\operatorname{rank}(\boldsymbol{E})=r<n$ 的奇异矩阵,$\{r_t,t\geqslant 0\}$ 是在有限空间 $\mathbb{M}\triangleq\{1,2,\cdots,N\}$ 上取值的连续时间马尔科夫随机过程,其转移概率矩阵为 $\boldsymbol{\Gamma}=(\pi_{ij})_{N\times N}$,并且转移概率描述如下:

$$\Pr(r_{t+\Delta t}=j\mid r_t=i)=\begin{cases}\pi_{ij}\Delta t+o(\Delta t),\text{if } i\neq j,\\ 1+\pi_{ij}\Delta t+o(\Delta t),\text{if } i=j,\end{cases} \tag{8.2}$$

这里 $\lim\limits_{\Delta t\to 0}\dfrac{o(\Delta t)}{\Delta t}=0$,$\pi_{ij}$ 对于所有 $i,j\in\mathbb{M}$,$\pi_{ij}\geqslant 0(i\neq j)$ 且 $\pi_{ii}=-\sum\limits_{j=1,j\neq i}^{N}\pi_{ij}$;$\Delta\boldsymbol{A}(r_t)$ 和 $\Delta\boldsymbol{B}(r_t)$ 是不确定矩阵并满足

$$(\Delta\boldsymbol{A}(r_t),\Delta\boldsymbol{B}(r_t))=\boldsymbol{F}(r_t)\Delta(r_t)(\boldsymbol{E}_1(r_t),\boldsymbol{E}_2(r_t)), \tag{8.3}$$

这里 $\Delta(r_t)$ 是一个未知的时变矩阵函数,对于所有 $r_t\in\mathbb{M}$,$\Delta^{\mathrm{T}}(r_t)\Delta(r_t)\leqslant\boldsymbol{I}$;此外,扰动输入 $\boldsymbol{w}(t)\in\mathbb{R}^p$ 满足

$$E\left\{\int_0^T\boldsymbol{w}^{\mathrm{T}}(t)\boldsymbol{w}(t)\,\mathrm{d}t\right\}\leqslant d^2,d\geqslant 0. \tag{8.4}$$

并且矩阵 $\boldsymbol{A}(r_t)$,$\boldsymbol{B}(r_t)$,$\boldsymbol{C}(r_t)$,$D(r_t)$,$L(r_t)$,$\boldsymbol{G}(r_t)$ 是对于所有 $r_t\in\mathbb{M}$ 的适当维数的系数

矩阵.

在本章中,采用下面的全阶滤波器:

$$E_f \dot{\tilde{x}}(t)=A_f(r_t)\tilde{x}(t)+B_f(r_t)y(t), \tag{8.5a}$$

$$\tilde{z}(t)=C_f(r_t)\tilde{x}(t), \tag{8.5b}$$

其中 $\tilde{x}(t)\in\mathbb{R}^n$ 是滤波器状态,$\tilde{z}(t)\in\mathbb{R}^{q_2}$ 为滤波器输出,$E_f,A_f(r_t),B_f(r_t),C_f(r_t)$ 是设计的合适维数的滤波器矩阵.

定义 $\bar{x}^{\mathrm{T}}(t)=(x^{\mathrm{T}}(t)\quad x^{\mathrm{T}}(t)-\tilde{x}^{\mathrm{T}}(t))$,$e(t)=z(t)-\tilde{z}(t)$,并联立式(8.1a)~(8.1c),式(8.5a)和式(8.5b),可以得到如下滤波误差奇异系统:

$$\bar{E}\dot{\bar{x}}(t)=\bar{A}(r_t)\bar{x}(t)+\bar{B}(r_t)w(t), \tag{8.6a}$$

$$e(t)=\bar{L}(r_t)\bar{x}(t)+G(r_t)w(t), \tag{8.6b}$$

其中

$$\bar{E}=\begin{pmatrix} E & O \\ E-E_f & E_f \end{pmatrix},\bar{A}(r_t)=\begin{pmatrix} A(r_t)+\Delta A(r_t) & O \\ A(r_t)+\Delta A(r_t)-A_f(r_t)-B_f(r_t)C(r_t) & A_f(r_t) \end{pmatrix},$$

$$\bar{B}(r_t)=\begin{pmatrix} B(r_t)+\Delta B(r_t) \\ B(r_t)+\Delta B(r_t)-B_f(r_t)D(r_t) \end{pmatrix},\bar{L}(r_t)=(L(r_t)-C_f(r_t)\quad C_f(r_t)).$$

为了简化符号,在后续中,对于每个可能的 $r_t=i,i\in\mathbb{M}$,一个矩阵 $K(r_t)$ 表示为 K_i;例如,$A(r_t)$ 表示为 A_i,$B(r_t)$ 表示为 B_i,等等.

本章需要以下定义和引理.

定义 8.1 (文献[92,93])

(i)奇异跳变系统(8.1a)在时间区间$[0,T]$内被说成是正则的,如果对于所有 $t\in[0,T]$ 和 $i\in\mathbb{M}$,特征多项式 $\det(sE-A_i-\Delta A_i)\neq 0$.

(ii)奇异跳变系统(8.1a)在时间区间$[0,T]$内被说成是无脉冲的,如果对于所有 $t\in[0,T]$ 和 $i\in\mathbb{M}$,$\deg(\det(sE-A_i-\Delta A_i))=\mathrm{rank}(E)$.

定义 8.2 [奇异随机有限时间有界(SSFTB)]

若 $c_1<c_2,R_i>O$,满足(8.4)的奇异跳变系统(8.6a)被说成是关于$(c_1,c_2,T,\bar{R}_i,d)$奇异随机有限时间有界的,如果随机系统(8.6a)在时间区间$[0,T]$内是正则和无脉冲的,且$\forall t\in[0,T]$,下面不等式成立:

$$E\{\bar{x}^{\mathrm{T}}(0)\bar{E}^{\mathrm{T}}\bar{R}_i\bar{E}\bar{x}(0)\}\leqslant c_1^2\Rightarrow E\{\bar{x}^{\mathrm{T}}(t)\bar{E}^{\mathrm{T}}\bar{R}_i\bar{E}\bar{x}(t)\}<c_2^2. \tag{8.7}$$

定义 8.3 [奇异随机 H_∞ 有限时间有界($\mathrm{SS}H_\infty\mathrm{FTB}$)]

奇异跳变系统(8.6a)和(8.6b)被说成是关于$(c_1,c_2,T,\bar{R}_i,\gamma,d)$奇异随机 H_∞ 有限时间有界的,如果奇异跳变系统(8.6a)是关于$(c_1,c_2,T,\bar{R}_i,d)$奇异随机有限时间有界的,且在零初始条件下,输出误差 $e(t)$ 满足下面的约束条件:

$$E\left\{\int_0^T e^{\mathrm{T}}(t)e(t)\mathrm{d}t\right\}<\gamma^2 E\left\{\int_0^T w^{\mathrm{T}}(t)w(t)\mathrm{d}t\right\}, \tag{8.8}$$

其中 γ 是一个规定的正标量,并且对于 $w(t)$ 满足(8.4).

定义 8.4　(文献[31])设 $V(\boldsymbol{x}(t),r_t=i,t>0)$ 是随机函数,通过

$$\mathcal{J}V(\boldsymbol{x}(t),r_t=i,t)=V_t(\boldsymbol{x}(t),i,t)+V_x(\boldsymbol{x}(t),i,t)\dot{\boldsymbol{x}}(t,i)+\sum_{j=1}^{N}\pi_{ij}V(\boldsymbol{x}(t),j,t). \tag{8.9}$$

定义随机过程 $\{(\boldsymbol{x}(t),r_t=i),t\geqslant 0\}$ 的弱无穷小算子 $\mathcal{J}$.

引理 8.1　下列叙述成立.

(i)假设 $\mathrm{rank}(\boldsymbol{E})=r$,存在两个正交矩阵 $\boldsymbol{U}$ 和 $\boldsymbol{V}$,使得 $\boldsymbol{E}$ 具有以下分解

$$\boldsymbol{E}=\boldsymbol{U}\begin{pmatrix}\Sigma_r & \boldsymbol{O}\\ * & \boldsymbol{O}\end{pmatrix}\boldsymbol{V}^{\mathrm{T}}=\boldsymbol{U}\begin{pmatrix}\boldsymbol{I}_r & \boldsymbol{O}\\ * & \boldsymbol{O}\end{pmatrix}\mathcal{V}^{\mathrm{T}}, \tag{8.10}$$

其中 $\Sigma_r=\mathrm{diag}\{\delta_1,\delta_2,\cdots,\delta_r\},\delta_k>0$ 对于所有 $k=1,2,\cdots,r$. 划分 $\boldsymbol{U}=(\boldsymbol{U}_1\quad \boldsymbol{U}_2),\boldsymbol{V}=(\boldsymbol{V}_1\quad \boldsymbol{V}_2)$ 和 $\mathcal{V}=(\boldsymbol{V}_1\Sigma_r\quad \boldsymbol{V}_2)$,并且 $\boldsymbol{E}\boldsymbol{V}_2=\boldsymbol{O},\boldsymbol{U}_2^{\mathrm{T}}\boldsymbol{E}=\boldsymbol{O}$.

(ii)如果 $\boldsymbol{P}$ 满足

$$\boldsymbol{E}^{\mathrm{T}}\boldsymbol{P}=\boldsymbol{P}^{\mathrm{T}}\boldsymbol{E}\geqslant\boldsymbol{O}, \tag{8.11}$$

则满足(8.10)的 $\boldsymbol{U}$ 和 $\mathcal{V}$,使得 $\tilde{\boldsymbol{P}}=\boldsymbol{U}^{\mathrm{T}}P\,\mathcal{V}^{-T}$ 成立的充要条件是

$$\tilde{\boldsymbol{P}}=\begin{pmatrix}\boldsymbol{P}_{11} & \boldsymbol{O}\\ \boldsymbol{P}_{21} & \boldsymbol{P}_{22}\end{pmatrix}. \tag{8.12}$$

其中 $\boldsymbol{P}_{11}\geqslant\boldsymbol{O}\in\mathbb{R}^{r\times r}$. 此外,当 $\boldsymbol{P}$ 是非奇异矩阵时,可得 $\boldsymbol{P}_{11}>\boldsymbol{O}$ 且 $\det(\boldsymbol{P}_{22})\neq 0$. 另外,满足(8.11)的 $\boldsymbol{P}$ 可以参数化为

$$\boldsymbol{P}=\boldsymbol{U}\boldsymbol{X}\boldsymbol{U}^{\mathrm{T}}\boldsymbol{E}+\boldsymbol{U}_2\boldsymbol{Y}\mathcal{V}^{\mathrm{T}}, \tag{8.13}$$

其中 $\boldsymbol{X}=\mathrm{diag}\{\boldsymbol{P}_{11},\Lambda\},\boldsymbol{Y}=(\boldsymbol{P}_{21}\quad \boldsymbol{P}_{22})$ 和 $\Lambda\in\mathbb{R}^{(n-r)\times(n-r)}$ 是一个任意参数矩阵.

(iii)如果 $\boldsymbol{P}$ 是一个非奇异矩阵,$\boldsymbol{R}$ 和 Λ 是两个对称正定矩阵,$\boldsymbol{P}$ 和 $\boldsymbol{E}$ 满足(8.11),$\boldsymbol{X}$ 是一个来自(8.12)的对角矩阵且下列等式成立:

$$\boldsymbol{E}^{\mathrm{T}}\boldsymbol{P}=\boldsymbol{E}^{\mathrm{T}}\boldsymbol{R}^{1/2}\boldsymbol{Q}\boldsymbol{R}^{1/2}\boldsymbol{E}. \tag{8.14}$$

则对称正定矩阵 $\boldsymbol{Q}=\boldsymbol{R}^{-1/2}\boldsymbol{U}\boldsymbol{X}\boldsymbol{U}^{\mathrm{T}}\boldsymbol{R}^{-1/2}$ 是(8.13)的一个解.

证明　只需要证明(ii)和(iii)成立. 设

$$\tilde{\boldsymbol{P}}=\begin{pmatrix}\boldsymbol{P}_{11} & \boldsymbol{P}_{12}\\ \boldsymbol{P}_{21} & \boldsymbol{P}_{22}\end{pmatrix}, \tag{8.15}$$

则通过式(8.10)和(8.11),得到条件 $\tilde{\boldsymbol{P}}=\boldsymbol{U}^{\mathrm{T}}P\,\mathcal{V}^{-T}$ 成立的充要条件是 $\boldsymbol{P}_{12}=\boldsymbol{O}$ 且 $\boldsymbol{P}_{11}\geqslant\boldsymbol{O}\in\mathbb{R}^{r\times r}$. 此外,当 $\boldsymbol{P}$ 是非奇异矩阵时,得到 $\boldsymbol{P}_{11}>\boldsymbol{O}$ 且 $\det(\boldsymbol{P}_{22})\neq 0$. 注意到式(8.11)和 $\boldsymbol{U}$ 是一个正交矩阵,因此得到

$$\begin{aligned}\boldsymbol{P}&=\boldsymbol{U}\begin{pmatrix}\boldsymbol{P}_{11} & \boldsymbol{O}\\ \boldsymbol{P}_{21} & \boldsymbol{P}_{22}\end{pmatrix}\mathcal{V}^{\mathrm{T}}\\&=(\boldsymbol{U}\begin{pmatrix}\boldsymbol{P}_{11} & \boldsymbol{O}\\ * & \Lambda\end{pmatrix}\boldsymbol{U}^{\mathrm{T}})(\boldsymbol{U}\begin{pmatrix}\boldsymbol{I}_r & \boldsymbol{O}\\ * & \boldsymbol{O}\end{pmatrix}\mathcal{V}^{\mathrm{T}})+\boldsymbol{U}\begin{pmatrix}\boldsymbol{O} & \boldsymbol{O}\\ \boldsymbol{P}_{21} & \boldsymbol{P}_{22}\end{pmatrix}\mathcal{V}^{\mathrm{T}}\\&=\boldsymbol{U}\begin{pmatrix}\boldsymbol{P}_{11} & \boldsymbol{O}\\ * & \Lambda\end{pmatrix}\boldsymbol{U}^{\mathrm{T}}\boldsymbol{E}+(\boldsymbol{U}_1\quad \boldsymbol{U}_2)\begin{pmatrix}\boldsymbol{O} & \boldsymbol{O}\\ \boldsymbol{P}_{21} & \boldsymbol{P}_{22}\end{pmatrix}\mathcal{V}^{\mathrm{T}}\\&=\boldsymbol{U}\boldsymbol{X}\boldsymbol{U}^{\mathrm{T}}\boldsymbol{E}+\boldsymbol{U}_2\boldsymbol{Y}\mathcal{V}^{\mathrm{T}},\end{aligned} \tag{8.16}$$

其中 $X=\mathrm{diag}\{P_{11},\Lambda\}$，$Y=(P_{21}\quad P_{22})$ 具有一个参数矩阵 $\Lambda\in\mathbb{R}^{(n-r)\times(n-r)}$. 因此(ii)成立.

通过(i)和(ii)，注意到 $U_2^{\mathrm{T}}E=O$ 及

$$E^{\mathrm{T}}P=E^{\mathrm{T}}(UXU^{\mathrm{T}}E+U_2Y\mathcal{V}^{\mathrm{T}})=E^{\mathrm{T}}UXU^{\mathrm{T}}E. \tag{8.17}$$

因此，$Q=R^{-1/2}UXU^{\mathrm{T}}R^{-1/2}$ 是(8.14)的一个解. 证毕.

本章的主要目标是设计全阶滤波器(8.5a)和(8.5b)，使得滤波误差奇异跳变系统(8.6a)和(8.6b)是奇异随机 H_∞ 有限时间有界的.

8.2 奇异跳变系统的随机有限时间稳定性分析与 H_∞ 滤波问题

本节首先给出误差滤波奇异跳变系统(8.1a)-(8.1c)的奇异随机 H_∞ 有限时间稳定性分析的结果，然后将这些结果推广到不确定系统，建立了滤波误差奇异跳变系统(8.6a)和(8.6b)是奇异随机有限时间有界的基于 LMI 的可行性问题.

定理 8.1 滤波误差系统(8.6a)是关于 $(c_1,c_2,T,\bar{R}_i,d)$ 奇异随机有限时间有界的，如果存在一个标量 $\alpha\geqslant0$，一个非奇异矩阵集合 $\{\bar{P}_i,i\in\mathcal{M}\}$，对称正定矩阵集合 $\{\bar{Q}_{1i},i\in\mathcal{M}\}$ 和 $\{\bar{Q}_{2i},i\in\mathcal{M}\}$，对所有 $i\in\mathcal{M}$，使得下列式子成立：

$$\bar{E}^{\mathrm{T}}\bar{P}_i=\bar{P}_i^{\mathrm{T}}\bar{E}\geqslant O, \tag{8.18a}$$

$$\begin{pmatrix}\mathrm{He}\{\bar{A}_i^{\mathrm{T}}\bar{P}_i\}+\sum\limits_{j=1}^{N}\pi_{ij}\bar{E}^{\mathrm{T}}\bar{P}_j-\alpha\bar{E}^{\mathrm{T}}\bar{P}_i & \bar{P}_i^{\mathrm{T}}\bar{B}_i\\ * & -\bar{Q}_{2i}\end{pmatrix}<O, \tag{8.18b}$$

$$\bar{E}^{\mathrm{T}}\bar{P}_i=\bar{E}^{\mathrm{T}}\bar{R}_i^{\frac{1}{2}}\bar{Q}_{1i}\bar{R}_i^{\frac{1}{2}}\bar{E}, \tag{8.18c}$$

$$c_1^2\sup_{i\in\mathcal{M}}\{\lambda_{\max}(Q_{1i})\}+d^2\sup_{i\in\mathcal{M}}\{\lambda_{\max}(\bar{Q}_{2i})\}<c_2^2\mathrm{e}^{-\alpha T}\inf_{i\in\mathcal{M}}\{\lambda_{\min}(\bar{Q}_{1i})\}. \tag{8.18d}$$

证明 首先，证明滤波误差奇异跳变系统(8.6a)在时间区间 $[0,T]$ 内是正则且无脉冲的. 由引理 1.1，并注意到条件(8.18b)，得

$$\mathrm{He}\{\bar{A}_i^{\mathrm{T}}\bar{P}_i\}+\sum_{j=1}^{N}\pi_{ij}\bar{E}^{\mathrm{T}}\bar{P}_j-\alpha\bar{E}^{\mathrm{T}}\bar{P}_i<O. \tag{8.19}$$

现在，选择两个正交矩阵 $\bar{U}$ 和 $\bar{V}$，使 $\bar{E}$ 有如下分解：

$$\bar{E}=\bar{U}\begin{pmatrix}\Sigma_{\bar{r}} & O\\ * & O\end{pmatrix}\bar{V}^{\mathrm{T}}=\bar{U}\begin{pmatrix}I_{\bar{r}} & O\\ * & O\end{pmatrix}\bar{\mathcal{V}}^{\mathrm{T}}, \tag{8.20}$$

其中 $\Sigma_{\bar{r}}=\mathrm{diag}\{\delta_1,\delta_2,\cdots,\delta_{\bar{r}}\}$，$\delta_k>0,k=1,2,\cdots,r$. 划分 $\bar{U}=(\bar{U}_1\quad\bar{U}_2)$，$\bar{V}=(\bar{V}_1\quad\bar{V}_2)$，$\bar{\mathcal{V}}=(\bar{V}_1\Sigma_{\bar{r}}\quad\bar{V}_2)$ 并且 $\bar{E}\bar{V}_2=O$，$\bar{U}_2^{\mathrm{T}}\bar{E}=O$. 令

$$\bar{U}^{\mathrm{T}}\bar{A}_i\,\bar{\mathcal{V}}^{-\mathrm{T}}=\begin{pmatrix}\bar{A}_{11i} & \bar{A}_{12i}\\ \bar{A}_{21i} & \bar{A}_{22i}\end{pmatrix},\bar{U}^{\mathrm{T}}\bar{P}_i\,\bar{\mathcal{V}}^{-\mathrm{T}}=\begin{pmatrix}\bar{P}_{11i} & \bar{P}_{12i}\\ \bar{P}_{21i} & \bar{P}_{22i}\end{pmatrix}. \tag{8.21}$$

注意到条件(8.18a)和 $\bar{P}_i$ 是一个非奇异矩阵，通过引理 8.1，得到 $\bar{P}_{12i}=O$ 且 $\det(\bar{P}_{22i})\neq$

$\boldsymbol{O}$. 对(8.19)两边左右分别乘$\overline{\mathcal{V}}^{-1}$和$\overline{\mathcal{V}}^{-\mathrm{T}}$，易得 $\overline{\boldsymbol{A}}_{22i}^{\mathrm{T}}\overline{\boldsymbol{P}}_{22i}+\overline{\boldsymbol{P}}_{22i}^{\mathrm{T}}\overline{\boldsymbol{A}}_{22i}<\boldsymbol{O}$. 因此 $\overline{\boldsymbol{A}}_{22i}$ 是非奇异的，这意味着系统(8.6a)在时间间隔$[0,T]$内是正则的和无脉冲的.

考虑系统(8.6a)的二次李雅普诺夫函数为 $V(\bar{\boldsymbol{x}}(t),i)=\bar{\boldsymbol{x}}^{\mathrm{T}}(t)\overline{\boldsymbol{E}}^{\mathrm{T}}\overline{\boldsymbol{P}}_i\bar{\boldsymbol{x}}(t)$. 沿着系统(8.6a)的解计算 $V(\bar{\boldsymbol{x}}(t),i)$ 的导数$\mathcal{J}V$，得

$$\mathcal{J}V(\bar{\boldsymbol{x}}(t),i)=\begin{pmatrix}\bar{\boldsymbol{x}}(t)\\ \boldsymbol{w}(t)\end{pmatrix}^{\mathrm{T}}\begin{pmatrix}\mathrm{He}\{\overline{\boldsymbol{A}}_i^{\mathrm{T}}\overline{\boldsymbol{P}}_i\}+\sum_{j=1}^{N}\pi_{ij}\overline{\boldsymbol{E}}^{\mathrm{T}}\overline{\boldsymbol{P}}_j & \overline{\boldsymbol{P}}_i^{\mathrm{T}}\overline{\boldsymbol{B}}_i\\ * & \boldsymbol{O}\end{pmatrix}\begin{pmatrix}\bar{\boldsymbol{x}}(t)\\ \boldsymbol{w}(t)\end{pmatrix}. \tag{8.22}$$

从(8.18b)和(8.22)，得

$$\mathcal{J}V(\bar{\boldsymbol{x}}(t),i)<\alpha E\{V(\bar{\boldsymbol{x}}(t),i)\}+\boldsymbol{w}^{\mathrm{T}}(t)\overline{\boldsymbol{Q}}_{2i}\boldsymbol{w}(t). \tag{8.23}$$

而且，(8.23)可以改写为

$$\mathcal{J}(\mathrm{e}^{-\alpha t}V(\bar{\boldsymbol{x}}(t),i))<\mathrm{e}^{-\alpha t}\boldsymbol{w}^{\mathrm{T}}(t)\overline{\boldsymbol{Q}}_{2i}\boldsymbol{w}(t). \tag{8.24}$$

对于 $t\in[0,T]$，对(8.24)从 0 到 t 积分，得

$$\mathrm{e}^{-\alpha t}E\{V(\bar{\boldsymbol{x}}(t),i)\}<E\{V(\bar{\boldsymbol{x}}(0),i=r_0)+\int_0^t\mathrm{e}^{-\alpha\tau}\boldsymbol{w}^{\mathrm{T}}(t)\overline{\boldsymbol{Q}}_{2i}\boldsymbol{w}(t)\mathrm{d}\tau\}. \tag{8.25}$$

注意到 $\alpha\geqslant0$，$t\in[0,T]$和条件(8.18c)，得

$$\begin{aligned}&E\{\bar{\boldsymbol{x}}^{\mathrm{T}}(t)\overline{\boldsymbol{E}}^{\mathrm{T}}\overline{\boldsymbol{P}}_i\bar{\boldsymbol{x}}(t)\}=E\{V(\bar{\boldsymbol{x}}(t),i)\}\\&\leqslant\mathrm{e}^{\alpha t}E\{V(\bar{\boldsymbol{x}}(0),i=r_0)\}+\mathrm{e}^{\alpha t}E\{\int_0^t\mathrm{e}^{-\alpha\tau}\boldsymbol{w}^{\mathrm{T}}(\tau)\overline{\boldsymbol{Q}}_{2i}\boldsymbol{w}(\tau)\mathrm{d}\tau\}\\&\leqslant\mathrm{e}^{\alpha t}[\sup_{i\in\mathcal{M}}\{\lambda_{\max}(\overline{\boldsymbol{Q}}_{1i})\}c_1^2+\sup_{i\in\mathcal{M}}\{\lambda_{\max}(\boldsymbol{Q}_{2i})\}d^2].\end{aligned} \tag{8.26}$$

考虑到

$$\begin{aligned}&E\{\bar{\boldsymbol{x}}^{\mathrm{T}}(t)\overline{\boldsymbol{E}}^{\mathrm{T}}\overline{\boldsymbol{P}}_i\bar{\boldsymbol{x}}(t)\}=E\{\bar{\boldsymbol{x}}^{\mathrm{T}}(t)\overline{\boldsymbol{E}}^{\mathrm{T}}\boldsymbol{R}_i^{\frac{1}{2}}\overline{\boldsymbol{Q}}_{1i}\boldsymbol{R}_i^{\frac{1}{2}}\overline{\boldsymbol{E}}\bar{\boldsymbol{x}}(t)\}\\&\geqslant\inf_{i\in\mathcal{M}}\{\lambda_{\min}(\overline{\boldsymbol{Q}}_{1i})\}E\{\boldsymbol{x}^{\mathrm{T}}(t)\overline{\boldsymbol{E}}^{\mathrm{T}}\overline{\boldsymbol{R}}_i\overline{\boldsymbol{E}}\boldsymbol{x}(t)\},\end{aligned} \tag{8.27}$$

得

$$\begin{aligned}E\{\bar{\boldsymbol{x}}^{\mathrm{T}}(t)\overline{\boldsymbol{E}}^{\mathrm{T}}\overline{\boldsymbol{R}}_i\overline{\boldsymbol{E}}\bar{\boldsymbol{x}}(t)\}&\leqslant\sup_{i\in\mathcal{M}}\{\lambda_{\max}(\overline{\boldsymbol{Q}}_{1i}^{-1})\}E\{\bar{\boldsymbol{x}}^{\mathrm{T}}(t)\overline{\boldsymbol{E}}^{\mathrm{T}}\overline{\boldsymbol{P}}_i\bar{\boldsymbol{x}}(t)\}\\&<\mathrm{e}^{\alpha T}\frac{\sup_{i\in\mathcal{M}}\{\lambda_{\max}(\overline{\boldsymbol{Q}}_{1i})\}c_1^2+\sup_{i\in\mathcal{M}}\{\lambda_{\max}(\overline{\boldsymbol{Q}}_{2i})\}d^2}{\inf_{i\in\mathcal{M}}\{\lambda_{\min}(\overline{\boldsymbol{Q}}_{1i})\}}\end{aligned} \tag{8.28}$$

因此，条件(8.18d)暗示了 $E\{\bar{\boldsymbol{x}}^{\mathrm{T}}(t)\overline{\boldsymbol{E}}^{\mathrm{T}}\overline{\boldsymbol{R}}_i\overline{\boldsymbol{E}}\bar{\boldsymbol{x}}(t)\}\leqslant c_2^2,t\in[0,T]$. 这就完成了定理的证明.
证毕.

定理 8.2　滤波误差奇异跳变系统(8.6a)和(8.6b)是关于$(0,c_2,T,\overline{\boldsymbol{R}}_i,\gamma,d)$奇异随机 H_∞ 有限时间有界的，如果存在一个标量 $\alpha\geqslant0$，一个非奇异矩阵集合$\{\overline{\boldsymbol{P}}_i,i\in\mathcal{M}\}$，一个对称正定矩阵集合$\{\overline{\boldsymbol{Q}}_{1i},i\in\mathcal{M}\}$，对于所有 $i\in\mathcal{M}$，使得式(8.18a)、式(8.18c)和下列不等式成立：

$$\begin{pmatrix} \mathrm{He}\{\overline{\boldsymbol{A}}_i^{\mathrm{T}}\overline{\boldsymbol{P}}_i\}+\sum_{j=1}^{N}\pi_{ij}\overline{\boldsymbol{E}}^{\mathrm{T}}\overline{\boldsymbol{P}}_j+\overline{L}_i^{\mathrm{T}}\overline{L}_i-\alpha\overline{\boldsymbol{E}}^{\mathrm{T}}\overline{\boldsymbol{P}}_i & \overline{L}_i^{\mathrm{T}}\boldsymbol{G}_i+\overline{\boldsymbol{P}}_i^{\mathrm{T}}\overline{\boldsymbol{B}}_i \\ * & \boldsymbol{G}_i^{\mathrm{T}}\boldsymbol{G}_i-\gamma^2\mathrm{e}^{-\alpha T}\boldsymbol{I} \end{pmatrix}<\boldsymbol{O}, \tag{8.29a}$$

$$d^2\gamma^2<c_2^2\inf_{i\in\mathcal{M}}\{\lambda_{\min}(\overline{\boldsymbol{Q}}_{1i})\}. \tag{8.29b}$$

证明 注意到

$$\begin{pmatrix} \overline{L}_i^{\mathrm{T}}\overline{L}_i & \overline{L}_i^{\mathrm{T}}\boldsymbol{G}_i \\ * & \boldsymbol{G}_i^{\mathrm{T}}\boldsymbol{G}_i \end{pmatrix}=\begin{pmatrix} \overline{L}_i^{\mathrm{T}} \\ \boldsymbol{G}_i^{\mathrm{T}} \end{pmatrix}\begin{pmatrix} \overline{L}_i & \boldsymbol{G}_i \end{pmatrix}\geqslant\boldsymbol{O}. \tag{8.30}$$

因此,条件(8.29a)暗示了

$$\begin{pmatrix} \mathrm{He}\{\overline{\boldsymbol{A}}_i^{\mathrm{T}}\overline{\boldsymbol{P}}_i\}+\sum_{j=1}^{N}\pi_{ij}\overline{\boldsymbol{E}}^{\mathrm{T}}\overline{\boldsymbol{P}}_j-\alpha\overline{\boldsymbol{E}}^{\mathrm{T}}\overline{\boldsymbol{P}}_i & \overline{\boldsymbol{P}}_i^{\mathrm{T}}\overline{\boldsymbol{B}}_i \\ * & -\gamma^2\mathrm{e}^{-\alpha T}\boldsymbol{I} \end{pmatrix}<\boldsymbol{O}. \tag{8.31}$$

设 $\overline{\boldsymbol{Q}}_{2i}=-\gamma^2\mathrm{e}^{-\alpha T}\boldsymbol{I},i\in\mathcal{M}$,通过定理 8.1,条件(8.18a)、(8.18c)、(8.29b)和(8.31)保证了系统(8.6a)是关于$(c_1,c_2,T,\overline{\boldsymbol{R}}_i,d)$奇异随机有限时间有界的. 因此,只需要证明(8.8)成立. 设 $\boldsymbol{V}(\overline{\boldsymbol{x}}(t),i)=\overline{\boldsymbol{x}}^{\mathrm{T}}(t)\overline{\boldsymbol{E}}^{\mathrm{T}}\overline{\boldsymbol{P}}_i\overline{\boldsymbol{x}}(t)$ 并注意到(8.22)和(8.31),得

$$\mathcal{J}\,V(\overline{\boldsymbol{x}}(t),i)<\alpha V(\overline{\boldsymbol{x}}(t),i)+\gamma^2\mathrm{e}^{-\alpha T}\boldsymbol{w}^{\mathrm{T}}(t)\boldsymbol{w}(t)-\boldsymbol{e}^{\mathrm{T}}(t)\boldsymbol{e}(t). \tag{8.32}$$

然后用类似定理 8.1 的证明,条件(8.8)可以容易得到,因此被省略. 从而完成了定理的证明. 证毕.

令 $\overline{\boldsymbol{P}}_i=\mathrm{diag}\{\boldsymbol{P}_i,\boldsymbol{P}_i\}$,$\overline{\boldsymbol{Q}}_{1i}=\mathrm{diag}\{\boldsymbol{Q}_{1i},\boldsymbol{Q}_{1i}\}$,$\boldsymbol{M}_i=\boldsymbol{P}_i^{\mathrm{T}}\boldsymbol{A}_{fi}$,$\boldsymbol{N}_i=\boldsymbol{P}_i^{\mathrm{T}}\boldsymbol{B}_{fi}$和$\boldsymbol{E}_f=\boldsymbol{E}$. 利用引理 8.1 和定理 8.2,可得以下定理.

定理 8.3 给定 $\overline{\boldsymbol{R}}_i=\mathrm{diag}\{\boldsymbol{R}_i,\boldsymbol{R}_i\}$,滤波误差奇异跳变系统(8.6a)和(8.6b)是关于$(c_1,c_2,T,\overline{\boldsymbol{R}}_i,\gamma,d)$奇异随机 H_∞ 有限时间有界的,如果存在一个标量 $\alpha\geqslant0$,一个非奇异矩阵集合$\{\boldsymbol{P}_i,i\in\mathcal{M}\}$,一个正定矩阵集合$\{\boldsymbol{Q}_{1i},i\in\mathcal{M}\}$,三个矩阵集合$\{\mathcal{M}_i,i\in\mathcal{M}\}$,$\{\boldsymbol{N}_i,i\in\mathcal{M}\}$和$\{\boldsymbol{C}_{fi},i\in\mathcal{M}\}$,对于所有 $i\in\mathcal{M}$,使得下面的不等式成立

$$\boldsymbol{E}^{\mathrm{T}}\boldsymbol{P}_i=\boldsymbol{P}_i^{\mathrm{T}}\boldsymbol{E}\geqslant\boldsymbol{O}, \tag{8.33a}$$

$$\begin{pmatrix} \boldsymbol{\Theta}_{1i} & * & * & * \\ \boldsymbol{P}_i^{\mathrm{T}}\boldsymbol{A}_i-\boldsymbol{M}_i-\boldsymbol{N}_i\boldsymbol{C}_i & \boldsymbol{\Theta}_{2i} & \boldsymbol{P}_i^{\mathrm{T}}\boldsymbol{B}_i-\boldsymbol{N}_i\boldsymbol{D}_i & * \\ \boldsymbol{B}_i^{\mathrm{T}}\boldsymbol{P}_i & * & -\gamma^2\mathrm{e}^{-\alpha T}\boldsymbol{I} & * \\ \boldsymbol{L}_i-\boldsymbol{C}_{fi} & \boldsymbol{C}_{fi} & \boldsymbol{G}_i & -\boldsymbol{I} \end{pmatrix}<\boldsymbol{O}, \tag{8.33b}$$

$$\boldsymbol{E}^{\mathrm{T}}\boldsymbol{P}_i=\boldsymbol{E}^{\mathrm{T}}\boldsymbol{R}_i^{\frac{1}{2}}\boldsymbol{Q}_{1i}\boldsymbol{R}_i^{\frac{1}{2}}\boldsymbol{E}, \tag{8.33c}$$

$$d^2\gamma^2<c_2^2\inf_{i\in\mathcal{M}}\{\lambda_{\min}(\boldsymbol{Q}_{1i})\}, \tag{8.33d}$$

其中

$$\boldsymbol{\Theta}_{1i}=\mathrm{He}\{\boldsymbol{A}_i^{\mathrm{T}}\boldsymbol{P}_i\}+\sum_{j=1}^{N}\pi_{ij}\boldsymbol{E}^{\mathrm{T}}\boldsymbol{P}_j-\alpha\boldsymbol{E}^{\mathrm{T}}\boldsymbol{P}_i,$$

$$\boldsymbol{\Theta}_{2i}=\boldsymbol{M}_i+\boldsymbol{M}_i^{\mathrm{T}}+\sum_{j=1}^{N}\pi_{ij}\boldsymbol{E}^{\mathrm{T}}\boldsymbol{P}_j-\alpha\boldsymbol{E}^{\mathrm{T}}\boldsymbol{P}_i.$$

此外,可以通过以下方式选择所需的滤波器参数

$$\boldsymbol{A}_{fi}=\boldsymbol{P}_i^{-\mathrm{T}}\boldsymbol{M}_i,\boldsymbol{B}_{fi}=\boldsymbol{P}_i^{-\mathrm{T}}\boldsymbol{N}_i,\boldsymbol{C}_{fi}=\boldsymbol{C}_{fi},\boldsymbol{E}_f=\boldsymbol{E}. \tag{8.34}$$

注意到 $\boldsymbol{P}_i$ 是非奇异矩阵,通过定理 8.1,存在两个正交矩阵 $\boldsymbol{U}$ 和 $\boldsymbol{V}$,使得 $\boldsymbol{E}$ 有如下分解

$$\boldsymbol{E}=\boldsymbol{U}\begin{pmatrix}\Sigma_r & \boldsymbol{O}\\ * & \boldsymbol{O}\end{pmatrix}\boldsymbol{V}^{\mathrm{T}}=\boldsymbol{U}\begin{pmatrix}\boldsymbol{I}_r & \boldsymbol{O}\\ * & \boldsymbol{O}\end{pmatrix}\mathcal{V}^{\mathrm{T}}, \tag{8.35}$$

其中 $\Sigma_r=\mathrm{diag}\{\delta_1,\delta_2,\cdots,\delta_r\},\delta_k>0,k=1,2,\cdots,r.$ 划分 $\boldsymbol{U}=(\boldsymbol{U}_1\quad \boldsymbol{U}_2),\boldsymbol{V}=(\boldsymbol{V}_1\quad \boldsymbol{V}_2),\mathcal{V}=(\boldsymbol{V}_1\Sigma_r\quad \boldsymbol{V}_2)$,使得 $\boldsymbol{E}\boldsymbol{V}_2=\boldsymbol{O}$ 和 $\boldsymbol{U}_2^{\mathrm{T}}\boldsymbol{E}=\boldsymbol{O}$. 设 $\tilde{\boldsymbol{P}}_i=\boldsymbol{U}^{\mathrm{T}}\boldsymbol{P}_i\mathcal{V}^{-\mathrm{T}}$,从(8.33a)得到 $\tilde{\boldsymbol{P}}_i$ 的形式是 $\begin{pmatrix}\boldsymbol{P}_{11i} & \boldsymbol{O}\\ \boldsymbol{P}_{21i} & \boldsymbol{P}_{22i}\end{pmatrix}$,并且 $\boldsymbol{P}_i$ 可以表示为

$$\boldsymbol{P}_i=\boldsymbol{U}\boldsymbol{X}_i\boldsymbol{U}^{\mathrm{T}}\boldsymbol{E}+\boldsymbol{U}_2\boldsymbol{Y}_i\mathcal{V}^{\mathrm{T}}, \tag{8.36}$$

其中 $\boldsymbol{X}_i=\mathrm{diag}\{\boldsymbol{P}_{11i},\Lambda_i\}$ 和 $\boldsymbol{Y}_i=(\boldsymbol{P}_{21i}\quad \boldsymbol{P}_{22i})$ 带有参数矩阵 Λ_i. 如果选择 Λ_i 是一个对称正定矩阵,那么 $\boldsymbol{X}_i$ 是对称正定矩阵. 另外对称正定矩阵 $\boldsymbol{Q}_{1i}=\boldsymbol{R}_i^{-1/2}\boldsymbol{U}\boldsymbol{X}_i\boldsymbol{U}^{\mathrm{T}}\boldsymbol{R}_i^{-1/2}$ 是(8.33c)的解,且 $\boldsymbol{P}_i$ 满足

$$\boldsymbol{E}^{\mathrm{T}}\boldsymbol{P}_i=\boldsymbol{P}_i^{\mathrm{T}}\boldsymbol{E}=\boldsymbol{E}^{\mathrm{T}}\boldsymbol{U}\boldsymbol{X}_i\boldsymbol{U}^{\mathrm{T}}\boldsymbol{E}. \tag{8.37}$$

从上面的讨论,易得下面的定理.

定理 8.4　给定 $\bar{\boldsymbol{R}}_i=\mathrm{diag}\{\boldsymbol{R}_i,\boldsymbol{R}_i\}$. 滤波误差系统(8.6a)和(8.6b)是关于$(c_1,c_2,T,\bar{\boldsymbol{R}}_i,\gamma,d)$奇异随机 H_∞ 有限时间有界的,如果存在一个标量 $\alpha\geqslant 0$,一个正定矩阵集合 $\{\boldsymbol{X}_i\in\mathbb{R}^{n\times n},i\in\mathbb{M}\}$,四个矩阵集合 $\{\boldsymbol{Y}_i\in\mathbb{R}^{(n-r)\times n},i\in\mathbb{M}\}$, $\{\boldsymbol{M}_i\in\mathbb{R}^{n\times n},i\in\mathbb{M}\}$, $\{\boldsymbol{N}_i\in\mathbb{R}^{n\times q_1},i\in\mathbb{M}\}$, $\{\boldsymbol{C}_{fi}\in\mathbb{R}^{q_2\times n},i\in\mathbb{M}\}$,对于所有 $i\in\mathbb{M}$,使得(8.33d)和下列 LMI 成立:

$$\begin{pmatrix}\boldsymbol{\Xi}_{1i} & * & * & *\\ \boldsymbol{P}_i^{\mathrm{T}}\boldsymbol{A}_i-\boldsymbol{M}_i-\boldsymbol{N}_i\boldsymbol{C}_i & \boldsymbol{\Xi}_{2i} & \boldsymbol{P}_i^{\mathrm{T}}\boldsymbol{B}_i-\boldsymbol{N}_i\boldsymbol{D}_i & *\\ \boldsymbol{B}_i^{\mathrm{T}}\boldsymbol{P}_i & * & -\gamma^2\mathrm{e}^{-\alpha T}\boldsymbol{I} & *\\ \boldsymbol{L}_i-\boldsymbol{C}_{fi} & \boldsymbol{C}_{fi} & \boldsymbol{G}_i & -\boldsymbol{I}\end{pmatrix}<\boldsymbol{O}, \tag{8.38}$$

其中 $\boldsymbol{\Xi}_{1i}=\mathrm{He}\{\boldsymbol{A}_i^{\mathrm{T}}\boldsymbol{P}_i\}+\sum_{j=1}^{N}\pi_{ij}\boldsymbol{E}^{\mathrm{T}}\boldsymbol{P}_j-\alpha\boldsymbol{E}^{\mathrm{T}}\boldsymbol{P}_i,\boldsymbol{\Xi}_{2i}=\boldsymbol{M}_i+\boldsymbol{M}_i^{\mathrm{T}}+\sum_{j=1}^{N}\pi_{ij}\boldsymbol{E}^{\mathrm{T}}\boldsymbol{P}_j-\alpha\boldsymbol{E}^{\mathrm{T}}\boldsymbol{P}_i,\boldsymbol{P}_i=\boldsymbol{U}\boldsymbol{X}_i\boldsymbol{U}^{\mathrm{T}}\boldsymbol{E}+\boldsymbol{U}_2\boldsymbol{Y}_i\mathcal{V}^{\mathrm{T}}$, $\boldsymbol{X}_i$ 和 $\boldsymbol{Y}_i$ 是式(8.36)中的形式;而且其他矩阵变量和定理 8.1 相同.

通过定理 8.3 和 8.4 并应用引理 8.1,可以得到如下结果.

定理 8.5　给定 $\bar{\boldsymbol{R}}_i=\{\boldsymbol{R}_i,\boldsymbol{R}_i\}$,不确定滤波误差系统(6)是关于$(c_1,c_2,T,\bar{\boldsymbol{R}}_i,\gamma,d)$奇异随机 H_∞ 有限时间有界的,如果存在一个标量 $\alpha\geqslant 0$,一个正定矩阵集合 $\{\boldsymbol{X}_i\in\mathbb{R}^{n\times n},i\in\mathbb{M}\}$,四个矩阵集合 $\{\boldsymbol{Y}_i\in\mathbb{R}^{(n-r)\times n},i\in\mathbb{M}\}$, $\{\boldsymbol{M}_i\in\mathbb{R}^{n\times n},i\in\mathbb{M}\}$, $\{\boldsymbol{N}_i\in\mathbb{R}^{n\times q_1},i\in\mathbb{M}\}$, $\{\boldsymbol{C}_{fi}\in\mathbb{R}^{q_2\times n},i\in\mathbb{M}\}$ 和一个正标量集 $\{\boldsymbol{M}_i,i\in\mathbb{M}\}$,对于所有 $i\in\mathbb{M}$,使得(8.33d)和下列线性矩阵不等式

$$\begin{pmatrix} \boldsymbol{Y}_{1i} & * & * & * & * \\ \boldsymbol{P}_i^{\mathrm{T}}\boldsymbol{A}_i-\boldsymbol{M}_i-\boldsymbol{N}_i\boldsymbol{C}_i & \boldsymbol{Y}_{2i} & \boldsymbol{P}_i^{\mathrm{T}}\boldsymbol{B}_i-\boldsymbol{N}_i\boldsymbol{D}_i & * & * \\ \boldsymbol{B}_i^{\mathrm{T}}\boldsymbol{P}_i+\varepsilon_i\boldsymbol{E}_{2i}^{\mathrm{T}}\boldsymbol{E}_{1i} & * & \varepsilon_i\boldsymbol{E}_{2i}^{\mathrm{T}}\boldsymbol{E}_{2i}-\gamma^2\mathrm{e}^{-\alpha T}\boldsymbol{I} & * & * \\ \boldsymbol{F}_i^{\mathrm{T}}\boldsymbol{P}_i & \boldsymbol{F}_i^{\mathrm{T}}\boldsymbol{P}_i & \boldsymbol{O} & -\varepsilon_i\boldsymbol{I} & * \\ \boldsymbol{L}_i-\boldsymbol{C}_{fi} & \boldsymbol{C}_{fi} & \boldsymbol{G}_i & \boldsymbol{O} & -\boldsymbol{I} \end{pmatrix}<\boldsymbol{O} \tag{8.39}$$

成立，其中 $\boldsymbol{Y}_{1i}=\mathrm{He}\{\boldsymbol{A}_i^{\mathrm{T}}\boldsymbol{P}_i\}+\sum_{j=1}^{N}\pi_{ij}\boldsymbol{E}^{\mathrm{T}}\boldsymbol{P}_j+\varepsilon_i\boldsymbol{E}_{1i}^{\mathrm{T}}\boldsymbol{E}_{1i}-\alpha\boldsymbol{E}^{\mathrm{T}}\boldsymbol{P}_i$，$\boldsymbol{Y}_{2i}=\boldsymbol{M}_i+\boldsymbol{M}_i^{\mathrm{T}}+\sum_{j=1}^{N}\pi_{ij}\boldsymbol{E}^{\mathrm{T}}\boldsymbol{P}_j-\alpha\boldsymbol{E}^{\mathrm{T}}\boldsymbol{P}_i$，$\boldsymbol{P}_i=\boldsymbol{U}\boldsymbol{X}_i\boldsymbol{U}^{\mathrm{T}}\boldsymbol{E}+\boldsymbol{U}_2\boldsymbol{Y}_i\mathcal{V}^{\mathrm{T}}$，$\boldsymbol{X}_i$ 和 $\boldsymbol{Y}_i$ 是式(8.38)中的形式；而且其他矩阵变量和定理 8.1 相同.

注 8.1　定理 8.4 和 8.5 将奇异随机系统的 H_∞ 滤波问题推广到奇异随机系统的奇异随机有限时间 H_∞ 滤波问题. 事实上，给定 $\alpha=0$，如果没有条件(8.33d)，则可以得到奇异随机系统 H_∞ 滤波器设计的可行性问题.

设 $\boldsymbol{I}<Q_{1i}<\eta\boldsymbol{I}$，那么下面的条件能确保条件(8.33d)成立：

$$\boldsymbol{I}<\boldsymbol{R}_i^{-\frac{1}{2}}\boldsymbol{U}\boldsymbol{X}_i\boldsymbol{U}^{\mathrm{T}}\boldsymbol{R}_i^{-\frac{1}{2}}<\eta\boldsymbol{I},\ d^2\gamma^2-c_2^2<0. \tag{8.40}$$

注 8.2　定理 8.4 和定理 8.5 中所述条件的可行性可以分别转化为以下带有固定参数 α 的基于 LMI 的可行性问题

$$\min_{\boldsymbol{X}_i,\boldsymbol{Y}_i,\boldsymbol{M}_i,\boldsymbol{N}_i,\boldsymbol{C}_{fi},\eta}(\gamma^2+c_2^2)$$
$$\text{s.t. (8.38)和(8.40)}$$

和

$$\min_{\boldsymbol{X}_i,\boldsymbol{Y}_i,\boldsymbol{M}_i,\boldsymbol{N}_i,\boldsymbol{C}_{fi},\varepsilon_i,\eta}(\gamma^2+c_2^2)$$
$$\text{s.t. (8.39)和(8.40).}$$

8.3　数值算例

在部分数值算例证明所建议方法的有效性.

例 8.1　考虑如下具有不确定参数的双模奇异随机系统(8.1a)-(8.1c)：

- Mode 1：

$$\boldsymbol{A}_1=\begin{pmatrix}0.2 & 1 & 1\\ 3 & 2.5 & 1\\ 0.1 & 3 & 2\end{pmatrix},\boldsymbol{B}_1=\begin{pmatrix}1\\1\\1\end{pmatrix},\boldsymbol{L}_1=\begin{pmatrix}1\\0.1\\1\end{pmatrix}^{\mathrm{T}},\boldsymbol{C}_1=\begin{pmatrix}1\\1\\1\end{pmatrix}^{\mathrm{T}},$$

$$\boldsymbol{F}_1=\begin{pmatrix}0.05 & 0 & 0\\ 0 & 0.04 & 0\\ 0 & 0.01 & 0\end{pmatrix},\boldsymbol{E}_{11}=\begin{pmatrix}0.2 & 0 & 0.03\\ 0.03 & 0.02 & 0\\ 0.05 & 0 & 0.01\end{pmatrix},\boldsymbol{E}_{21}=\begin{pmatrix}0.03\\0.02\\0.05\end{pmatrix},$$

● Mode 2：

$$A_2=\begin{pmatrix}-4&1&1\\1&-3&1\\1&2&1\end{pmatrix},B_2=\begin{pmatrix}1\\0\\1\end{pmatrix},L_2=\begin{pmatrix}0.7\\1\\2\end{pmatrix}^{\mathrm{T}},C_2=\begin{pmatrix}0.8\\4\\1\end{pmatrix}^{\mathrm{T}},$$

$$F_2=\begin{pmatrix}0.05&0&0\\0&0.04&0\\0&0.01&0.02\end{pmatrix},E_{12}=\begin{pmatrix}0.02&0&0.03\\0.03&0.03&0\\0.02&0&0.1\end{pmatrix},E_{22}=\begin{pmatrix}0.03\\0.02\\0.02\end{pmatrix},$$

和 $E=\mathrm{diag}\{1,1,0\}$，$D_1=0.2$，$G_1=0.3$，$D_2=0.1$，$G_2=0.5$，$d=0.6$，$\Delta_i=\mathrm{diag}\{r_1(i),r_2(i),r_3(i)\}$，其中 $r_j(i)$ 满足 $|r_j(i)|\leqslant 1$ $(i=1,2$ 及 $j=1,2,3)$. 此外，两种模式之间的切换由下面的转移概率矩阵来描述：

$$\boldsymbol{\Gamma}=\begin{pmatrix}-1&1\\2&-2\end{pmatrix}.$$

选择 $R_1=R_2=I_3$，$T=2$，通过定理 8.3，$\gamma^2+c_2^2$ 的最小值的最优值取决于参数 α. 当 $0.34\leqslant\alpha\leqslant 11.02$ 时，可以找到可行解. 图 8.1 和图 8.2 给出了不同 α 值的对应的最优值. 注意到当 $\alpha=2$ 时，得到最优值 $\gamma=9.4643$ 和 $c_2=5.6786$. 然后利用 Matlab 优化工具箱中的搜索程序 fminsearch，初始值取 $\alpha=2$，在 $\alpha=1.3209$ 时，可以得到如下的滤波器参数：

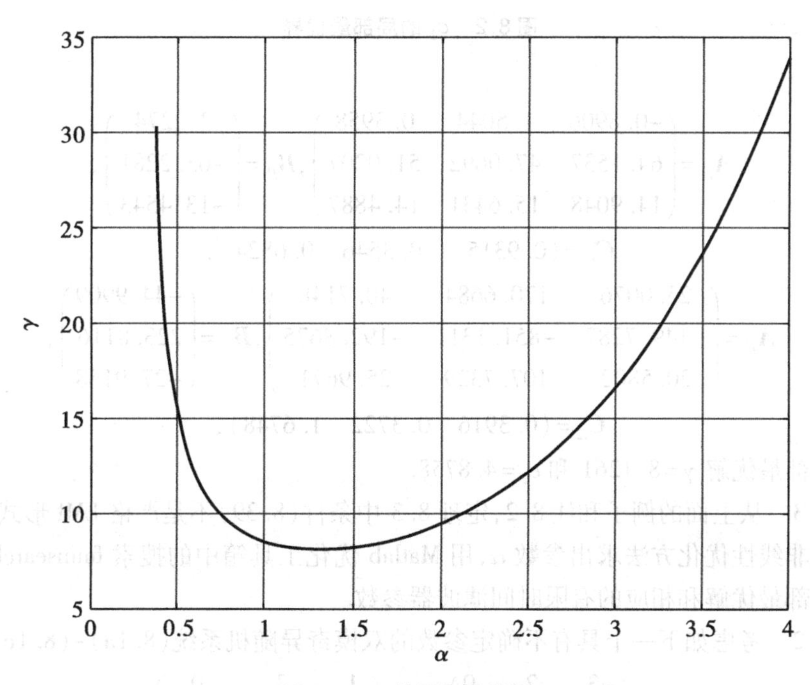

图 8.1　γ 的局部最优界

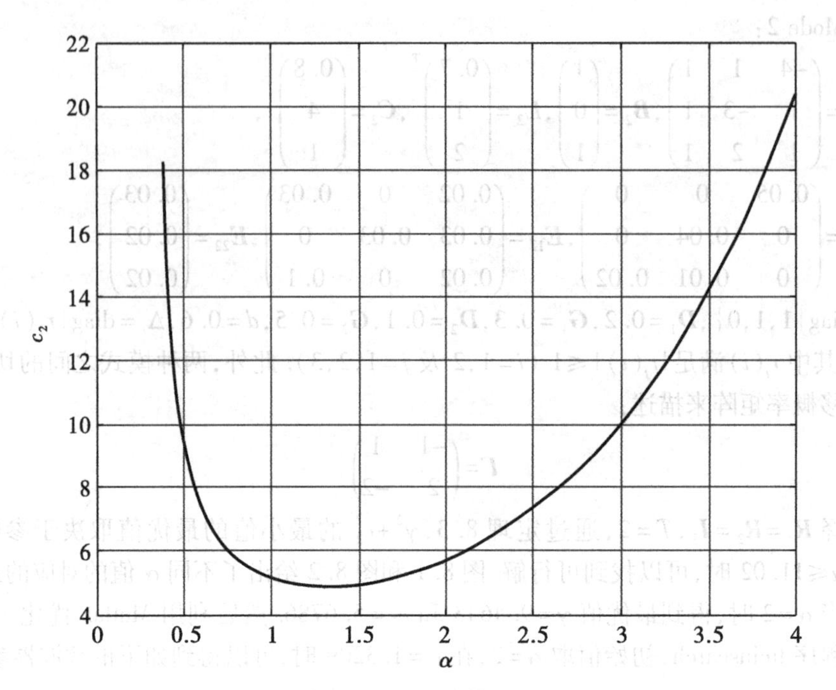

图 8.2 c_2 的局部最优界

$$\boldsymbol{A}_{f1}=\begin{pmatrix}-0.8906 & 1.5044 & 0.3958\\ 64.1537 & 47.0692 & 51.0207\\ 14.9048 & 15.6431 & 14.4887\end{pmatrix},\boldsymbol{B}_{f1}=\begin{pmatrix}2.2274\\ -63.2281\\ -13.4543\end{pmatrix},$$

$$\boldsymbol{C}_{f1}=(0.9315 \quad -0.3546 \quad 0.6824),$$

$$\boldsymbol{A}_{f2}=\begin{pmatrix}25.0076 & 170.6684 & 40.7148\\ -149.7287 & -851.1311 & -192.8675\\ 20.5802 & 107.7329 & 25.9671\end{pmatrix},\boldsymbol{B}_{f2}=\begin{pmatrix}-44.9909\\ 223.8116\\ -27.9168\end{pmatrix},$$

$$\boldsymbol{C}_{f2}=(0.3916 \quad 0.3722 \quad 1.6748),$$

及局部最优解 $\gamma=8.1261$ 和 $c_2=4.8758$.

注 8.3 从上面的例子和注 8.2,定理 8.3 中条件(8.39)不是严格 LMI 形式,但可以用无约束非线性优化方法求出参数 α,用 Matlab 优化工具箱中的搜索 fminsearch 程序可以得到局部最优解和相应的有限时间滤波器参数.

例 8.2 考虑如下一个具有不确定参数的双模奇异随机系统(8.1a)-(8.1c):

$$\boldsymbol{A}_1=\begin{pmatrix}-3 & 2 & 0\\ -3 & -2.5 & 0\\ 1 & 0 & 1\end{pmatrix},\boldsymbol{A}_2=\begin{pmatrix}1 & 3 & 0\\ -1 & -2.5 & 0\\ -1 & 0 & -4.8\end{pmatrix}.$$

此外,其他矩阵变量和转移概率矩阵的定义与例 8.1 相同.

设 $\boldsymbol{R}_1=\boldsymbol{R}_2=\boldsymbol{I}_3$,则当 $\alpha=0$ 时,上述滤波误差系统的可行解可以得到,由定理 8.3 得到最优值 $\gamma=3.7770$,$c_2=2.2663$ 和下面的滤波器参数:

$$A_{f1}=\begin{pmatrix}35.9923 & 47.8632 & 42.1297\\ -125.9936 & -141.5997 & -122.0307\\ 31.9978 & 34.4604 & 31.8623\end{pmatrix},B_{f1}=\begin{pmatrix}-47.6632\\ 137.2043\\ -33.8527\end{pmatrix},$$

$$C_{f1}=(0.8294\quad 0.1136\quad 0.8294),$$

$$A_{f2}=\begin{pmatrix}16.8765 & 73.6696 & 25.7772\\ -137.4627 & -607.3156 & -225.4097\\ -17.9446 & -72.5666 & -36.9766\end{pmatrix},B_{f2}=\begin{pmatrix}-15.8299\\ 141.9862\\ 17.5990\end{pmatrix},$$

$$C_{f2}=(1.1290\quad 1.5975\quad 3.6412).$$

因此，上述滤波误差奇异跳变系统是随机稳定的，并且计算的最小 H_∞ 性能指标 γ 满足 $\| T_{wz} \| <3.7770$.

第 9 章　基于事件驱动的离散奇异跳变系统的有限时间 H_∞ 滤波

本章研究了基于事件驱动的离散奇异跳变系统的有限时间 H_∞ 滤波问题. 首先,根据事件驱动机制,给出了植入网络时滞奇异跳变网络系统模型;随后,应用随机李雅普诺夫泛函和引入松弛矩阵变量方法,给出了增广奇异跳变网络系统的奇异随机有限时间有界的一个充分性判据;应用解耦矩阵变量分离方法,设计了基于事件驱动 H_∞ 滤波器增益矩阵和触发矩阵,使得增广奇异跳变网络系统是奇异随机有限时间 H_∞ 有界的;最后,一个例子验证了建议方法的有效性.

9.1　定义和系统描述

考虑下面的离散奇异跳变网络系统:

$$\boldsymbol{E}\boldsymbol{x}(p+1)=\boldsymbol{A}(\delta_p)\boldsymbol{x}(p)+\boldsymbol{B}(\delta_p)\boldsymbol{w}(p), \tag{9.1a}$$

$$\boldsymbol{y}(p)=\boldsymbol{F}(\delta_p)\boldsymbol{x}(p), \tag{9.1b}$$

$$\boldsymbol{z}(p)=\boldsymbol{C}(\delta_p)\boldsymbol{x}(p)+\boldsymbol{D}(\delta_p)\boldsymbol{w}(p), \tag{9.1c}$$

其中 $\boldsymbol{x}(p)\in\mathbb{R}^n$ 是系统状态,$\boldsymbol{y}(p)\in\mathbb{R}^{q_1}$ 是可测向量,$\boldsymbol{z}(p)\in\mathbb{R}^q$ 是将要估计的信号,$\boldsymbol{w}(p)\in\mathbb{R}^{q_2}$ 是满足 $\boldsymbol{w}(p)\in l_2[0,+\infty)$ 的噪声信号. $\boldsymbol{E}$ 是满足 $\mathrm{rank}(\boldsymbol{E})=r<n$ 的奇异矩阵. $\boldsymbol{A}(\delta_p)$,$\boldsymbol{B}(\delta_p)$,$\boldsymbol{C}(\delta_p)$,$\boldsymbol{D}(\delta_p)$ 和 $\boldsymbol{F}(\delta_p)$ 是已知的系统参数矩阵. $\{\delta_p,p\geqslant 0\}$ 是一个取值在有限集合 $\Lambda=\{1,2,\cdots,h\}$ 上的离散状态马尔科夫跳变信号,而且 $\Pr\{\delta_{p+1}=t|\delta_p=s\}=\pi_{st}$,这里 $\pi_{st}\geqslant 0$ 和 $\sum\limits_{t=1}^{h}\pi_{st}=1(s\in\Lambda)$. 为了简化符号,如果 $\delta_p=s,s\in\Lambda$. 在下面,M_s 指 $M(\delta_p)$;例如 $\boldsymbol{B}(\delta_p)$ 被记作 $\boldsymbol{B}_s$,$\boldsymbol{B}_f(\delta_p)$ 被记作 $\boldsymbol{B}_{fs}$,等等.

设计如下的全阶滤波器:

$$\bar{\boldsymbol{x}}(p+1)=\boldsymbol{A}_{fs}\bar{\boldsymbol{x}}(p)+\boldsymbol{B}_{fs}\boldsymbol{y}_f(p), \tag{9.2a}$$

$$\bar{\boldsymbol{z}}(p)=\boldsymbol{C}_{fs}\bar{\boldsymbol{x}}(p)+\boldsymbol{D}_{fs}\boldsymbol{y}_f(p). \tag{9.2b}$$

现在,给出离散奇异跳变网络系统(9.1a)~(9.1c)事件驱动机制如下. 在文献[114,115]的激励下,给出图 9.1 的事件驱动机制,建议的信息传输只有当下面条件满足时才被触发和传输:

$$[\boldsymbol{y}(p)-\boldsymbol{y}(l_k)]^{\mathrm{T}}\boldsymbol{\Omega}_s[\boldsymbol{y}(p)-\boldsymbol{y}(l_k)]>\rho_s\boldsymbol{y}^{\mathrm{T}}(p)\boldsymbol{\Omega}_s\boldsymbol{y}(p), \tag{9.3}$$

这里 $l_k(k\in\{0,1,\cdots,\})$ 代表目前成功传输的时刻;$\boldsymbol{\Omega}_s>\boldsymbol{O}$ 和 $\rho_s\in[0,1)$ 分别是将要设计的矩阵和给定的参数;$\boldsymbol{y}(p)$ 是目前的采样信号;$\boldsymbol{y}(l_k)$ 是最新的传输信息. 从式(9.3),对任意的 $p\in[l_k,l_{k+1}-1]$,易得

$$[\boldsymbol{y}(p)-\boldsymbol{y}(l_k)]^{\mathrm{T}}\boldsymbol{\Omega}_s[\boldsymbol{y}(p)-\boldsymbol{y}(l_k)]\leqslant\rho_s\boldsymbol{y}^{\mathrm{T}}(p)\boldsymbol{\Omega}_s\boldsymbol{y}(p), \tag{9.4}$$

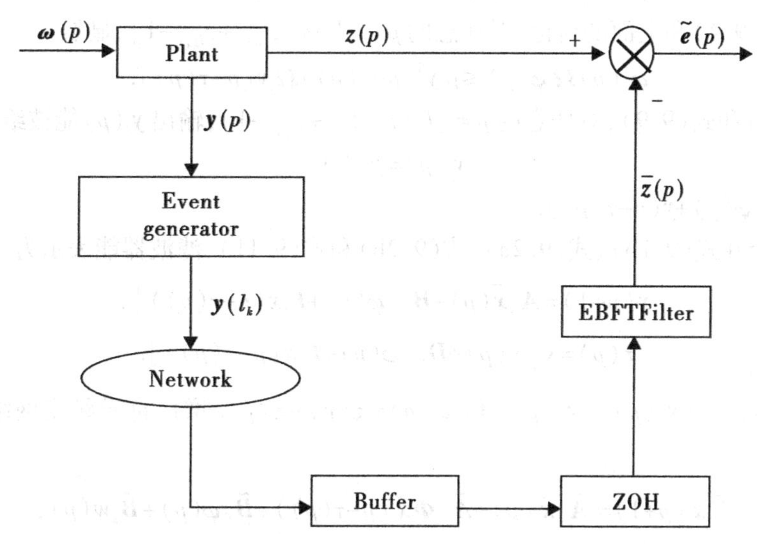

图9.1 基于事件驱动的有限时间滤波器

由于有限网络宽带,网络传输时延的影响是不可避免的. 本章考虑的网络传输时延和文献[114,115]相似. $\bar{\tau}$ 是 τ_p 植入网络时延的上界;在时刻 l_k 时,用 τ_{l_k} 指该时刻的植入网络时滞. 为了实现事件驱动机制,考虑下面的两种情形.

情形一:如果 $l_k+\bar{\tau}+1\geqslant l_{k+1}+\tau_{l_{k+1}}$,则定义 $\tau(p)=p-l_k$ 和 $\varphi(p)=0,p\in[l_k+\tau_{l_k},l_{k+1}+\tau_{l_{k+1}}-1]$. 很容易看出 $\tau_{l_k}\leqslant\tau(p)\leqslant(l_{k+1}-l_k)+\tau_{l_{k+1}}\leqslant1+\bar{\tau}$.

情形二:如果 $l_k+\bar{\tau}+1<l_{k+1}+\tau_{l_{k+1}}$,则存在一个正常数 a,使得

$$l_{k+1}+\tau_{l_{k+1}}\in(l_k+\bar{\tau}+a,l_k+\bar{\tau}+a+1]. \tag{9.5}$$

并且 $\boldsymbol{y}(l_k)$ 和 $\boldsymbol{y}(l_k+c)(c\in\{1,2,\cdots,a\})$ 满足

$$[\boldsymbol{y}(l_k+c)-\boldsymbol{y}(l_k)]^{\mathrm{T}}\boldsymbol{\Omega}_s[\boldsymbol{y}(l_k+c)-\boldsymbol{y}(l_k)]\leqslant\rho_s\boldsymbol{y}^{\mathrm{T}}(l_k+c)\boldsymbol{\Omega}_s\boldsymbol{y}(l_k+c). \tag{9.6}$$

因此,$[l_k+\tau_{l_k},l_{k+1}+\tau_{l_{k+1}}-1]$ 能被分割为

$$[l_k+\tau_{l_k},l_{k+1}+\tau_{l_{k+1}}-1]=\Lambda_0\cup\{\bigcup_{c=1}^{a-1}\Lambda_c\}\cup\Lambda_a, \tag{9.7}$$

其中 $\Lambda_0=[l_k+\tau_{l_k},l_k+\bar{\tau}+1)$,$\Lambda_c=[l_k+\bar{\tau}+c,l_k+\bar{\tau}+c+1)$ 和 $\Lambda_a=[l_k+\bar{\tau}+a,l_{k+1}+\tau_{l_{k+1}}-1]$.

另外,定义

$$\tau(p)=\begin{cases}p-l_k, & p\in\Lambda_0,\\ p-l_k-c, & p\in\Lambda_c,\\ p-l_k-a, & p\in\Lambda_a,\end{cases} \tag{9.8}$$

和

$$\varphi(p)=\begin{cases}O, & p\in\Lambda_0,\\ y(l_k)-y(l_k+c), & p\in\Lambda_c,\\ y(l_k)-y(l_k+a), & p\in\Lambda_a.\end{cases}\tag{9.9}$$

因而，$\forall p\in[l_k+\tau_{l_k},l_{k+1}+\tau_{l_{k+1}}-1]$，易得 $\tau_1=\min\{\tau_{l_k}\}\leqslant\tau(p)\leqslant 1+\bar{\tau}\triangleq\tau_2$.

根据式(9.4)和上面的讨论，对任意的 $p\in[l_k+\tau_{l_k},l_{k+1}+\tau_{l_{k+1}}-1]$，显然

$$\boldsymbol{\varphi}^{\mathrm{T}}(p)\boldsymbol{\Omega}_s\boldsymbol{\varphi}(p)\leqslant\rho_s\boldsymbol{y}^{\mathrm{T}}(p-\tau(p))\boldsymbol{\Omega}_s\boldsymbol{y}(p-\tau(p)).\tag{9.10}$$

基于式(9.8)和式(9.9)，对任意的 $p\in[l_k+\tau_{l_k},l_{k+1}+\tau_{l_{k+1}}-1]$，输出 $\boldsymbol{y}_f(p)$ 能被给出为

$$\boldsymbol{y}_f(p)=\boldsymbol{y}(l_k),\tag{9.11}$$

这里 $\boldsymbol{y}(l_k)=\boldsymbol{\varphi}(p)+\boldsymbol{y}(p-\tau(p))$.

进而，合并式(9.1b)、式(9.2a)、式(9.2b)和式(9.11)，滤波器能表示为

$$\bar{\boldsymbol{x}}(p+1)=\boldsymbol{A}_{fs}\bar{\boldsymbol{x}}(p)+\boldsymbol{B}_{fs}[\boldsymbol{\varphi}(p)+\boldsymbol{F}_s\boldsymbol{x}(p-\tau(p))],\tag{9.12a}$$

$$\bar{z}(p)=\boldsymbol{C}_{fs}\bar{\boldsymbol{x}}(p)+\boldsymbol{D}_{fs}[\boldsymbol{\varphi}(p)+\boldsymbol{F}_s\boldsymbol{x}(p-\tau(p))].\tag{9.12b}$$

现在，让 $\tilde{\boldsymbol{x}}^{\mathrm{T}}(p)=(\boldsymbol{x}^{\mathrm{T}}(p)\quad\bar{\boldsymbol{x}}^{\mathrm{T}}(p))$ 和 $\tilde{e}(p)=z(p)-\bar{z}(p)$. 增广奇异跳变网络系统可描述为

$$\tilde{\boldsymbol{E}}\tilde{\boldsymbol{x}}(p+1)=\tilde{\boldsymbol{A}}_s\tilde{\boldsymbol{x}}(p)+\tilde{\boldsymbol{A}}_{\tau s}\boldsymbol{\Phi}\tilde{\boldsymbol{x}}(p-\tau(p))+\tilde{\boldsymbol{B}}_{fs}\boldsymbol{\varphi}(p)+\tilde{\boldsymbol{B}}_s\boldsymbol{w}(p),\tag{9.13a}$$

$$\tilde{e}(p)=\tilde{\boldsymbol{C}}_s\tilde{\boldsymbol{x}}(p)+\tilde{\boldsymbol{D}}_{fs}\boldsymbol{F}_s\boldsymbol{\Phi}\tilde{\boldsymbol{x}}(p-\tau(p))+\tilde{\boldsymbol{D}}_{fs}\boldsymbol{\varphi}(p)+\tilde{\boldsymbol{D}}_s\boldsymbol{w}(p),\tag{9.13b}$$

这里初值为 $\tilde{\boldsymbol{x}}(p)=\boldsymbol{\vartheta}(p)(p\in\{-\tau_2,-1,\cdots,0\})$，$\boldsymbol{\Phi}=(\boldsymbol{I}_n\quad\boldsymbol{O}_{n\times n})$，$\tilde{\boldsymbol{C}}_s=(\boldsymbol{C}_s\quad-\boldsymbol{C}_{fs})$，$\tilde{\boldsymbol{D}}_{fs}=-\boldsymbol{D}_{fs}$，$\tilde{\boldsymbol{D}}_s=\boldsymbol{D}_s$，$\tilde{\boldsymbol{E}}=\mathrm{diag}\{\boldsymbol{E},\boldsymbol{I}_n\}$，$\tilde{\boldsymbol{A}}_s=\mathrm{diag}\{\boldsymbol{A}_s,\boldsymbol{A}_{fs}\}$，$\tilde{\boldsymbol{A}}_{\tau s}^{\mathrm{T}}=(\boldsymbol{O}\quad(\boldsymbol{B}_{fs}\boldsymbol{F}_s)^{\mathrm{T}})$，$\tilde{\boldsymbol{B}}_{fs}^{\mathrm{T}}=(\boldsymbol{O}\quad\boldsymbol{B}_{fs}^{\mathrm{T}})$ 和 $\tilde{\boldsymbol{B}}_s^{\mathrm{T}}=(\boldsymbol{B}_s^{\mathrm{T}}\quad\boldsymbol{O})$. 让 $\boldsymbol{\eta}(p)=\tilde{\boldsymbol{E}}[\tilde{\boldsymbol{x}}(p+1)-\tilde{\boldsymbol{x}}(p)]$ 和 $\boldsymbol{\zeta}^{\mathrm{T}}(p)=(\tilde{\boldsymbol{x}}^{\mathrm{T}}(p)\quad\boldsymbol{\eta}^{\mathrm{T}}(p)\quad\tilde{\boldsymbol{x}}^{\mathrm{T}}(p-\tau(p))\boldsymbol{\Phi}^{\mathrm{T}}\quad\boldsymbol{\varphi}^{\mathrm{T}}(p)\quad\boldsymbol{w}^{\mathrm{T}}(p))$，则式(9.13a)和(9.13b)重写为

$$\tilde{\boldsymbol{E}}\tilde{\boldsymbol{x}}(p+1)=\boldsymbol{\Gamma}_{1s}\boldsymbol{\zeta}(p),\tag{9.14a}$$

$$\tilde{e}(p)=\boldsymbol{\Gamma}_{2s}\boldsymbol{\zeta}(p),\tag{9.14b}$$

这里 $\boldsymbol{\Gamma}_{1s}=(\tilde{\boldsymbol{A}}_s\quad\boldsymbol{O}\quad\tilde{\boldsymbol{A}}_{\tau s}\quad\tilde{\boldsymbol{B}}_{fs}\quad\tilde{\boldsymbol{B}}_s)$ 和 $\boldsymbol{\Gamma}_{2s}=(\tilde{\boldsymbol{C}}_s\quad\boldsymbol{O}\quad\tilde{\boldsymbol{D}}_{fs}\quad\boldsymbol{F}_s\quad\tilde{\boldsymbol{D}}_{fs}\quad\tilde{\boldsymbol{D}}_s)$.

为了构造基于事件驱动有限时间 H_∞ 滤波器，需要给出下面的定义和引理.

定义 9.1 （文献[97,103]）

(i)在 $\boldsymbol{w}(p)\equiv\boldsymbol{0}$ 的情况下，奇异跳变网络系统(9.1a)在 $\{0,1,\cdots,p^*\}$ 内被称为正则(或因果的)，如果对任意的 $p\in\{0,1,\cdots,p^*\}$，有 $\det(z\boldsymbol{E}-\boldsymbol{A}_s)\neq 0$(或 $\deg(\det(z\boldsymbol{E}-\boldsymbol{A}_s)=\mathrm{rank}(\boldsymbol{E}))$).

(ii)在 $\boldsymbol{\varphi}(p)\equiv\boldsymbol{0}$ 和 $\boldsymbol{w}(p)\equiv\boldsymbol{0}$ 的情况下，奇异跳变网络系统(9.13a)在 $\{0,1,\cdots,p^*\}$ 内被称为正则和因果的，如果对任意的 $p\in\{0,1,\cdots,p^*\}$. 矩阵对 $(\tilde{\boldsymbol{E}},\tilde{\boldsymbol{A}}_s)$ 是正则和因果的.

定义 9.2 [奇异随机有限时间有界(SFTB)]

若$0 < b_1 < b_2, \boldsymbol{\Gamma}_s > 0, p^* \in \{0,1,\cdots\}$和$E\{\sum_{p=0}^{p^*} \boldsymbol{w}^{\mathrm{T}}(p)\boldsymbol{w}(p)\} \leqslant d^2$. 奇异跳变网络系统(9.14a)称为关于$(b_1, b_2, \boldsymbol{\Gamma}_s, p^*, d)$是奇异随机有限时间有界的,如果奇异跳变网络系统(9.14a)在$\{0,1,\cdots,p^*\}$内是正则和因果的,并且$\forall p_1 \in \{-\tau_2,\cdots,-1,0\}, \forall p_2 \in \{1,\cdots,p^*\}$,使得

$$\sup\{E\{\tilde{\boldsymbol{x}}^{\mathrm{T}}(p_1)\tilde{\boldsymbol{E}}^{\mathrm{T}}\boldsymbol{\Gamma}_s\tilde{\boldsymbol{E}}\tilde{\boldsymbol{x}}(p_1)\}, \|\tilde{\boldsymbol{E}}\|^2 E\{\boldsymbol{\vartheta}^{\mathrm{T}}(p_1)\boldsymbol{\Gamma}_s\boldsymbol{\vartheta}(p_1)\}\} \leqslant b_1^2 \Rightarrow$$
$$E\{\tilde{\boldsymbol{x}}^{\mathrm{T}}(p_2)\tilde{\boldsymbol{E}}^{\mathrm{T}}\boldsymbol{\Gamma}_s\tilde{\boldsymbol{E}}\tilde{\boldsymbol{x}}(p_2)\} < b_2^2. \tag{9.15}$$

定义9.3 [奇异随机有限时间H_∞有界(SSFT$H_\infty B$)]

奇异跳变网络系统(9.14a)和(9.14b)称为关于$(b_1, b_2, \boldsymbol{\Gamma}_s, p^*, d, \gamma)$是奇异随机有限时间$H_\infty$有界的,如果奇异跳变网络系统(9.14a)是关于$(b_1, b_2, \boldsymbol{\Gamma}_s, p^*, d)$奇异随机有限时间$H_\infty$有界的,并且在初值$\vartheta(p)=\boldsymbol{0}$时,对给定的$\gamma>0$和满足$E\{\sum_{p=0}^{p^*} \boldsymbol{w}^{\mathrm{T}}(p)\boldsymbol{w}(p)\} \leqslant d^2$的$\boldsymbol{w}(p)$,使得下面的不等式成立:

$$E\{\sum_{p=0}^{p^*} \tilde{e}^{\mathrm{T}}(p)\tilde{e}(p)\} < \gamma^2 E\{\sum_{p=0}^{p^*} \boldsymbol{w}^{\mathrm{T}}(p)\boldsymbol{w}(p)\}. \tag{9.16}$$

引理9.1 对给定矩阵$Q_2>\boldsymbol{O}$和$\boldsymbol{R}$,下面的不等式成立:

$$-\sum_{k=p-\tau_2}^{p-1} \boldsymbol{\eta}^{\mathrm{T}}(k)\boldsymbol{\Phi}^{\mathrm{T}}Q_2\boldsymbol{\Phi}\boldsymbol{\eta}(k) \leqslant \boldsymbol{\zeta}^{\mathrm{T}}(p)(\mathrm{He}\{\bar{\boldsymbol{R}}\} + \tau_2\boldsymbol{R}^T Q_2^{-1}\boldsymbol{R})\boldsymbol{\zeta}(p), \tag{9.17}$$

这里$\boldsymbol{\eta}(k)=\tilde{\boldsymbol{E}}[\tilde{\boldsymbol{x}}(k+1)-\tilde{\boldsymbol{x}}(k)]$和$\bar{\boldsymbol{R}}=\boldsymbol{R}^{\mathrm{T}}(\boldsymbol{E\Phi} \quad \boldsymbol{O} \quad -\boldsymbol{E} \quad \boldsymbol{O} \quad \boldsymbol{O})$.

证明 让$\boldsymbol{\Phi}_1=\begin{pmatrix} \boldsymbol{I} & -Q_2^{-1}\boldsymbol{R} \\ \boldsymbol{O} & \boldsymbol{I} \end{pmatrix}$,则

$$\boldsymbol{\Phi}_1^{\mathrm{T}}\begin{pmatrix} Q_2 & * \\ \boldsymbol{R}^{\mathrm{T}} & \boldsymbol{R}^{\mathrm{T}}Q_2^{-1}\boldsymbol{R} \end{pmatrix}\boldsymbol{\Phi}_1=\begin{pmatrix} Q_2 & \boldsymbol{O} \\ \boldsymbol{O} & \boldsymbol{O} \end{pmatrix} \geqslant \boldsymbol{O}, \tag{9.18a}$$

$$\sum_{k=p-\tau_2}^{p-1} 2\boldsymbol{\zeta}^{\mathrm{T}}(p)\boldsymbol{R}^{\mathrm{T}}\boldsymbol{\Phi}\boldsymbol{\eta}(k)=\boldsymbol{\zeta}^{\mathrm{T}}(p)\mathrm{He}\{\bar{\boldsymbol{R}}\}\boldsymbol{\zeta}(p), \tag{9.18b}$$

因此,易得

$$\sum_{k=p-\tau_2}^{p-1} \begin{pmatrix} \boldsymbol{\Phi}\boldsymbol{\eta}(k) \\ \boldsymbol{\zeta}(p) \end{pmatrix}^{\mathrm{T}} \begin{pmatrix} Q_2 & * \\ \boldsymbol{R}^{\mathrm{T}} & \boldsymbol{R}^{\mathrm{T}}Q_2^{-1}\boldsymbol{R} \end{pmatrix} \begin{pmatrix} \boldsymbol{\Phi}\boldsymbol{\eta}(k) \\ \boldsymbol{\zeta}(p) \end{pmatrix} \geqslant \boldsymbol{O}, \tag{9.19}$$

这就暗示了式(9.17)成立.

引理9.2 (文献[116])给定对称矩阵$\boldsymbol{H}_s, \boldsymbol{G}_s^{\#}$和矩阵$\boldsymbol{F}_s^{\#}$. 则$\boldsymbol{H}_s+\mathrm{He}(\boldsymbol{G}_s^{\#}\boldsymbol{F}_s^{\#})<\boldsymbol{O}$成立的一个充分条件是存在一个矩阵$\boldsymbol{G}_s$和一个常数$\alpha_s$,使得

$$\begin{pmatrix} \boldsymbol{H}_s & * \\ \alpha_s(\boldsymbol{G}_s^{\#})^{\mathrm{T}}+\boldsymbol{G}_s\boldsymbol{F}_s^{\#} & -\alpha_s\mathrm{He}\{\boldsymbol{G}_s\} \end{pmatrix}<\boldsymbol{O}. \tag{9.20}$$

9.2 事件驱动下奇异跳变系统的有限时间 H_∞ 滤波分析和设计

这部分给出基于事件驱动的奇异跳变网络系统的奇异随机有限时间 H_∞ 滤波分析和设计问题. 首先,应用引理 9.1,松弛矩阵变量和变量替换技巧,给出奇异随机有限时间有界性分析.

定理 9.1 对给定的常数 $\tau_1>0$, $\tau_2>0$, $b_1>0$, $\rho_s\geqslant 0$,整数 $p^*>0$ 和矩阵 $\boldsymbol{\Gamma}_s>0$,奇异跳变网络系统(9.14a)关于$(b_1,b_2,\boldsymbol{\Gamma}_s,p^*,d)$是奇异随机有限时间有界的,如果存在常数 $b_2>0,\mu\geqslant 1,\sigma_i(i=0,1,2,3)$,矩阵 $\boldsymbol{\Omega}_s>\boldsymbol{O}$, $\boldsymbol{P}_s>\boldsymbol{O},\boldsymbol{Q}_i>\boldsymbol{O}$ $(i=1,2)$, $\boldsymbol{Q}_{3s}>\boldsymbol{O},\boldsymbol{Y}_{ks}(k=1,2,3,4)$, $\boldsymbol{M}_{js},\boldsymbol{N}_{js}(j=1,2)$, $\boldsymbol{R}=(\boldsymbol{R}_1\quad \boldsymbol{R}_2\quad \boldsymbol{R}_3\quad \boldsymbol{R}_4\quad \boldsymbol{R}_5)$,对任意的 $s\in\Lambda$,使得

$$\boldsymbol{\Xi}_s+\tau_2\boldsymbol{R}^{\mathrm{T}}\boldsymbol{Q}_2^{-1}\boldsymbol{R}<\boldsymbol{O},\tag{9.21a}$$

$$\sigma_0\boldsymbol{\Gamma}_s<\boldsymbol{P}_s<\sigma_1\boldsymbol{\Gamma}_s,\tag{9.21b}$$

$$\boldsymbol{O}<\boldsymbol{Q}_1<\sigma_2\boldsymbol{\Gamma}_s,\tag{9.21c}$$

$$\boldsymbol{O}<\boldsymbol{Q}_2<\sigma_3\boldsymbol{\Gamma}_s,\tag{9.21d}$$

$$\sigma b_1^2+\lambda_{\max}(\boldsymbol{Q}_{3s})d^2<\mu^{-p^*}\sigma_0 b_2^2,\tag{9.21e}$$

其中

$$\sigma=\sigma_1+(\tau_2+0.5\tau_{12}(\tau_{12}-1))\sigma_2/\|\tilde{\boldsymbol{E}}\|^2+2\tau_2(\tau_2+1)\sigma_3,\boldsymbol{\Xi}_s=(\boldsymbol{\Xi}_s^{ij})_{5\times5}$$

$$\boldsymbol{\Xi}_s^{11}=\tilde{\boldsymbol{E}}^{\mathrm{T}}\breve{\boldsymbol{P}}_s\tilde{\boldsymbol{E}}-\mu\tilde{\boldsymbol{E}}^{\mathrm{T}}\boldsymbol{P}_s\tilde{\boldsymbol{E}}+\tau_{12}\boldsymbol{\Phi}^{\mathrm{T}}\boldsymbol{Q}_1\boldsymbol{\Phi}+\mathrm{He}\{\boldsymbol{M}_{1s}(\tilde{\boldsymbol{A}}_s-\tilde{\boldsymbol{E}})+\boldsymbol{R}_1^{\mathrm{T}}\boldsymbol{S}\boldsymbol{\Phi}\},$$

$$\boldsymbol{\Xi}_s^{21}=\breve{\boldsymbol{P}}_s\tilde{\boldsymbol{E}}+\boldsymbol{R}_2^{\mathrm{T}}\boldsymbol{E}\boldsymbol{\Phi}+\boldsymbol{N}_{1s}(\tilde{\boldsymbol{A}}_s-\tilde{\boldsymbol{E}})-\boldsymbol{M}_{1s}^{\mathrm{T}}+\tilde{\boldsymbol{W}}_s\boldsymbol{Y}_{1s},$$

$$\boldsymbol{\Xi}_s^{22}=\breve{\boldsymbol{P}}_s+\tau_2\boldsymbol{\Phi}^{\mathrm{T}}\boldsymbol{Q}_2\boldsymbol{\Phi}+\mathrm{He}\{\tilde{\boldsymbol{W}}_s\boldsymbol{Y}_{2s}-\boldsymbol{N}_{1s}\},$$

$$\boldsymbol{\Xi}_s^{31}=\boldsymbol{R}_3^{\mathrm{T}}\boldsymbol{E}\boldsymbol{\Phi}-\boldsymbol{E}^{\mathrm{T}}\boldsymbol{R}_1+\boldsymbol{M}_{2s}(\tilde{\boldsymbol{A}}_s-\tilde{\boldsymbol{E}})+(\boldsymbol{M}_{1s}\tilde{\boldsymbol{A}}_{\tau s})^{\mathrm{T}},$$

$$\boldsymbol{\Xi}_s^{32}=-\boldsymbol{E}^{\mathrm{T}}\boldsymbol{R}_2-\boldsymbol{M}_{2s}+(\boldsymbol{N}_{1s}\tilde{\boldsymbol{A}}_{\tau s}+\tilde{\boldsymbol{W}}_s\boldsymbol{Y}_{3s})^{\mathrm{T}},$$

$$\boldsymbol{\Xi}_s^{33}=-\boldsymbol{Q}_1+\mathrm{He}\{\boldsymbol{M}_{2s}\tilde{\boldsymbol{A}}_{\tau s}-\boldsymbol{E}^{\mathrm{T}}\boldsymbol{R}_3\}+\rho_s\boldsymbol{F}_s{}^{\mathrm{T}}\boldsymbol{\Omega}_s\boldsymbol{F}_s,$$

$$\boldsymbol{\Xi}_s^{41}=\boldsymbol{R}_4^{\mathrm{T}}\boldsymbol{E}\boldsymbol{\Phi}+\boldsymbol{N}_{2s}(\tilde{\boldsymbol{A}}_s-\tilde{\boldsymbol{E}})+(\boldsymbol{M}_{1s}\tilde{\boldsymbol{B}}_{fs})^{\mathrm{T}},$$

$$\boldsymbol{\Xi}_s^{42}=-\boldsymbol{N}_{2s}+(\boldsymbol{N}_{1s}\tilde{\boldsymbol{B}}_{fs}+\tilde{\boldsymbol{W}}_s\boldsymbol{Y}_{4s})^{\mathrm{T}},\tau_{12}=\tau_2-\tau_1+1,$$

$$\boldsymbol{\Xi}_s^{43}=-\boldsymbol{R}_4^{\mathrm{T}}\boldsymbol{E}+\boldsymbol{N}_{2s}\tilde{\boldsymbol{A}}_{\tau s}+(\boldsymbol{M}_{2s}\tilde{\boldsymbol{B}}_{fs})^{\mathrm{T}},$$

$$\boldsymbol{\Xi}_s^{44}=-\boldsymbol{\Omega}_s+\mathrm{He}\{\boldsymbol{N}_{2s}\tilde{\boldsymbol{B}}_{fs}\},$$

$$\boldsymbol{\Xi}_s^{51}=\boldsymbol{R}_5^{\mathrm{T}}\boldsymbol{E}\boldsymbol{\Phi}+(\boldsymbol{M}_{1s}\tilde{\boldsymbol{B}}_s)^{\mathrm{T}},\boldsymbol{\Xi}_s^{52}=(\boldsymbol{N}_{1s}\tilde{\boldsymbol{B}}_s)^{\mathrm{T}},$$

$$\boldsymbol{\Xi}_s^{53}=-\boldsymbol{R}_5^{\mathrm{T}}\boldsymbol{E}+(\boldsymbol{M}_{2s}\tilde{\boldsymbol{B}}_s)^{\mathrm{T}},$$

$$\boldsymbol{\Xi}_s^{54}=(\boldsymbol{N}_{2s}\tilde{\boldsymbol{B}}_s)^{\mathrm{T}},\boldsymbol{\Xi}_s^{55}=-\boldsymbol{Q}_{3s},\breve{\boldsymbol{P}}_s=\sum_{t=1}^{h}\pi_{st}\boldsymbol{P}_t.$$

而且奇异矩阵 $\tilde{\boldsymbol{W}}_s\in\mathbb{R}^{2n\times 2n}$ 满足 $\tilde{\boldsymbol{E}}^{\mathrm{T}}\tilde{\boldsymbol{W}}_s=\boldsymbol{O}$ 及 $\mathrm{rank}(\tilde{\boldsymbol{W}}_s)=n-r$.

证明 选择下面的随机李雅普诺夫泛函：

$$V(p)=V_1(\tilde{\boldsymbol{x}}(p))+V_2(\tilde{\boldsymbol{x}}(p))+V_3(\tilde{\boldsymbol{x}}(p)), \tag{9.22}$$

式中：

$$V_1(\tilde{\boldsymbol{x}}(p))=\tilde{\boldsymbol{x}}^{\mathrm{T}}(p)\tilde{\boldsymbol{E}}^{\mathrm{T}}\boldsymbol{P}_s\tilde{\boldsymbol{E}}\tilde{\boldsymbol{x}}(p),$$

$$V_2(\tilde{\boldsymbol{x}}(p))=\sum_{k=p-\tau(p)}^{k-1}\tilde{\boldsymbol{x}}^{\mathrm{T}}(k)\boldsymbol{\Phi}^{\mathrm{T}}\boldsymbol{Q}_1\boldsymbol{\Phi}\tilde{\boldsymbol{x}}(k)+\sum_{k=-\tau_2+2}^{-\tau_1+1}\sum_{i=p-1+k}^{p-1}\tilde{\boldsymbol{x}}^{\mathrm{T}}(i)\boldsymbol{\Phi}^{\mathrm{T}}\boldsymbol{Q}_1\boldsymbol{\Phi}\tilde{\boldsymbol{x}}(i),$$

$$V_3(\tilde{\boldsymbol{x}}(p))=\sum_{k=-\tau_2+1}^{0}\sum_{i=p+k-1}^{p-1}(\boldsymbol{\Phi}\tilde{\boldsymbol{E}}\tilde{\boldsymbol{x}}(i))^{\mathrm{T}}\boldsymbol{Q}_2\boldsymbol{\Phi}\tilde{\boldsymbol{E}}\tilde{\boldsymbol{x}}(i).$$

定义 $E\{\Delta V(p)\}=E\{V(\tilde{\boldsymbol{x}}(p+1),\delta_{p+1}=t,p+1\mid\delta_p=s)\}-V(\tilde{\boldsymbol{x}}(p),\delta_p=s,p)$. 注意到 $\boldsymbol{\eta}(p)=\tilde{\boldsymbol{E}}\tilde{\boldsymbol{x}}(p+1)-\tilde{\boldsymbol{E}}\tilde{\boldsymbol{x}}(p)$，则对任意的 $p\in[l_k+\tau_{l_k},l_{k+1}+\tau_{l_{k+1}}-1]$，有

$$\begin{aligned}E\{\Delta V_1(p)\}&=(\tilde{\boldsymbol{E}}\tilde{\boldsymbol{x}}(p)+\boldsymbol{\eta}(p))^{\mathrm{T}}\breve{\boldsymbol{P}}_s(\tilde{\boldsymbol{E}}\tilde{\boldsymbol{x}}(p)+\boldsymbol{\eta}(p))-\tilde{\boldsymbol{x}}^{\mathrm{T}}(p)\tilde{\boldsymbol{E}}^{\mathrm{T}}\boldsymbol{P}_s\tilde{\boldsymbol{E}}\tilde{\boldsymbol{x}}(p)\\&=\tilde{\boldsymbol{x}}^{\mathrm{T}}(p)\tilde{\boldsymbol{E}}^{\mathrm{T}}\breve{\boldsymbol{P}}_s\tilde{\boldsymbol{E}}\tilde{\boldsymbol{x}}(p)+2\tilde{\boldsymbol{x}}^{\mathrm{T}}(p)\tilde{\boldsymbol{E}}^{\mathrm{T}}\breve{\boldsymbol{P}}_s\boldsymbol{\eta}(p)+\boldsymbol{\eta}^{\mathrm{T}}(p)\breve{\boldsymbol{P}}_s\boldsymbol{\eta}(p)\\&\quad-\tilde{\boldsymbol{x}}^{\mathrm{T}}(p)\tilde{\boldsymbol{E}}^{\mathrm{T}}\boldsymbol{P}_s\tilde{\boldsymbol{E}}\tilde{\boldsymbol{x}}(p),\end{aligned} \tag{9.23}$$

$$E\{\Delta V_2(p)\}\leqslant\tau_{12}\tilde{\boldsymbol{x}}^{\mathrm{T}}(p)\boldsymbol{\Phi}^{\mathrm{T}}\boldsymbol{Q}_1\boldsymbol{\Phi}\tilde{\boldsymbol{x}}(p)-\tilde{\boldsymbol{x}}^{\mathrm{T}}(p-\tau(p))\boldsymbol{\Phi}^{\mathrm{T}}\boldsymbol{Q}_1\boldsymbol{\Phi}\tilde{\boldsymbol{x}}(p-\tau(p)), \tag{9.24}$$

$$E\{\Delta V_3(p)\}=\tau_2\boldsymbol{\eta}^{\mathrm{T}}(p)\boldsymbol{\Phi}^{\mathrm{T}}\boldsymbol{Q}_2\boldsymbol{\Phi}\boldsymbol{\eta}(p)-\sum_{k=p-\tau_2}^{p-1}\boldsymbol{\eta}^{\mathrm{T}}(k)\boldsymbol{\Phi}^{\mathrm{T}}\boldsymbol{Q}_2\boldsymbol{\Phi}\boldsymbol{\eta}(k). \tag{9.25}$$

从引理9.1，得

$$-\sum_{k=p-\tau_2}^{p-1}\boldsymbol{\eta}^{\mathrm{T}}(k)\boldsymbol{\Phi}^{\mathrm{T}}\boldsymbol{Q}_2\boldsymbol{\Phi}\boldsymbol{\eta}(k)\leqslant\boldsymbol{\zeta}^{\mathrm{T}}(p)(\mathrm{He}\{\bar{\boldsymbol{R}}\}+\tau_2\boldsymbol{R}^{\mathrm{T}}\boldsymbol{Q}_2^{-1}\boldsymbol{R})\boldsymbol{\zeta}(p), \tag{9.26}$$

这里 $\bar{\boldsymbol{R}}=\boldsymbol{R}^{\mathrm{T}}(\boldsymbol{E\Phi}\quad \boldsymbol{O}\ \ -\boldsymbol{E}\quad \boldsymbol{O}\quad \boldsymbol{O})$，因此

$$E\{\Delta V_3(p)\}\leqslant\tau_2\boldsymbol{\eta}^{\mathrm{T}}(p)\boldsymbol{\Phi}^{\mathrm{T}}\boldsymbol{Q}_2\boldsymbol{\Phi}\boldsymbol{\eta}(p)+\boldsymbol{\zeta}^{\mathrm{T}}(p)(\mathrm{He}\{\bar{\boldsymbol{R}}\}+\tau_2\boldsymbol{R}^{\mathrm{T}}\boldsymbol{Q}_2^{-1}\boldsymbol{R})\boldsymbol{\zeta}(p). \tag{9.27}$$

由 $\boldsymbol{\eta}(p)=\tilde{\boldsymbol{E}}[\tilde{\boldsymbol{x}}(p+1)-\tilde{\boldsymbol{x}}(p)]$ 和 $\tilde{\boldsymbol{E}}\tilde{\boldsymbol{x}}(p+1)=\boldsymbol{\Gamma}_{1l}\boldsymbol{\zeta}(p)$，知

$$\boldsymbol{\Gamma}_{1s}\boldsymbol{\zeta}(p)-\boldsymbol{\eta}(p)-\tilde{\boldsymbol{E}}\tilde{\boldsymbol{x}}(p)\equiv\boldsymbol{O}, \tag{9.28}$$

这暗示了

$$\boldsymbol{L}_1(p)\triangleq2\boldsymbol{\zeta}^{\mathrm{T}}(p)\boldsymbol{M}_s[\boldsymbol{\Gamma}_{1s}\boldsymbol{\zeta}(p)-\boldsymbol{\eta}(p)-\tilde{\boldsymbol{E}}\tilde{\boldsymbol{x}}(p)]\equiv\boldsymbol{O}, \tag{9.29}$$

这里 $\boldsymbol{M}_s^{\mathrm{T}}=(\boldsymbol{M}_{1s}^{\mathrm{T}}\quad \boldsymbol{N}_{1s}^{\mathrm{T}}\quad \boldsymbol{M}_{2s}^{\mathrm{T}}\quad \boldsymbol{N}_{2s}^{\mathrm{T}}\quad \boldsymbol{O})$. 注意到 $\tilde{\boldsymbol{E}}^{\mathrm{T}}\tilde{\boldsymbol{W}}_s=\boldsymbol{O}$，显然

$$\boldsymbol{L}_2(p)\triangleq2\boldsymbol{\eta}^{\mathrm{T}}(p)\tilde{\boldsymbol{W}}_s\boldsymbol{Y}_s\boldsymbol{\zeta}(p)\equiv\boldsymbol{O}, \tag{9.30}$$

这里 $\boldsymbol{Y}_s=(\boldsymbol{Y}_{1s}\quad \boldsymbol{Y}_{2s}\quad \boldsymbol{Y}_{3s}\quad \boldsymbol{Y}_{4s}\quad \boldsymbol{O})$. 从式(9.10)和式(9.22)～(9.30)，得

$$\begin{aligned}E\{\Delta V(p)\}&=\sum_{j=1}^{3}E\{\Delta V_j(p)\}+\boldsymbol{L}_1(p)+\boldsymbol{L}_2(p)\\&\leqslant\tilde{\boldsymbol{x}}^{\mathrm{T}}(p)\tilde{\boldsymbol{E}}^{\mathrm{T}}\breve{\boldsymbol{P}}_s\tilde{\boldsymbol{E}}\tilde{\boldsymbol{x}}(p)+2\tilde{\boldsymbol{x}}^{\mathrm{T}}(p)\tilde{\boldsymbol{E}}^{\mathrm{T}}\breve{\boldsymbol{P}}_s\boldsymbol{\eta}(p)+\boldsymbol{\eta}^{\mathrm{T}}(p)\breve{\boldsymbol{P}}_s\boldsymbol{\eta}(p)-\tilde{\boldsymbol{x}}^{\mathrm{T}}(p)\tilde{\boldsymbol{E}}^{\mathrm{T}}\boldsymbol{P}_s\tilde{\boldsymbol{E}}\tilde{\boldsymbol{x}}(p)\\&\quad+\tau_{12}\tilde{\boldsymbol{x}}^{\mathrm{T}}(p)\boldsymbol{\Phi}^{\mathrm{T}}\boldsymbol{Q}_1\boldsymbol{\Phi}\tilde{\boldsymbol{x}}(p)-\tilde{\boldsymbol{x}}^{\mathrm{T}}(p-\tau(p))\boldsymbol{\Phi}^{\mathrm{T}}\boldsymbol{Q}_1\boldsymbol{\Phi}\tilde{\boldsymbol{x}}(p-\tau(p))\end{aligned}$$

$$+\tau_2\boldsymbol{\eta}^{\mathrm{T}}(p)\boldsymbol{\Phi}^{\mathrm{T}}\boldsymbol{Q}_2\boldsymbol{\Phi}\boldsymbol{\eta}(p)+\boldsymbol{\zeta}^{\mathrm{T}}(p)(\mathrm{He}\{\overline{\boldsymbol{R}}\}+\tau_2\boldsymbol{R}^{\mathrm{T}}\boldsymbol{Q}_2^{-1}\boldsymbol{R})\boldsymbol{\zeta}(p)+2\boldsymbol{\eta}^{\mathrm{T}}(p)\tilde{\boldsymbol{W}}_s\boldsymbol{Y}_s\boldsymbol{\zeta}(p)$$
$$+\rho_s\boldsymbol{y}^{\mathrm{T}}(p-\tau(p))\boldsymbol{\Omega}_s\boldsymbol{y}(p-\tau(p))-\boldsymbol{\varphi}^{\mathrm{T}}(p)\boldsymbol{\Omega}_s\boldsymbol{\varphi}(p). \tag{9.31}$$

因此,由舒尔补引理 1.1,从式(9.21a)和式(9.31),得

$$E\{V(p+1)\}<\mu V(p)+\boldsymbol{w}^{\mathrm{T}}(p)\boldsymbol{Q}_{3s}\boldsymbol{w}(p). \tag{9.32}$$

因此

$$E\{V(p+1)\}<\mu E\{V(p)\}+\lambda_{\max}(\boldsymbol{Q}_{3s})E\{\boldsymbol{w}^{\mathrm{T}}(p)\boldsymbol{w}(p)\}, \tag{9.33}$$

这里 $\lambda_{\max}(\boldsymbol{Q}_{3s})$ 指 $\boldsymbol{Q}_{3s}$ 的最大特征值. 考虑到 $\mu\geqslant1$,从(9.33),易得

$$E\{V(p)\} < \mu^pE\{V(0)\} + \lambda_{\max}(\boldsymbol{Q}_{3s})E\{\sum_{i=0}^{p-1}\mu^{p-i-1}\boldsymbol{w}^{\mathrm{T}}(p)\boldsymbol{w}(p)\}$$
$$\leqslant\mu^pE\{V(0)\}+\lambda_{\max}(\boldsymbol{Q}_{3s})\mu^pd^2. \tag{9.34}$$

让 $\tilde{\boldsymbol{P}}_s=\boldsymbol{\Gamma}_s^{-\frac12}\boldsymbol{P}_s\boldsymbol{\Gamma}_s^{-\frac12}$, $\tilde{\boldsymbol{Q}}_1=\boldsymbol{\Gamma}_s^{-\frac12}\boldsymbol{Q}_1\boldsymbol{\Gamma}_s^{-\frac12}$ 和 $\tilde{\boldsymbol{Q}}_2=\boldsymbol{\Gamma}_s^{-\frac12}\boldsymbol{Q}_2\boldsymbol{\Gamma}_s^{-\frac12}$. 则从式(9.21b)~(9.21d),得

$$E\{V(0)\}\leqslant E\{\tilde{\boldsymbol{x}}^{\mathrm{T}}(0)\tilde{\boldsymbol{E}}^{\mathrm{T}}\boldsymbol{\Gamma}_s^{\frac12}\tilde{\boldsymbol{P}}_s\boldsymbol{\Gamma}_s^{\frac12}\tilde{\boldsymbol{E}}\tilde{\boldsymbol{x}}(0)\}+\sum_{k=-\tau(0)}^{k-1}\tilde{\boldsymbol{x}}^{\mathrm{T}}(k)\boldsymbol{\Phi}^{\mathrm{T}}\boldsymbol{\Gamma}_s^{\frac12}\tilde{\boldsymbol{Q}}_1\boldsymbol{\Gamma}_s^{\frac12}\boldsymbol{\Phi}\tilde{\boldsymbol{x}}(k)$$
$$+\sum_{k=-\tau_2+2}^{-\tau_1+1}\sum_{i=-1+k}^{-1}\tilde{\boldsymbol{x}}^{\mathrm{T}}(i)\boldsymbol{\Phi}^{\mathrm{T}}\boldsymbol{\Gamma}_s^{\frac12}\tilde{\boldsymbol{Q}}_1\boldsymbol{\Gamma}_s^{\frac12}\boldsymbol{\Phi}\tilde{\boldsymbol{x}}(i)+2\sum_{k=-\tau_2+1}^{0}\sum_{i=k-1}^{-1}\boldsymbol{Q}_s^*(i)$$
$$<\sigma b_1^2, \tag{9.35}$$

这里 $\boldsymbol{Q}_s^*(i)=\tilde{\boldsymbol{x}}^{\mathrm{T}}(i+1)\tilde{\boldsymbol{E}}^{\mathrm{T}}\boldsymbol{\Gamma}_s^{\frac12}\tilde{\boldsymbol{Q}}_2\boldsymbol{\Gamma}_s^{\frac12}\tilde{\boldsymbol{E}}\tilde{\boldsymbol{x}}(i+1)+\tilde{\boldsymbol{x}}^{\mathrm{T}}(i)\tilde{\boldsymbol{E}}^{\mathrm{T}}\boldsymbol{\Gamma}_s^{\frac12}\tilde{\boldsymbol{Q}}_2\boldsymbol{\Gamma}_s^{\frac12}\tilde{\boldsymbol{E}}\tilde{\boldsymbol{x}}(i)$. 从(9.21b),得

$$E\{\tilde{\boldsymbol{x}}^{\mathrm{T}}(p)\tilde{\boldsymbol{E}}^{\mathrm{T}}\boldsymbol{P}_s\tilde{\boldsymbol{E}}\tilde{\boldsymbol{x}}(p)\}=E\{\tilde{\boldsymbol{x}}^{\mathrm{T}}(p)\tilde{\boldsymbol{E}}^{\mathrm{T}}\boldsymbol{\Gamma}_s^{\frac12}\tilde{\boldsymbol{P}}_s\boldsymbol{\Gamma}_s^{\frac12}\tilde{\boldsymbol{E}}\tilde{\boldsymbol{x}}(p)\}>\sigma_0E\{\tilde{\boldsymbol{x}}^{\mathrm{T}}(p)\tilde{\boldsymbol{E}}^{\mathrm{T}}\boldsymbol{\Gamma}_s\tilde{\boldsymbol{E}}\tilde{\boldsymbol{x}}(p)\}. \tag{9.36}$$

由于 $E\{\tilde{\boldsymbol{x}}^{\mathrm{T}}(p)\tilde{\boldsymbol{E}}^{\mathrm{T}}\boldsymbol{\Gamma}_s\tilde{\boldsymbol{E}}\tilde{\boldsymbol{x}}(p)\}\leqslant E\{V(p)\}$,从式(9.34)~(9.36)及(9.21e),对任意的 $p\in\{1,2,\cdots,p^*\}$,得

$$E\{\tilde{\boldsymbol{x}}^{\mathrm{T}}(p)\tilde{\boldsymbol{E}}^{\mathrm{T}}\boldsymbol{\Gamma}_s\tilde{\boldsymbol{E}}\tilde{\boldsymbol{x}}(p)\}<\mu^p\sigma_0^{-1}[\sigma b_1^2+\lambda_{\max}(\boldsymbol{Q}_{3s})d^2]<b_2^2. \tag{9.37}$$

因此,$\forall p_1\in\{-\tau_2,\cdots,-1,0\}$ 和 $p_2\in\{1,2,\cdots,p^*\}$,条件(9.15)成立.

下面证明奇异跳变网络系统(9.14a)在 $\{0,1,\cdots,p^*\}$ 内是正则和因果的. 从式(9.21a),显然 $\boldsymbol{\Xi}_l<\boldsymbol{O}$. 因此

$$\begin{pmatrix}\boldsymbol{\Xi}_s^{11} & * \\ \boldsymbol{\Xi}_s^{21} & \boldsymbol{\Xi}_s^{22}\end{pmatrix}<\boldsymbol{O}, \tag{9.38}$$

这个不等式能表示为

$$\overline{\boldsymbol{A}}_s^{\mathrm{T}}\overline{\boldsymbol{Q}}_s\overline{\boldsymbol{A}}_s+\mathrm{He}\{\overline{\boldsymbol{A}}_s^{\mathrm{T}}\overline{\boldsymbol{W}}_s\overline{\boldsymbol{M}}_s\}-\mu\overline{\boldsymbol{E}}^{\mathrm{T}}\overline{\boldsymbol{P}}_s\overline{\boldsymbol{E}}+\mathrm{diag}\{\tau_{12}\boldsymbol{\Phi}^{\mathrm{T}}\boldsymbol{Q}_1\boldsymbol{\Phi},\tau_2\boldsymbol{\Phi}^{\mathrm{T}}\boldsymbol{Q}_2\boldsymbol{\Phi}\}+\begin{pmatrix}\mathrm{He}\{\boldsymbol{R}_1^{\mathrm{T}}\boldsymbol{E}\boldsymbol{\Phi}\} & * \\ \boldsymbol{R}_2^{\mathrm{T}}\boldsymbol{E}\boldsymbol{\Phi} & \boldsymbol{O}\end{pmatrix}<\boldsymbol{O}, \tag{9.39}$$

这里

$$\begin{cases}\bar{\boldsymbol{E}}=\operatorname{diag}\{\tilde{\boldsymbol{E}},\boldsymbol{O}\},\bar{\boldsymbol{P}}_s=\operatorname{diag}\{\boldsymbol{P}_s,\boldsymbol{O}\},\bar{\boldsymbol{A}}_s=\begin{pmatrix}\tilde{\boldsymbol{E}} & \boldsymbol{I}\\ \tilde{\boldsymbol{A}}_s-\tilde{\boldsymbol{E}} & -\boldsymbol{I}\end{pmatrix},\\ \bar{\boldsymbol{M}}_s=\begin{pmatrix}\boldsymbol{Y}_{1s} & \boldsymbol{Y}_{2s}\\ \boldsymbol{M}_{1s}^{\mathrm{T}} & \boldsymbol{N}_{1s}^{\mathrm{T}}\end{pmatrix},\bar{\boldsymbol{Q}}_s=\operatorname{diag}\{\breve{\boldsymbol{P}}_s,\boldsymbol{O}\},\bar{\boldsymbol{W}}_s=\operatorname{diag}\{\tilde{\boldsymbol{W}}_s,\boldsymbol{I}\}.\end{cases}\tag{9.39}$$

观察到 $\operatorname{diag}\{\tau_{12}\boldsymbol{\Phi}^{\mathrm{T}}Q_1\boldsymbol{\Phi},\tau_2\boldsymbol{\Phi}^{\mathrm{T}}Q_2\boldsymbol{\Phi}\}\geqslant 0$. 因此，有

$$\bar{\boldsymbol{A}}_s^{\mathrm{T}}\bar{\boldsymbol{Q}}_s\bar{\boldsymbol{A}}_s+\operatorname{He}\{\bar{\boldsymbol{A}}_s^{\mathrm{T}}\bar{\boldsymbol{W}}_s\bar{\boldsymbol{M}}_s\}-\mu\bar{\boldsymbol{E}}^{\mathrm{T}}\bar{\boldsymbol{P}}_s\bar{\boldsymbol{E}}+\begin{Bmatrix}\operatorname{He}\{\boldsymbol{R}_1^{\mathrm{T}}\boldsymbol{E}\boldsymbol{\Phi}\} & *\\ \boldsymbol{R}_2^{\mathrm{T}}\boldsymbol{E}\boldsymbol{\Phi} & \boldsymbol{O}\end{Bmatrix}<\boldsymbol{O}.\tag{9.40}$$

由于 $\operatorname{rank}(\tilde{\boldsymbol{E}})=n+r$，因此，存在两个非奇异矩阵 $\boldsymbol{N}_s^{\#}$ 和 $\boldsymbol{M}_s^{\#}$，使得

$$\boldsymbol{N}_s^{\#}\tilde{\boldsymbol{E}}\boldsymbol{M}_s^{\#}=\operatorname{diag}\{\boldsymbol{I}_{n+r},\boldsymbol{O}_{(n-r)\times(n-r)}\}.\tag{9.41}$$

让 $\bar{\boldsymbol{N}}_s^{\#}=\operatorname{diag}\{\boldsymbol{N}_s^{\#},\boldsymbol{I}_{2n}\}$ 和 $\bar{\boldsymbol{M}}_s^{\#}=\operatorname{diag}\{\boldsymbol{M}_s^{\#},\boldsymbol{I}_{2n}\}$. 显然，有

$$\bar{\boldsymbol{N}}_s^{\#}\bar{\boldsymbol{E}}\bar{\boldsymbol{M}}_s^{\#}=\operatorname{diag}\{\boldsymbol{I}_{n+r},\boldsymbol{O}_{(3n-r)\times(3n-r)}\}.\tag{9.42}$$

让

$$\bar{\boldsymbol{N}}_s^{\#}\bar{\boldsymbol{A}}_s\bar{\boldsymbol{M}}_s^{\#}=\begin{pmatrix}\bar{\boldsymbol{A}}_s^{11} & \bar{\boldsymbol{A}}_s^{12}\\ \bar{\boldsymbol{A}}_s^{21} & \bar{\boldsymbol{A}}_s^{22}\end{pmatrix},\bar{\boldsymbol{M}}_s\bar{\boldsymbol{M}}_s^{\#}=\begin{pmatrix}\bar{\boldsymbol{M}}_s^{11} & \bar{\boldsymbol{M}}_s^{12}\end{pmatrix},$$

$$(\bar{\boldsymbol{N}}_s^{\#})^{-\mathrm{T}}\bar{\boldsymbol{P}}_s(\bar{\boldsymbol{M}}_s^{\#})^{-1}=\begin{pmatrix}\bar{\boldsymbol{P}}_s^{11} & \bar{\boldsymbol{P}}_s^{12}\\ \bar{\boldsymbol{P}}_s^{21} & \bar{\boldsymbol{P}}_s^{22}\end{pmatrix},(\bar{\boldsymbol{N}}_s^{\#})^{-\mathrm{T}}\bar{\boldsymbol{W}}_s=\begin{pmatrix}\bar{\boldsymbol{W}}_s^{11} & \bar{\boldsymbol{W}}_s^{21}\end{pmatrix}.$$

由于 $\tilde{\boldsymbol{E}}^{\mathrm{T}}\tilde{\boldsymbol{W}}_s=\boldsymbol{O}$，可得 $\bar{\boldsymbol{E}}^{\mathrm{T}}\bar{\boldsymbol{W}}_s=\boldsymbol{O}$ 和 $\bar{\boldsymbol{W}}_s^{11}=\boldsymbol{O}_{(n+r)\times(4n)}$，这里 $\bar{\boldsymbol{W}}_s^{21}$ 是行满秩矩阵. 下面用符号$\circ$指块矩阵的不相关的元素. 用 $(\bar{\boldsymbol{M}}_s^{\#})^{\mathrm{T}}$ 和 $\bar{\boldsymbol{M}}_s^{\#}$ 分别乘以式(9.41)左右两边，显然

$$\begin{pmatrix}\circ & \circ\\ \circ & \operatorname{He}\{\bar{\boldsymbol{A}}_s^{22}\bar{\boldsymbol{W}}_s^{21}\bar{\boldsymbol{M}}_s^{12}\}\end{pmatrix}<\boldsymbol{O},$$

这导致了 $\operatorname{He}\{\bar{\boldsymbol{A}}_s^{22}\bar{\boldsymbol{W}}_s^{21}\bar{\boldsymbol{M}}_s^{12}\}<\boldsymbol{O}$，这里 $\bar{\boldsymbol{A}}_s^{22}$ 是非奇异的. 由定义 9.1，$(\bar{\boldsymbol{E}},\bar{\boldsymbol{A}}_s)$ 在 $\{0,1,\cdots,p^*\}$ 内是正则和因果的. 由于 $\det(z\bar{\boldsymbol{E}}-\bar{\boldsymbol{A}}_s)=\det(z\tilde{\boldsymbol{E}}-\tilde{\boldsymbol{A}}_s)$. 这就表明了 $(\tilde{\boldsymbol{E}},\tilde{\boldsymbol{A}}_s)$ 在 $\{0,1,\cdots,p^*\}$ 内是正则和因果的. 因此，由定义 9.2，奇异跳变网络系统(9.14a)是关于 $(b_1,b_2,\boldsymbol{\Gamma}_s,p^*,d)$ 奇异随机有限时间有界的. 证毕.

由定理 9.1 和矩阵变换技巧，可得下面的结论.

定理 9.2　对给定的常数 $\tau_1>0$，$\tau_2>0$，$b_1>0$，$\rho_s\geqslant 0$，整数 $p^*>0$ 和矩阵 $\boldsymbol{\Gamma}_s>\boldsymbol{O}$，奇异跳变网络系统(9.14a)和(9.14b)是关于 $(b_1,b_2,\boldsymbol{\Gamma}_s,p^*,d,\gamma)$ 奇异随机有限时间 H_∞ 有界的，如果存在常数 $b_2>0,\gamma>0,\mu\geqslant 1,\sigma_i(i=0,1,2,3)$，矩阵 $\boldsymbol{\Omega}_s>\boldsymbol{O},\boldsymbol{P}_s>\boldsymbol{O},\boldsymbol{Q}_i>\boldsymbol{O}(i=1,2)$，$\boldsymbol{Y}_{ks}(k=1,2,3,4),\boldsymbol{M}_{js},\boldsymbol{N}_{js}(j=1,2),\boldsymbol{R}=(\boldsymbol{R}_1\quad\boldsymbol{R}_2\quad\boldsymbol{R}_3\quad\boldsymbol{R}_4\quad\boldsymbol{R}_5)$，对任意的 $s\in\Lambda$，使得式(9.21b)～(9.21d)和下面的不等式成立：

$$\bar{\boldsymbol{\Xi}}_s+\tau_2\boldsymbol{R}^{\mathrm{T}}\boldsymbol{Q}_2^{-1}\boldsymbol{R}+\boldsymbol{\Gamma}_{2s}^{\mathrm{T}}\boldsymbol{\Gamma}_{2s}<\boldsymbol{O},\tag{9.43a}$$

$$\sigma b_1^2+\gamma^2\mu^{-p^*}d^2<\mu^{-p^*}\sigma_0 b_2^2, \tag{9.43b}$$

这里 $\overline{\boldsymbol{\Xi}}_s=\boldsymbol{\Xi}_s$ 和 $Q_{3s}=\gamma^2\mu^{-p^*}\boldsymbol{I}_{q_2}$. 而且,矩阵 $\tilde{\boldsymbol{W}}_s\in\mathbb{R}^{2n\times 2n}$ 满足 $\tilde{\boldsymbol{E}}^{\mathrm{T}}\tilde{\boldsymbol{W}}_s=\boldsymbol{O}$ 和 $\mathrm{rank}(\tilde{\boldsymbol{W}}_s)=n-r$.

证明 由(9.43a),易得

$$\overline{\boldsymbol{\Xi}}_s+\tau_2\boldsymbol{R}^{\mathrm{T}}Q_2^{-1}\boldsymbol{R}<\boldsymbol{O}. \tag{9.44}$$

因而,由定理9.1、式(9.21b)~(9.21d)、式(9.43b)和(9.44)可得,奇异跳变网络系统(9.14a)是关于$(b_1,b_2,\boldsymbol{\Gamma}_s,p^*,d)$奇异随机有限时间有界的.

与上述定理9.1的证明类似,从式(9.43a)可得

$$E\{V(p+1)\}<\mu V(p)-\tilde{\boldsymbol{e}}^{\mathrm{T}}(p)\tilde{\boldsymbol{e}}(p)+\gamma^2\mu^{-p^*}\boldsymbol{w}^{\mathrm{T}}(p)\boldsymbol{w}(p). \tag{9.45}$$

进而

$$E\{V(p+1)\}<\mu E\{V(p)\}-E\{\tilde{\boldsymbol{e}}^{\mathrm{T}}(p)\tilde{\boldsymbol{e}}(p)\}+\gamma^2\mu^{-p^*}E\{\boldsymbol{w}^{\mathrm{T}}(p)\boldsymbol{w}(p)\}. \tag{9.46}$$

对式(9.46)积分,可得

$$\begin{aligned}E\{V(p)\}\ &<\mu^p E\{V(0)\}-\sum_{k=0}^{p-1}\mu^{p-k-1}E\{\tilde{\boldsymbol{e}}^{\mathrm{T}}(p)\tilde{\boldsymbol{e}}(p)\}+\\&\gamma^2\mu^{-p^*}E\{\sum_{k=0}^{p-1}\mu^{p-k-1}\boldsymbol{w}^{\mathrm{T}}(p)\boldsymbol{w}(p)\}.\end{aligned} \tag{9.47}$$

考虑到 $\tilde{\boldsymbol{x}}(0)=\boldsymbol{0}$ 和 $V(p)\geqslant 0(p\in\mathrm{Int}[0,+\infty))$,有

$$\sum_{k=0}^{p}\mu^{p-k}E\{\tilde{\boldsymbol{e}}^{\mathrm{T}}(p)\tilde{\boldsymbol{e}}(p)\}\ <\gamma^2\mu^{-p^*}E\{\sum_{p=0}^{p}\mu^{p-k}\boldsymbol{w}^{\mathrm{T}}(p)\boldsymbol{w}(p)\}, \tag{9.48}$$

这暗示了

$$E\{\sum_{p=0}^{p^*}\tilde{\boldsymbol{e}}^{\mathrm{T}}(p)\tilde{\boldsymbol{e}}(p)\}\ <\gamma^2 E\{\sum_{p=0}^{p^*}\boldsymbol{w}^{\mathrm{T}}(p)\boldsymbol{w}(p)\}. \tag{9.49}$$

因此,这就完成了这个定理的证明. 证毕.

下面通过应用变量分离技巧,设计奇异跳变网络系统(9.1a)~(9.1c)的事件驱动有限时间 H_∞ 滤波器和事件驱动矩阵参数,使得网络系统(9.14a)和(9.14b)是奇异随机有限时间 H_∞ 有界的.

定理9.3 对给定的常数 $\tau_1>0,\ \tau_2>0,\ b_1>0,\ \rho_s\geqslant 0$,整数 $p^*>0$ 和矩阵 $\boldsymbol{\Gamma}_s>\boldsymbol{O}$,奇异跳变网络系统(9.14a)和(9.14b)是关于$(b_1,b_2,\boldsymbol{\Gamma}_s,p^*,d,\gamma)$奇异随机有限时间 H_∞ 有界的,如果存在常数 $b_2>0,\gamma>0,\mu\geqslant 1,\alpha_s,\sigma_i>0(i=0,1,2,3)$,矩阵 $\boldsymbol{\Omega}_s>\boldsymbol{O},\boldsymbol{P}_s=\begin{pmatrix}\boldsymbol{P}_s^{11}&*\\\boldsymbol{P}_s^{21}&\boldsymbol{P}_s^{22}\end{pmatrix}>\boldsymbol{O},\boldsymbol{Q}_i>\boldsymbol{O}(i=1,2),\boldsymbol{Y}_{ks}=(\boldsymbol{Y}_{ks}^1\quad\boldsymbol{Y}_{ks}^2)(k=1,2),\boldsymbol{Y}_{js}(j=3,4),\boldsymbol{M}_{1s}=\begin{pmatrix}\boldsymbol{M}_{1s}^1&\boldsymbol{M}_{1s}^2\\\boldsymbol{M}_{1s}^3&\boldsymbol{M}_{1s}^4\end{pmatrix},\boldsymbol{N}_{1s}=\begin{pmatrix}\boldsymbol{N}_{1s}^1&\boldsymbol{N}_{1s}^2\\\boldsymbol{N}_{1s}^3&\boldsymbol{N}_{1s}^4\end{pmatrix},\boldsymbol{M}_{2s}=(\boldsymbol{M}_{2s}^1\quad\boldsymbol{M}_{2s}^2),\boldsymbol{N}_{2s}=(\boldsymbol{N}_{2s}^1\quad\boldsymbol{N}_{2s}^2),\boldsymbol{R}=(\boldsymbol{R}_1\quad\boldsymbol{R}_2\quad\boldsymbol{R}_3\quad\boldsymbol{R}_4\quad\boldsymbol{R}_5)[\boldsymbol{R}_i=(\boldsymbol{R}_{i1}\quad\boldsymbol{R}_{i2})(i=1,2)],\boldsymbol{G}_s,\boldsymbol{G}_{3s},\hat{\boldsymbol{A}}_{fs},\hat{\boldsymbol{B}}_{fs},\hat{\boldsymbol{C}}_{fs},\hat{\boldsymbol{D}}_{fs}$ 对任意的 $s\in\Lambda$,使得式(9.21b)~(9.21d)、式(9.43b)和下面的不等式成立:

$$\begin{pmatrix} \boldsymbol{\Theta}_{1s} & * & * & * \\ \boldsymbol{\Theta}_{2s} & -\alpha_s \mathrm{He}\{\boldsymbol{G}_s\} & * & * \\ \sqrt{\tau_2}\boldsymbol{R} & \boldsymbol{O} & -\boldsymbol{Q}_2 & * \\ \boldsymbol{\Theta}_{3s} & \boldsymbol{O} & \boldsymbol{O} & \boldsymbol{\Theta}_{4s} \end{pmatrix} < \boldsymbol{O}, \tag{9.50}$$

其中

$$\boldsymbol{\Theta}_{1s} = \begin{pmatrix} \boldsymbol{\Theta}_{1s}^{11} & * & * & * & * \\ \boldsymbol{\Theta}_{1s}^{21} & \boldsymbol{\Theta}_{1s}^{22} & * & * & * \\ \boldsymbol{\Theta}_{1s}^{31} & \boldsymbol{\Theta}_{1s}^{32} & \boldsymbol{\Theta}_{1s}^{33} & * & * \\ \boldsymbol{\Theta}_{1s}^{41} & \boldsymbol{\Theta}_{1s}^{42} & \boldsymbol{\Theta}_{1s}^{43} & \boldsymbol{\Theta}_{1s}^{44} & * \\ \boldsymbol{\Theta}_{1s}^{51} & \boldsymbol{\Theta}_{1s}^{52} & \boldsymbol{\Theta}_{1s}^{53} & \boldsymbol{\Theta}_{1s}^{54} & -\gamma^2\mu^{-p^*}\boldsymbol{I}_{q_2} \end{pmatrix},$$

$\boldsymbol{\Theta}_{2s} = \alpha_s(\boldsymbol{G}_s^{\#})^{\mathrm{T}} + \boldsymbol{G}_s^{\#}\boldsymbol{F}_s^{\#}, \boldsymbol{G}_s^{\#} = \boldsymbol{G}_{1s}^{\#} - \boldsymbol{G}_{2s}^{\#}, (\boldsymbol{G}_{1s}^{\#})^{\mathrm{T}} = ((\boldsymbol{G}_{1s}^{\#1})^{\mathrm{T}} \quad (\boldsymbol{G}_{1s}^{\#2})^{\mathrm{T}}),$

$(\boldsymbol{G}_{1s}^{\#1})^{\mathrm{T}} = ((\boldsymbol{M}_{1s}^2)^{\mathrm{T}} \quad (\boldsymbol{M}_{1s}^4)^{\mathrm{T}}), (\boldsymbol{G}_{1s}^{\#2})^{\mathrm{T}} = ((\boldsymbol{N}_{1s}^2)^{\mathrm{T}} \quad (\boldsymbol{N}_{1s}^4)^{\mathrm{T}} \quad (\boldsymbol{M}_{2s}^2)^{\mathrm{T}} \quad (\boldsymbol{N}_{2s}^2)^{\mathrm{T}} \quad \boldsymbol{O}),$

$\boldsymbol{G}_s^{\#}\boldsymbol{F}_s^{\#} = (\boldsymbol{O} \quad \bar{\boldsymbol{A}}_{fs} \quad \boldsymbol{O} \quad \boldsymbol{O} \quad \bar{\boldsymbol{B}}_{fs} \quad \boldsymbol{F}_s \quad \bar{\boldsymbol{B}}_{fs} \quad \boldsymbol{O}),$

$(\boldsymbol{G}_{2s}^{\#})^{\mathrm{T}} = (\boldsymbol{G}_s^{\mathrm{T}} \quad \boldsymbol{G}_s^{\mathrm{T}} \quad \boldsymbol{G}_s^{\mathrm{T}} \quad \boldsymbol{G}_s^{\mathrm{T}} \quad \boldsymbol{G}_s^{\mathrm{T}} \quad (\bar{\boldsymbol{I}}_{q_2}\boldsymbol{G}_s)^{\mathrm{T}} \quad \boldsymbol{O}),$

$\boldsymbol{R} = (\boldsymbol{R}_1 \quad \boldsymbol{R}_2 \quad \boldsymbol{R}_3 \quad \boldsymbol{R}_4 \quad \boldsymbol{R}_5), \boldsymbol{\Theta}_{4s} = \boldsymbol{I} - \mathrm{He}\{\boldsymbol{G}_{3s}\},$

$\boldsymbol{\Theta}_{3s} = (\boldsymbol{G}_{3s}\boldsymbol{C}_s - \bar{\boldsymbol{C}}_{fs} \quad \boldsymbol{O} \quad \boldsymbol{O} \quad -\bar{\boldsymbol{D}}_{fs}\boldsymbol{F}_s \quad -\bar{\boldsymbol{D}}_{fs} \quad \boldsymbol{D}_s],$

$$\boldsymbol{\Theta}_{1s}^{11} = \mathrm{He}\left\{\begin{pmatrix} \boldsymbol{M}_{1s}^1(\boldsymbol{A}_s-\boldsymbol{E})+\boldsymbol{R}_{11}^{\mathrm{T}}\boldsymbol{E} & -\boldsymbol{M}_{1s}^2 \\ \boldsymbol{M}_{1s}^3(\boldsymbol{A}_s-\boldsymbol{E})+\boldsymbol{R}_{12}^{\mathrm{T}}\boldsymbol{E} & \hat{\boldsymbol{A}}_{fs}-\boldsymbol{M}_{1s}^4 \end{pmatrix}\right\}$$

$$+\begin{pmatrix} \boldsymbol{O} & * \\ (\breve{\boldsymbol{P}}_s^{21}-\mu\boldsymbol{P}_s^{21})\boldsymbol{E}+(\hat{\boldsymbol{A}}_{fs})^{\mathrm{T}} & \breve{\boldsymbol{P}}_s^{22}-\mu\boldsymbol{P}_s^{22} \end{pmatrix} + \begin{pmatrix} \boldsymbol{E}^{\mathrm{T}}\breve{\boldsymbol{P}}_l^{11}\boldsymbol{E}-\mu\boldsymbol{E}^{\mathrm{T}}\boldsymbol{P}_s^{11}\boldsymbol{E}+\tau_{12}\boldsymbol{Q}_1 & \boldsymbol{O} \\ \boldsymbol{O} & \boldsymbol{O} \end{pmatrix},$$

$$\boldsymbol{\Theta}_{1s}^{21} = \begin{pmatrix} \boldsymbol{N}_{1s}^1(\boldsymbol{A}_s-\boldsymbol{E})-(\boldsymbol{M}_{1s}^1)^{\mathrm{T}} & -\boldsymbol{N}_{1s}^2-(\boldsymbol{M}_{1s}^3)^{\mathrm{T}} \\ \boldsymbol{N}_{1s}^3(\boldsymbol{A}_s-\boldsymbol{E})-(\boldsymbol{M}_{1s}^2)^{\mathrm{T}} & -\boldsymbol{N}_{1s}^4-(\boldsymbol{M}_{1s}^4)^{\mathrm{T}} \end{pmatrix} + \begin{pmatrix} (\breve{\boldsymbol{P}}_s^{11}+\boldsymbol{R}_{21}^{\mathrm{T}})\boldsymbol{E} & (\breve{\boldsymbol{P}}_s^{21})^{\mathrm{T}} \\ (\breve{\boldsymbol{P}}_s^{21}+\boldsymbol{R}_{22}^{\mathrm{T}})\boldsymbol{E} & \breve{\boldsymbol{P}}_s^{22} \end{pmatrix}$$

$$+\begin{pmatrix} \boldsymbol{W}_s\boldsymbol{Y}_{1s}^1 & \hat{\boldsymbol{A}}_{fs}+\boldsymbol{W}_s\boldsymbol{Y}_{1s}^2 \\ \boldsymbol{O} & \hat{\boldsymbol{A}}_{fs} \end{pmatrix},$$

$$\boldsymbol{\Theta}_{1s}^{22} = \mathrm{He}\left\{\begin{pmatrix} \boldsymbol{N}_{1s}^1+\boldsymbol{W}_s\boldsymbol{Y}_{1s}^1 & \boldsymbol{N}_{1s}^2+\boldsymbol{W}_s\boldsymbol{Y}_{1s}^2 \\ \boldsymbol{N}_{1s}^3 & \boldsymbol{N}_{1s}^4 \end{pmatrix}\right\} + \begin{pmatrix} \breve{\boldsymbol{P}}_s^{11}+\tau_2\boldsymbol{Q}_2 & * \\ \breve{\boldsymbol{P}}_s^{21} & \breve{\boldsymbol{P}}_s^{22} \end{pmatrix},$$

$\boldsymbol{\Theta}_{1s}^{31} = [\boldsymbol{M}_{2s}^1(\boldsymbol{A}_s-\boldsymbol{E})+\boldsymbol{R}_3^{\mathrm{T}}\boldsymbol{E}-\boldsymbol{E}^{\mathrm{T}}\boldsymbol{R}_{11}-\boldsymbol{E}^{\mathrm{T}}\boldsymbol{R}_{12}] + [(\hat{\boldsymbol{B}}_{fs}\boldsymbol{F}_s)^{\mathrm{T}} \quad \hat{\boldsymbol{A}}_{fs}+(\hat{\boldsymbol{B}}_{fs}\boldsymbol{F}_s)^{\mathrm{T}}-\boldsymbol{M}_{2s}^2],$

$\boldsymbol{\Theta}_{1s}^{32} = [(\boldsymbol{W}_s\boldsymbol{Y}_{3s})^{\mathrm{T}}-\boldsymbol{E}^{\mathrm{T}}\boldsymbol{R}_{21}-\boldsymbol{E}^{\mathrm{T}}\boldsymbol{R}_{22}] + [-\boldsymbol{M}_{2s}^1+(\hat{\boldsymbol{B}}_{fs}\boldsymbol{F}_s)^{\mathrm{T}}-\boldsymbol{M}_{2s}^2+(\hat{\boldsymbol{B}}_{fs}\boldsymbol{F}_s)^{\mathrm{T}}],$

$\boldsymbol{\Theta}_{1s}^{33} = \mathrm{He}\{\hat{\boldsymbol{B}}_{fs}\boldsymbol{F}_l-\boldsymbol{E}^{\mathrm{T}}\boldsymbol{R}_3\}-\boldsymbol{Q}_1-\rho_s\boldsymbol{F}_s^{\mathrm{T}}\boldsymbol{\Omega}_s\boldsymbol{F}_s,$

$\boldsymbol{\Theta}_{1s}^{41}=[\boldsymbol{N}_{2s}^{1}(\boldsymbol{A}_s-\boldsymbol{E})+\boldsymbol{R}_4^{\mathrm{T}}\boldsymbol{E}-\boldsymbol{N}_{2s}^{2}\boldsymbol{A}_s]+(\hat{\boldsymbol{B}}_{fs}^{\mathrm{T}}\hat{\boldsymbol{B}}_{fs}^{\mathrm{T}}+\overline{\boldsymbol{I}}_{q_2}\hat{\boldsymbol{A}}_{fs})$,

$\boldsymbol{\Theta}_{1s}^{42}=[(\boldsymbol{W}_s\boldsymbol{Y}_{4s})^{\mathrm{T}}-\boldsymbol{N}_{2s}^{1}+\hat{\boldsymbol{B}}_{fs}^{\mathrm{T}}-\boldsymbol{N}_{2s}^{2}+\hat{\boldsymbol{B}}_{fs}^{\mathrm{T}}]$, $\boldsymbol{\Theta}_{1s}^{43}=-\boldsymbol{R}_4^{\mathrm{T}}\boldsymbol{E}+\hat{\boldsymbol{B}}_{fs}^{\mathrm{T}}+\overline{\boldsymbol{I}}_{q_2}\hat{\boldsymbol{B}}_{fs}$,

$\boldsymbol{\Theta}_{1s}^{44}=-\boldsymbol{\Omega}_s+\mathrm{He}\{\overline{\boldsymbol{I}}_{q_2}\hat{\boldsymbol{B}}_{fs}\}$, $\boldsymbol{\Theta}_{1s}^{51}=[(\boldsymbol{M}_{1s}^{1}\boldsymbol{B}_s)^{\mathrm{T}}+\boldsymbol{R}_5^{\mathrm{T}}\boldsymbol{E}\,(\boldsymbol{M}_{1s}^{3}\boldsymbol{B}_s)^{\mathrm{T}}]$,

$\boldsymbol{\Theta}_{1s}^{52}=[(\boldsymbol{N}_{1s}^{1}\boldsymbol{B}_s)^{\mathrm{T}}\ (\boldsymbol{N}_{1s}^{3}\boldsymbol{B}_s)^{\mathrm{T}}]$, $\boldsymbol{\Theta}_{1s}^{53}=(\boldsymbol{M}_{2s}^{1}\boldsymbol{B}_s)^{\mathrm{T}}-\boldsymbol{R}_5^{\mathrm{T}}\boldsymbol{E}$, $\boldsymbol{\Theta}_{1s}^{54}=(\boldsymbol{N}_{2s}^{1}\boldsymbol{B}_s)^{\mathrm{T}}$,

$$\breve{\boldsymbol{P}}_s=\sum_{t=1}^{h}\pi_{st}\boldsymbol{P}_t=\begin{pmatrix}\breve{\boldsymbol{P}}_s^{11} & * \\ \breve{\boldsymbol{P}}_s^{21} & \breve{\boldsymbol{P}}_s^{22}\end{pmatrix},\ \overline{\boldsymbol{I}}_{q_2}=\begin{cases}(\boldsymbol{I}_{q_2}\quad \boldsymbol{O}_{q_2\times(n-q_2)}),\ n>q_2,\\ \boldsymbol{I}_{q_2},\ n=q_2,\\ \begin{pmatrix}\boldsymbol{I}_{q_2}\\ \boldsymbol{O}_{(q_2-n)\times q_2}\end{pmatrix},\ n<q_2.\end{cases}$$

而且,矩阵 $\boldsymbol{W}_s\in\mathbb{R}^{n\times n}$ 满足 $\boldsymbol{E}^{\mathrm{T}}\boldsymbol{W}_s=\boldsymbol{O}$ 和 $\mathrm{rank}(\boldsymbol{W}_s)=n-r$.

另外,设计的事件驱动有限事件滤波器增益矩阵能被设计为

$$\begin{pmatrix}\boldsymbol{A}_{fs} & \boldsymbol{B}_{fs}\\ \boldsymbol{C}_{fs} & \boldsymbol{D}_{fs}\end{pmatrix}=\begin{pmatrix}\boldsymbol{G}_s^{-1} & * \\ \boldsymbol{O} & \boldsymbol{G}_{3s}^{-1}\end{pmatrix}\begin{pmatrix}\hat{\boldsymbol{A}}_{fs} & \hat{\boldsymbol{B}}_{fs}\\ \hat{\boldsymbol{C}}_{fs} & \hat{\boldsymbol{D}}_{fs}\end{pmatrix}. \tag{9.51}$$

证明 让

$$\begin{cases}\boldsymbol{R}_k=(\boldsymbol{R}_{k1}\quad \boldsymbol{R}_{k2})\,(k=1,2),\ \widetilde{\boldsymbol{W}}_s^{\mathrm{T}}=(\boldsymbol{W}_s^{\mathrm{T}}\quad \boldsymbol{O}),\\ \boldsymbol{P}_s=\begin{pmatrix}\boldsymbol{P}_s^{11} & * \\ \boldsymbol{P}_s^{21} & \boldsymbol{P}_s^{22}\end{pmatrix},\ \breve{\boldsymbol{P}}_l=\begin{pmatrix}\breve{\boldsymbol{P}}_s^{11} & * \\ \breve{\boldsymbol{P}}_s^{21} & \breve{\boldsymbol{P}}_s^{22}\end{pmatrix},\\ \boldsymbol{M}_{1s}=(\boldsymbol{M}_{1s}^{1}\quad \boldsymbol{M}_{1s}^{2}\,\boldsymbol{M}_{1s}^{3}\quad \boldsymbol{M}_{1s}^{4}),\ \boldsymbol{N}_{1s}=(\boldsymbol{N}_{1s}^{1}\quad \boldsymbol{N}_{1s}^{2}\,\boldsymbol{N}_{1s}^{3}\quad \boldsymbol{N}_{1s}^{4}),\\ \boldsymbol{M}_{2s}=(\boldsymbol{M}_{2s}^{1}\quad \boldsymbol{M}_{2s}^{2}),\ \boldsymbol{N}_{2s}=(\boldsymbol{N}_{2s}^{1}\quad \boldsymbol{N}_{2s}^{2}),\ \boldsymbol{Y}_{1s}=(\boldsymbol{Y}_{1s}^{1}\quad \boldsymbol{Y}_{1s}^{2}),\ \boldsymbol{Y}_{2s}=(\boldsymbol{Y}_{2s}^{1}\quad \boldsymbol{Y}_{2s}^{2}).\end{cases} \tag{9.52}$$

注意到上面矩阵 $\tilde{\boldsymbol{A}}_s,\tilde{\boldsymbol{A}}_{\tau s},\tilde{\boldsymbol{B}}_{fs},\tilde{\boldsymbol{D}}_{fs},\tilde{\boldsymbol{E}}$ 的特殊形式,把式(9.52)插入到 $\overline{\boldsymbol{\Xi}}_s$,则式(9.43a)能转化为

$$\boldsymbol{\Theta}_s+\tau_2\boldsymbol{R}^{\mathrm{T}}\boldsymbol{Q}_2^{-1}\boldsymbol{R}+\boldsymbol{\Gamma}_{2s}^{\mathrm{T}}\boldsymbol{\Gamma}_{2s}+\mathrm{He}\{\boldsymbol{G}_{1s}^{\#}\quad \boldsymbol{F}_s^{\#}\}<\boldsymbol{O}, \tag{9.53}$$

其中

$$\boldsymbol{\Theta}_s=\begin{pmatrix}\boldsymbol{\Theta}_s^{11} & * & * & * & * \\ \boldsymbol{\Theta}_s^{21} & \boldsymbol{\Theta}_s^{22} & * & * & * \\ \boldsymbol{\Theta}_s^{31} & \boldsymbol{\Theta}_s^{32} & \boldsymbol{\Theta}_s^{33} & * & * \\ \boldsymbol{\Theta}_s^{41} & \boldsymbol{\Theta}_s^{42} & \boldsymbol{\Theta}_s^{43} & \boldsymbol{\Theta}_s^{44} & * \\ \boldsymbol{\Theta}_s^{51} & \boldsymbol{\Theta}_s^{52} & \boldsymbol{\Theta}_s^{53} & \boldsymbol{\Theta}_s^{54} & -\gamma^2\mu^{-p^*}\boldsymbol{I}_{q_2}\end{pmatrix},$$

$\boldsymbol{F}_s^{\#}=(\boldsymbol{O}\quad \boldsymbol{A}_{fs}\quad \boldsymbol{O}\quad \boldsymbol{O}\quad \boldsymbol{B}_{fs}\boldsymbol{F}_s\quad \boldsymbol{B}_{fs}\quad \boldsymbol{O})$, $(\boldsymbol{G}_{1s}^{\#})^{\mathrm{T}}=((\boldsymbol{G}_{1s}^{\#1})^{\mathrm{T}}\quad (\boldsymbol{G}_{1s}^{\#2})^{\mathrm{T}})$,

$(\boldsymbol{G}_{1s}^{\#1})^{\mathrm{T}}=((\boldsymbol{M}_{1s}^{2})^{\mathrm{T}}\quad (\boldsymbol{M}_{1s}^{4})^{\mathrm{T}})$, $(\boldsymbol{G}_{1s}^{\#2})^{\mathrm{T}}=((\boldsymbol{N}_{1s}^{2})^{\mathrm{T}}\quad (\boldsymbol{N}_{1s}^{4})^{\mathrm{T}}\quad (\boldsymbol{M}_{2s}^{2})^{\mathrm{T}}\quad (\boldsymbol{N}_{2s}^{2})^{\mathrm{T}}\quad \boldsymbol{O})$,

$$\boldsymbol{\Theta}_s^{11}=\mathrm{He}\begin{Bmatrix}\boldsymbol{M}_{1s}^1(\boldsymbol{A}_s-\boldsymbol{E})+\boldsymbol{R}_{11}^{\mathrm{T}}\boldsymbol{E} & -\boldsymbol{M}_{1s}^2\\ \boldsymbol{M}_{1s}^3(\boldsymbol{A}_s-\boldsymbol{E})+\boldsymbol{R}_{12}^{\mathrm{T}}\boldsymbol{E} & -\boldsymbol{M}_{1s}^4\end{Bmatrix}+\begin{pmatrix}\boldsymbol{O} & *\\ (\breve{\boldsymbol{P}}_s^{21}-\mu\boldsymbol{P}_s^{21})\boldsymbol{E} & \breve{\boldsymbol{P}}_s^{22}-\mu\boldsymbol{P}_s^{22}\end{pmatrix}$$
$$+\mathrm{diag}\{\boldsymbol{E}^{\mathrm{T}}\breve{\boldsymbol{P}}_s^{11}\boldsymbol{E}-\mu\boldsymbol{E}^{\mathrm{T}}\boldsymbol{P}_s^{11}\boldsymbol{E}+\tau_{12}\boldsymbol{Q}_1,\boldsymbol{O}\},$$

$$\boldsymbol{\Theta}_s^{21}=\begin{pmatrix}\boldsymbol{N}_{1s}^1(\boldsymbol{A}_s-\boldsymbol{E})-(\boldsymbol{M}_{1s}^1)^{\mathrm{T}} & -\boldsymbol{N}_{1s}^2-(\boldsymbol{M}_{1s}^3)^{\mathrm{T}}\\ \boldsymbol{N}_{1s}^3(\boldsymbol{A}_s-\boldsymbol{E})-(\boldsymbol{M}_{1s}^2)^{\mathrm{T}} & -\boldsymbol{N}_{1s}^4-(\boldsymbol{M}_{1s}^4)^{\mathrm{T}}\end{pmatrix}+\begin{pmatrix}(\breve{\boldsymbol{P}}_s^{11}+\boldsymbol{R}_{21}^{\mathrm{T}})\boldsymbol{E}+\boldsymbol{W}_s\boldsymbol{Y}_{1s}^1 & (\breve{\boldsymbol{P}}_s^{21})^{\mathrm{T}}+\boldsymbol{W}_s\boldsymbol{Y}_{1s}^2\\ (\breve{\boldsymbol{P}}_s^{21}+\boldsymbol{R}_{22}^{\mathrm{T}})\boldsymbol{E} & \breve{\boldsymbol{P}}_s^{22}\end{pmatrix},$$

$$\boldsymbol{\Theta}_s^{22}=\mathrm{He}\left\{\begin{pmatrix}\boldsymbol{N}_{1s}^1+\boldsymbol{W}_s\boldsymbol{Y}_{1s}^1 & \boldsymbol{N}_{1s}^2+\boldsymbol{W}_s\boldsymbol{Y}_{1s}^2\\ \boldsymbol{N}_{1s}^3 & \boldsymbol{N}_{1s}^4\end{pmatrix}\right\}+\begin{pmatrix}\breve{\boldsymbol{P}}_s^{11}+\tau_2\boldsymbol{Q}_2 & *\\ \breve{\boldsymbol{P}}_s^{21} & \breve{\boldsymbol{P}}_s^{22}\end{pmatrix},$$

$$\boldsymbol{\Theta}_s^{31}=[\boldsymbol{M}_{2s}^1(\boldsymbol{A}_s-\boldsymbol{E})+\boldsymbol{R}_3^{\mathrm{T}}\boldsymbol{E}-\boldsymbol{E}^{\mathrm{T}}\boldsymbol{R}_{11}-\boldsymbol{E}^{\mathrm{T}}\boldsymbol{R}_{12}-\boldsymbol{M}_{2s}^2],$$
$$\boldsymbol{\Theta}_s^{32}=[(\boldsymbol{W}_s\boldsymbol{Y}_{3s})^{\mathrm{T}}-\boldsymbol{M}_{2s}^1-\boldsymbol{E}^{\mathrm{T}}\boldsymbol{R}_{21}-\boldsymbol{M}_{2s}^2-\boldsymbol{E}^{\mathrm{T}}\boldsymbol{R}_{22}],\boldsymbol{\Theta}_s^{33}=-\mathrm{He}\{\boldsymbol{E}^{\mathrm{T}}\boldsymbol{R}_3\}-\boldsymbol{Q}_1-\rho_s\boldsymbol{F}_s^{\mathrm{T}}\boldsymbol{\Omega}_s\boldsymbol{F}_s,$$
$$\boldsymbol{\Theta}_s^{41}=[\boldsymbol{N}_{2s}^1(\boldsymbol{A}_s-\boldsymbol{E})+\boldsymbol{R}_4^{\mathrm{T}}\boldsymbol{E}-\boldsymbol{N}_{2s}^2\boldsymbol{A}_s],$$
$$\boldsymbol{\Theta}_s^{42}=[(\boldsymbol{W}_s\boldsymbol{Y}_{4s})^{\mathrm{T}}-\boldsymbol{N}_{2s}^1-\boldsymbol{N}_{2s}^2],\boldsymbol{\Theta}_s^{43}=-\boldsymbol{R}_4^{\mathrm{T}}\boldsymbol{E},\boldsymbol{\Theta}_s^{44}=-\boldsymbol{\Omega}_s,$$
$$\boldsymbol{\Theta}_s^{51}=[(\boldsymbol{M}_{1s}^1\tilde{\boldsymbol{B}}_s)^{\mathrm{T}}+\boldsymbol{R}_5^{\mathrm{T}}\boldsymbol{E}\ (\boldsymbol{M}_{1s}^3\tilde{\boldsymbol{B}}_s)^{\mathrm{T}}],\boldsymbol{\Theta}_s^{52}=[(\boldsymbol{N}_{1s}^1\tilde{\boldsymbol{B}}_s)^{\mathrm{T}}\ (\boldsymbol{N}_{1s}^3\tilde{\boldsymbol{B}}_s)^{\mathrm{T}}],$$
$$\boldsymbol{\Theta}_s^{53}=[(\boldsymbol{M}_{2s}^1\tilde{\boldsymbol{B}}_s)^{\mathrm{T}}-\boldsymbol{R}_5^{\mathrm{T}}\boldsymbol{E}],\boldsymbol{\Theta}_s^{54}=(\boldsymbol{N}_{2s}^1\tilde{\boldsymbol{B}}_s)^{\mathrm{T}}.$$

让$(\boldsymbol{G}_{2s}^{\#})^{\mathrm{T}}=(\boldsymbol{G}_s^{\mathrm{T}}\ \ \boldsymbol{G}_s^{\mathrm{T}}\ \ \boldsymbol{G}_s^{\mathrm{T}}\ \ \boldsymbol{G}_s^{\mathrm{T}}\ \ \boldsymbol{G}_s^{\mathrm{T}}\ (\bar{\boldsymbol{I}}_{q_2}\boldsymbol{G}_s)^{\mathrm{T}}\ \ \boldsymbol{O})$和$\boldsymbol{G}_s^{\#}=\boldsymbol{G}_{1s}^{\#}-\boldsymbol{G}_{2s}^{\#}$. 因此,$\boldsymbol{G}_{1s}^{\#}\boldsymbol{F}_s^{\#}$ 能重写为

$$\boldsymbol{G}_{1s}^{\#}\boldsymbol{F}_s^{\#}=\boldsymbol{G}_{2s}^{\#}\boldsymbol{F}_s^{\#}+\boldsymbol{G}_s^{\#}\boldsymbol{F}_s^{\#},\tag{9.54}$$

这暗示了式(9.53)等价于

$$\Sigma_s+\mathrm{He}\{\boldsymbol{G}_s^{\#}\boldsymbol{F}_s^{\#}\}<\boldsymbol{O},\tag{9.55}$$

这里 $\Sigma_s=\boldsymbol{\Theta}_s+\tau_2\boldsymbol{R}^{\mathrm{T}}\boldsymbol{Q}_2^{-1}\boldsymbol{R}+\boldsymbol{\Gamma}_{2s}^{\mathrm{T}}\boldsymbol{\Gamma}_{2s}+\mathrm{He}\{\boldsymbol{G}_{2s}^{\#}\boldsymbol{F}_s^{\#}\}$.

让

$$\hat{\boldsymbol{A}}_{fs}=\boldsymbol{G}_s\boldsymbol{A}_{fs},\hat{\boldsymbol{B}}_{fs}=\boldsymbol{G}_s\boldsymbol{B}_{fs}.\tag{9.56}$$

由 $\boldsymbol{G}_{2s}^{\#}$和 $\boldsymbol{F}_s^{\#}$ 的定义,显然,从式(9.56),易得

$$\boldsymbol{G}_s^{\#}\boldsymbol{F}_s^{\#}=(\boldsymbol{O}\ \ \bar{\boldsymbol{A}}_{fs}\ \ \boldsymbol{O}\ \ \boldsymbol{O}\ \ \bar{\boldsymbol{B}}_{fs}\boldsymbol{F}_s\ \ \bar{\boldsymbol{B}}_{fs}\ \ \boldsymbol{O}),$$
$$(\boldsymbol{G}_{2s}^{\#}\boldsymbol{F}_s^{\#})^{\mathrm{T}}=(\overbrace{(\boldsymbol{G}_s^{\#}\boldsymbol{F}_s^{\#})^{\mathrm{T}}\cdots(\boldsymbol{G}_s^{\#}\boldsymbol{F}_s^{\#})^{\mathrm{T}}}^{5}(\bar{\boldsymbol{I}}_{q_2}\boldsymbol{G}_s^{\#}\boldsymbol{F}_s^{\#})^{\mathrm{T}}\ \ \boldsymbol{O}).$$

由引理9.2,式(9.56)和式(9.55)成立的一个充分条件为存在一个常数 α_s 和矩阵 $\boldsymbol{G}_s$,使得

$$\begin{pmatrix}\Sigma_s & *\\ \alpha_s(\boldsymbol{G}_s^{\#})^{\mathrm{T}}+\boldsymbol{G}_s\boldsymbol{F}_s^{\#} & -\alpha_s\mathrm{He}\{\boldsymbol{G}_s\}\end{pmatrix}<\boldsymbol{O}.\tag{9.57}$$

再次应用舒尔补引理1.1,式(9.57)等价于

$$\begin{pmatrix}\hat{\boldsymbol{\Theta}}_{1s} & * & * & *\\ \boldsymbol{\Theta}_{2s} & -\alpha_s\mathrm{He}\{\boldsymbol{G}_s\} & * & *\\ \sqrt{\tau_2}\boldsymbol{R} & \boldsymbol{O} & -\boldsymbol{Q}_2 & *\\ \boldsymbol{\Gamma}_{2s} & \boldsymbol{O} & \boldsymbol{O} & -\boldsymbol{I}\end{pmatrix}<\boldsymbol{O},\tag{9.58}$$

这里 $\hat{\Theta}_{1s}=\boldsymbol{\Theta}_s+\mathrm{He}\{\boldsymbol{G}_{2s}^{\#}\boldsymbol{F}_s^{\#}\}$ 和 $\boldsymbol{\Theta}_{2s}=\alpha_s(\boldsymbol{G}_s^{\#})^{\mathrm{T}}+\boldsymbol{G}_s\boldsymbol{F}_s^{\#}$. 因此,能确保(9.58)成立的一个充分条件为存在矩阵 $\boldsymbol{G}_{3s}$,使得

$$\begin{pmatrix} \hat{\boldsymbol{\Theta}}_{1s} & * & * & * \\ \boldsymbol{\Theta}_{2s} & -\alpha_s\mathrm{He}\{\boldsymbol{G}_s\} & * & * \\ \sqrt{\tau_2}\boldsymbol{R} & \boldsymbol{O} & -\boldsymbol{Q}_2 & * \\ \boldsymbol{G}_{3s}\boldsymbol{\Gamma}_{2s} & \boldsymbol{O} & \boldsymbol{O} & \boldsymbol{\Theta}_{4s} \end{pmatrix}<\boldsymbol{O}, \tag{9.59}$$

这里 $\boldsymbol{\Theta}_{4s}=\boldsymbol{I}-\mathrm{He}\{\boldsymbol{G}_{3s}\}$. 现在,让

$$\hat{\boldsymbol{C}}_{fs}=\boldsymbol{G}_{3s}\boldsymbol{C}_{fs},\hat{\boldsymbol{D}}_{fs}=\boldsymbol{G}_{3s}\boldsymbol{D}_{fs}. \tag{9.60}$$

根据式(9.60)和上面的分析,显然式(9.59)等价于式(9.50). 另外,式(9.56)和式(9.60)暗示了设计的事件驱动有限时间滤波器具有形式(9.51). 证毕.

9.3 数值算例

本节用数值算例来表明所提出方法的有效性.

例 9.1 考虑在文献[31]中带有下面参数的两个模态的直流电动机模型:

$$\boldsymbol{E}_s^*\dot{\boldsymbol{x}}(t)=\boldsymbol{A}_s^*\boldsymbol{x}(t)+\boldsymbol{B}_s^*\boldsymbol{w}(t), \tag{9.61a}$$

$$\boldsymbol{y}(t)=\boldsymbol{F}_s\boldsymbol{x}(t), \tag{9.61b}$$

$$z(t)=\boldsymbol{C}_s\boldsymbol{x}(t)+\boldsymbol{D}_s\omega(t), \tag{9.61c}$$

这里

$$\boldsymbol{E}_s^*=\begin{pmatrix}0 & 0\\ 0 & J_s\end{pmatrix},\boldsymbol{A}_s^*=\begin{pmatrix}R_t & K^*\\ K_t & -c\end{pmatrix},\boldsymbol{B}_s^*=\begin{pmatrix}0\\1\end{pmatrix},$$

$$\boldsymbol{F}_s=(1.6\quad 1),\boldsymbol{C}_s=(2\quad 1.5),\boldsymbol{D}_s=0.5,J_1=2,$$

$$J_2=2.2,R_t=0.8,K^*=0.6,K_t=1.5,c=0.6.$$

则(9.61a)~(9.61c)能被表示为下面的离散奇异跳变网络系统:

$$\boldsymbol{E}\boldsymbol{x}(p+1)=\boldsymbol{A}_s\boldsymbol{x}(p)+\boldsymbol{B}_s\boldsymbol{w}(p), \tag{9.62a}$$

$$\boldsymbol{y}(p)=\boldsymbol{F}_s\boldsymbol{x}(p), \tag{9.62b}$$

$$\boldsymbol{z}(p)=\boldsymbol{C}_s\boldsymbol{x}(p)+\boldsymbol{D}_s\boldsymbol{w}(p), \tag{9.62c}$$

这里 $\boldsymbol{E}=\mathrm{diag}\{0,1\}$,$\boldsymbol{A}_s=\begin{pmatrix}R_t & K^*\\ \dfrac{K_t\Delta T}{J_l} & 1-\dfrac{c\Delta T}{J_l}\end{pmatrix}$和 $\boldsymbol{B}_s=\begin{pmatrix}0\\ \dfrac{\Delta T}{J_l}\end{pmatrix}$.

采样周期设为 $\Delta T=0.1$,系统参数设为 $\rho_1=0.11,\rho_2=0.12,\tau_1=1,\tau_2=3,\boldsymbol{\Gamma}_1=\boldsymbol{\Gamma}_2=\boldsymbol{I}_4$,$\mu=1.19,b_1=d=1,p^*=8,\boldsymbol{W}_1=\boldsymbol{W}_2=\begin{pmatrix}2 & 1\\ 0 & 0\end{pmatrix}$,转移概率矩阵为$\begin{pmatrix}0.65 & 0.35\\ 0.3 & 0.7\end{pmatrix}$. 则由定理9.3,LMIs 存在可行解,且共同设计的事件驱动有限时间 H_∞ 滤波器增益及事件驱动矩阵参数为

$$A_{f1}=\begin{pmatrix}0.9677 & 0.0375\\ -0.0588 & 0.5377\end{pmatrix},B_{f1}=\begin{pmatrix}-0.5483\\ -0.0494\end{pmatrix},$$

$$C_{f1}=(0.7063\quad 3.1908),D_{f1}=-0.1471,\Omega_1=1.5529\times10^4,$$

$$A_{f2}=\begin{pmatrix}0.9725 & 0.4002\\ -0.0462 & 0.2275\end{pmatrix},B_{f2}=\begin{pmatrix}-0.5359\\ -0.0306\end{pmatrix},$$

$$C_{f2}=(0.6728\quad 2.0871),D_{f2}=0.0469,$$

$$\Omega_2=2.1066\times10^4,\gamma=1.1299,b_2=1.4526.$$

现在,让 $\tilde{x}^{\mathrm{T}}(p_1)=(-0.3,0.4,0.5,0.6)(p_1\in\{-3,-2,-1,0\})$ 和 $\omega(p)=0.6\mathrm{e}^{-0.1p}\cdot\sin p$. 图 9.2 和图 9.3 表示系统(9.14a)和(9.14b)传输时刻和区间,跳模和输出误差,这也表明了奇异跳变网络系统是关于$(1,1.4526,I_4,8,1,1.1299)$奇异随机有限时间有界的,而且在 120 秒的仿真中只有 35 次触发.

注 9.1　从定理 9.3 可以看出,矩阵不等式变量分离技巧能应用于离散奇异时滞跳变系统的滤波器和控制律设计,相应的结果能够被导出. 而且 $\mu=1$ 时,如果(9.51)存在可行解,则奇异跳变网络系统的事件驱动 H_∞ 滤波器增益能设计为形式(9.51). 进而,如果时滞 $\tau(p)$ 分割的越细,选择在定理 9.1 ~ 9.3 中合适的 M_s,R 和 Y_s,则也能导出具有较小保守性的结论.

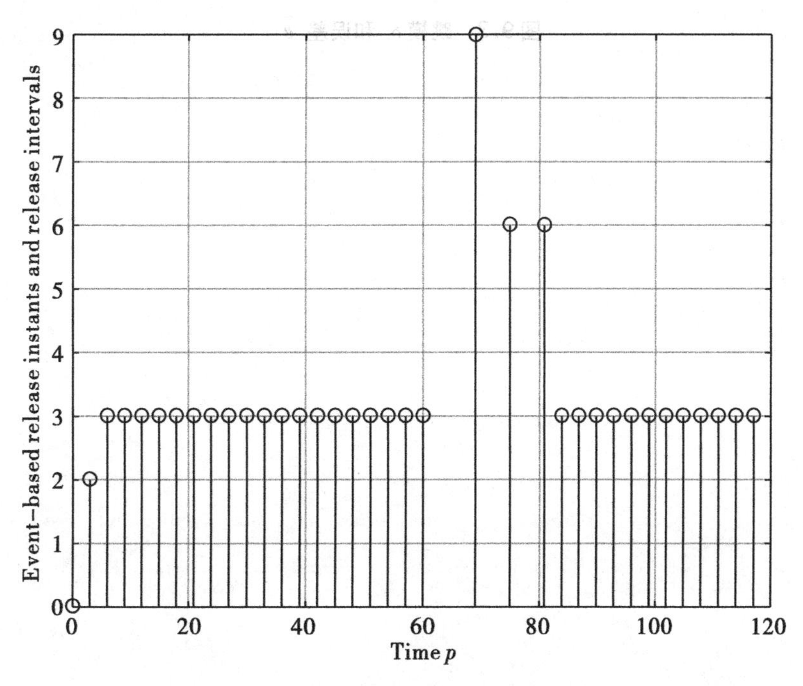

图 9.2　事件传输时刻和区间

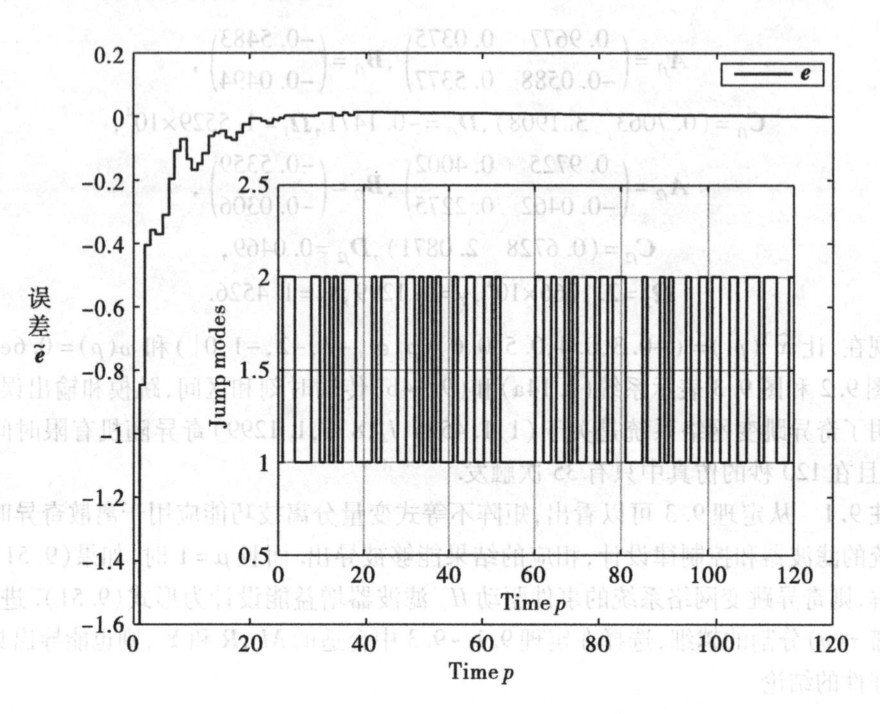

图 9.3　跳模 δ_p 和误差 $\tilde{e}$

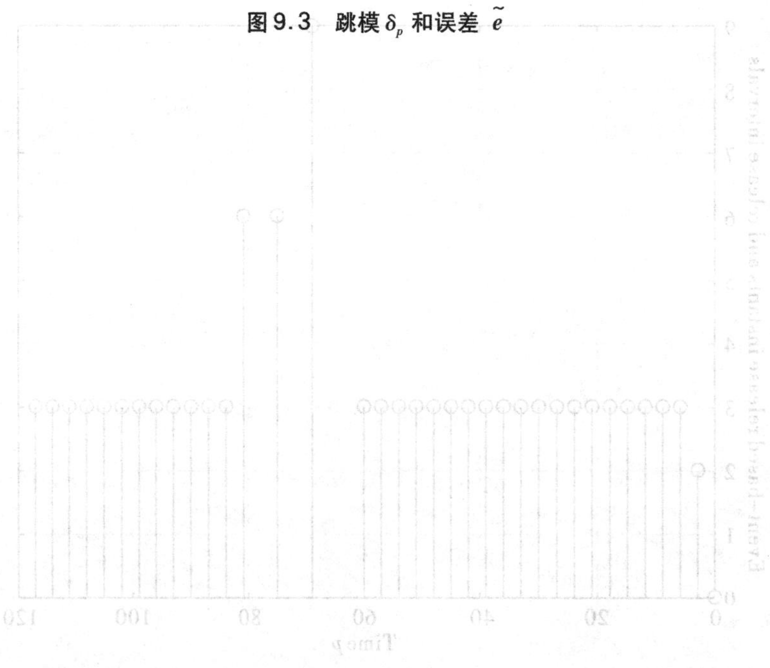

附录 A　部分仿真程序

A.1　第2章图2.3的 Matlab 程序

```
clear all
%先给定 alpha2(1)的初值
alpha2(1)=1.82;
e=[1,0;0,0];
a1=[-0.8,1.5;2,3];
b1=[-1,0.2;0.5,-0.1];
g1=[0.2;0.1];
f1=[0.2,0;0,0.1];
e11=[0.03,0;0.01,0.02];
e21=[0.02,0;0.01,0.01];
e31=[0.01;0.01];
a2=[-2,1.2;1,4];
b2=[-1,1;0.5,-2];
g2=[0.2;0.3];
f2=[0.1,0.02;0,0.1];
e12=[0.02,0;0.1,0.02];
e22=[0.04,0;0.1,0.01];
e32=[0.04;0.01];
c11=[1,1];
c22=[1,1];
d11=[0.1,0.2];
d12=[0.1,0.2];
d21=0.1;
d22=0.1;
```

```
c1=1;
phi=[0;1];
T1=2;dd=1;
pi11=-1.2;pi12=1.2;
pi21=1;pi22=-1;
%To assess feasibility with feasp,first enter the LMIs
setlmis([])
%以下是矩阵变量描述
[p111,n,sp111]=lmivar(1,[1 1]);%X1
[Lambda1,n,sLambda1]=lmivar(1,[1 1]);%X2
x11=lmivar(3,[sp111,0;0,sLambda1]);%X3 x11=x(1)
y11=lmivar(2,[2 1]);%X4 y11=y(1)
[p112,n,sp112]=lmivar(1,[1 1]);%X5
[Lambda2,n,sLambda2]=lmivar(1,[1 1]);%X6
x12=lmivar(3,[sp112,0;0,sLambda2]);%X7   x12=x(2)
y12=lmivar(2,[2 1]);%X8 y12=y(2)
Psi1=lmivar(1,[2 1]);%X9
Psi2=lmivar(1,[2 1]);%X10
L11=lmivar(2,[2 2]);%X11
L12=lmivar(2,[2 2]);%X12
cc=lmivar(1,[1 1]);%X13  $ \mbox{cc} =c_2^{2}$
gamma2=lmivar(1,[1 1]);%X14  $ \mbox{gamma2} = \gamma^{2}$
eta1=lmivar(1,[1,1]);%X15

%以下是 LMI#1 描述
lmiterm([1 1 1 x11],e,transpose(a1),'s') % LMI #1$i=1$时
lmiterm([1 1 1 y11],1,transpose(phi) * transpose(a1),'s')
lmiterm([1 1 1 L11],1,transpose(b1),'s')
lmiterm([1 1 1 x11],(pi11-alpha2(1)) * e,transpose(e))
lmiterm([1 1 2 0],g1)
lmiterm([1 1 3 x11],e,transpose(c11))
lmiterm([1 1 3 y11],1,transpose(phi) * transpose(c11))
lmiterm([1 1 3 L11],1,transpose(d11))
lmiterm([1 1 4 x11],(pi12)^(1/2) * e,1)
lmiterm([1 1 4 y11],(pi12)^(1/2),transpose(phi))
lmiterm([1 2 2 gamma2],-exp(-alpha2(1) * T1),1)
lmiterm([1 2 3 0],transpose(d21))
lmiterm([1 3 3 0],-1)
```

```
lmiterm([1 4 4 x12],-e,1,'s')
lmiterm([1 4 4 y12],-1,transpose(phi),'s')
lmiterm([1 4 4 Psi2],1,1)

%以下是 LMI#2 描述
lmiterm([2 1 1 x12],e,transpose(a2),'s')
lmiterm([2 1 1 y12],1,transpose(phi) * transpose(a2),'s')
lmiterm([2 1 1 L12],1,transpose(b2),'s')
lmiterm([2 1 1 x12],(pi11-alpha2(1)) * e,transpose(e))
lmiterm([2 1 2 0],g2)
lmiterm([2 1 3 x12],e,transpose(c22))
lmiterm([2 1 3 y12],1,transpose(phi) * transpose(c22))
lmiterm([2 1 3 L12],1,transpose(d12))
lmiterm([2 1 4 x12],(pi21)^(1/2) * e,1)
lmiterm([2 1 4 y12],(pi21)^(1/2),transpose(phi))
lmiterm([2 2 2 gamma2],-exp(-alpha2(1) * T1),1)
lmiterm([2 2 3 0],transpose(d22))
lmiterm([2 3 3 0],-1)
lmiterm([2 4 4 x11],-e,1,'s')
lmiterm([2 4 4 y11],-1,transpose(phi),'s')
lmiterm([2 4 4 Psi1],1,1)

lmiterm([3 1 1 gamma2],dd * exp(-alpha2(1) * T1),1) %LMI#3
lmiterm([3 1 1 cc],-exp(-alpha2(1) * T1),1)
lmiterm([3 1 2 0],c1)
lmiterm([3 2 2 eta1],-1,1)

lmiterm([4 1 1 x11],e,transpose(e)) %LMI#14
lmiterm([4 1 1 Psi1],-1,1)

lmiterm([5 1 1 x12],e,transpose(e)) %LMI#5
lmiterm([5 1 1 Psi2],-1,1)

lmiterm([6 1 1 x11],1,1) %LMI#6
lmiterm([6 1 1 0],-1)

lmiterm([7 1 1 x12],1,1) %LMI#7
lmiterm([7 1 1 0],-1)
```

```
lmiterm([-8 1 1 x11],1,1) %LMI#8
lmiterm([8 1 1 eta1],1,1)

lmiterm([-9 1 1 x12],1,1) %LMI#9
lmiterm([9 1 1 eta1],1,1)

lmiterm([10 1 1 Psi1],-1,1) %LMI#10

lmiterm([11 1 1 Psi2],-1,1) %LMI#11

lmiterm([12 1 1 gamma2],-1,1) %LMI#12

lmiterm([13 1 1 p111],-1,1) %LMI#13

lmiterm([14 1 1 p112],-1,1) %LMI#14

lmiterm([15 1 1 eta1],-1,1) %LMI#15

lmis = getlmis;
matnbr(lmis)
c=mat2dec(lmis,0,0,zeros(2,2),zeros(2,1),0,0,zeros(2,2),zeros(2,1),zeros(2,
2),zeros(2,2),\\zeros(2,2),zeros(2,2),1,1,0);
[copt,xopt]= mincx(lmis,c,[0,0,0,0,0])

X1=dec2mat(lmis,xopt,x11)
X2=dec2mat(lmis,xopt,x12)
Y1=dec2mat(lmis,xopt,y11)
Y2=dec2mat(lmis,xopt,y12)
P1=e * X1+Y1 * transpose(phi)
P2=e * X2+Y2 * transpose(phi)
L11=dec2mat(lmis,xopt,L11)
L12=dec2mat(lmis,xopt,L12)
eta1=dec2mat(lmis,xopt,eta1)
Psi1=dec2mat(lmis,xopt,Psi1)
Psi2=dec2mat(lmis,xopt,Psi2)
L1=transpose(L11) * transpose(inv(P1))
L2=transpose(L12) * transpose(inv(P2))
```

```
CC(1)=(dec2mat(lmis,xopt,cc))^(1/2)
Gamma2(1)=(dec2mat(lmis,xopt,gamma2))^(1/2)

ts=0.01;

for i=2:270

alpha2(i)=alpha2(i-1)+ts;
e=[1,0;0,0];
a1=[-0.8,1.5;2,3];
b1=[-1,0.2;0.5,-0.1];
g1=[0.2;0.1];
f1=[0.2,0;0,0.1];
e11=[0.03,0;0.01,0.02];
e21=[0.02,0;0.01,0.01];
e31=[0.01;0.01];
a2=[-2,1.2;1,4];
b2=[-1,1;0.5,-2];
g2=[0.2;0.3];
f2=[0.1,0.02;0,0.1];
e12=[0.02,0;0.1,0.02];
e22=[0.04,0;0.1,0.01];
e32=[0.04;0.01];
c11=[1,1];
c22=[1,1];
d11=[0.1,0.2];
d12=[0.1,0.2];
d21=0.1;
d22=0.1;
c1=1;
phi=[0;1];
T1=2;dd=1;
pi11=-1.2;pi12=1.2;
pi21=1;pi22=-1;

%To assess feasibility with feasp,first enter the LMIs
setlmis([])
[p111,n,sp111]=lmivar(1,[1 1]);%X1
```

```
[Lambda1,n,sLambda1]=lmivar(1,[1 1]);% X2
x11=lmivar(3,[sp111,0;0,sLambda1]);% X3 x11=x(1)
y11=lmivar(2,[2 1]);% X4 y11=y(1)
[p112,n,sp112]=lmivar(1,[1 1]);% X5
[Lambda2,n,sLambda2]=lmivar(1,[1 1]);% X6
x12=lmivar(3,[sp112,0;0,sLambda2]);% X7x12=x(2)
y12=lmivar(2,[2 1]);% X8 y12=y(2)
Psi1=lmivar(1,[2 1]);% X9
Psi2=lmivar(1,[2 1]);% X10
L11=lmivar(2,[2 2]);% X11
L12=lmivar(2,[2 2]);% X12

cc=lmivar(1,[1 1]);% X13
gamma2=lmivar(1,[1 1]);% X14
eta1=lmivar(1,[1,1]);% X15

%线性矩阵不等式描述
lmiterm([1 1 1 x11],e,transpose(a1),'s') %LMI#1
lmiterm([1 1 1 y11],1,transpose(phi)*transpose(a1),'s')
lmiterm([1 1 1 L11],1,transpose(b1),'s')
lmiterm([1 1 1 x11],(pi11-alpha2(i))*e,transpose(e))
lmiterm([1 1 2 0],g1)
lmiterm([1 1 3 x11],e,transpose(c11))
lmiterm([1 1 3 y11],1,transpose(phi)*transpose(c11))
lmiterm([1 1 3 L11],1,transpose(d11))
lmiterm([1 1 4 x11],(pi12)^(1/2)*e,1)
lmiterm([1 1 4 y11],(pi12)^(1/2),transpose(phi))
lmiterm([1 2 2 gamma2],-exp(-alpha2(i)*T1),1)
lmiterm([1 2 3 0],transpose(d21))
lmiterm([1 3 3 0],-1)
lmiterm([1 4 4 x12],-e,1,'s')
lmiterm([1 4 4 y12],-1,transpose(phi),'s')
lmiterm([1 4 4 Psi2],1,1)

lmiterm([2 1 1 x12],e,transpose(a2),'s') %LMI#2
lmiterm([2 1 1 y12],1,transpose(phi)*transpose(a2),'s')
lmiterm([2 1 1 L12],1,transpose(b2),'s')
lmiterm([2 1 1 x12],(pi11-alpha2(i))*e,transpose(e))
```

```
lmiterm([2 1 2 0],g2)
lmiterm([2 1 3 x12],e,transpose(c22))
lmiterm([2 1 3 y12],1,transpose(phi) * transpose(c22))
lmiterm([2 1 3 L12],1,transpose(d12))
lmiterm([2 1 4 x12],(pi21)^(1/2) * e,1)
lmiterm([2 1 4 y12],(pi21)^(1/2),transpose(phi))
lmiterm([2 2 2 gamma2],-exp(-alpha2(i) * T1),1)
lmiterm([2 2 3 0],transpose(d22))
lmiterm([2 3 3 0],-1)
lmiterm([2 4 4 x11],-e,1,'s')
lmiterm([2 4 4 y11],-1,transpose(phi),'s')
lmiterm([2 4 4 Psi1],1,1)

lmiterm([3 1 1 gamma2],dd * exp(-alpha2(i) * T1),1) %LMI#3
lmiterm([3 1 1 cc],-exp(-alpha2(i) * T1),1)
lmiterm([3 1 2 0],c1)
lmiterm([3 2 2 eta1],-1,1)

lmiterm([4 1 1 x11],e,transpose(e)) %LMI#4
lmiterm([4 1 1 Psi1],-1,1)

lmiterm([5 1 1 x12],e,transpose(e)) %LMI#5
lmiterm([5 1 1 Psi2],-1,1) %

lmiterm([6 1 1 x11],1,1) %LMI#6
lmiterm([6 1 1 0],-1)

lmiterm([7 1 1 x12],1,1) %LMI#7
lmiterm([7 1 1 0],-1)

lmiterm([-8 1 1 x11],1,1) %LMI#8
lmiterm([8 1 1 eta1],1,1)

lmiterm([-9 1 1 x12],1,1) %LMI#9
lmiterm([9 1 1 eta1],1,1)

lmiterm([10 1 1 Psi1],-1,1) %LMI#10
```

```
lmiterm([11 1 1 Psi2],-1,1) %LMI#11

lmiterm([12 1 1 gamma2],-1,1) %LMI#12

lmiterm([13 1 1 p111],-1,1) %LMI#13

lmiterm([14 1 1 p112],-1,1) %LMI#14

lmiterm([15 1 1 eta1],-1,1) %LMI#15

lmis = getlmis;
matnbr(lmis)
c=mat2dec(lmis,0,0,zeros(2,2),zeros(2,1),0,0,zeros(2,2),zeros(2,1),zeros(2,
2),zeros(2,2),\\zeros(2,2),zeros(2,2),1,1,0);
[copt,xopt]= mincx(lmis,c,[0,0,0,0,0])

X1=dec2mat(lmis,xopt,x11)
X2=dec2mat(lmis,xopt,x12)
Y1=dec2mat(lmis,xopt,y11)
Y2=dec2mat(lmis,xopt,y12)
P1=e * X1+Y1 * transpose(phi)
P2=e * X2+Y2 * transpose(phi)
L11=dec2mat(lmis,xopt,L11)
L12=dec2mat(lmis,xopt,L12)
eta1=dec2mat(lmis,xopt,eta1)
Psi1=dec2mat(lmis,xopt,Psi1)
Psi2=dec2mat(lmis,xopt,Psi2)
L1=transpose(L11) * transpose(inv(P1))
L2=transpose(L12) * transpose(inv(P2))
CC(i)=(dec2mat(lmis,xopt,cc))^(1/2)
Gamma2(i)=(dec2mat(lmis,xopt,gamma2))^(1/2)

end
figure;
plot3(alpha2,CC,Gamma2,'-')
grid on
xlabel('$ \alpha $');
ylabel('c2');
```

```
zlabel('$\gamma$');
```

A.2 第3章例3.1的fminsearch程序

```
% fminsearch 程序

clear all

[x,fval]=fminsearch(@smjs_example_31,2.0)

% smjs_example_31 程序
clear all
function f=smjs_example_31(x)
%x 取值范围最小值 x=1.29;最大值 x=8.58;
ee=[0,0,1];
e1=[1,0,1;3,1,0;0,0,0];
a1=[1,1,0.2;0,2,1.8;1,1.5,1];
b1=[0,1;1,0;1,1];
g1=[1;1;1];
c1=[1,1,0];d1=0.1;
v1=[0;0;1];
f1=[0;0.1;0.1];
n11=[0.1,0.1,0.1];
n21=[0.1,0.1];
e2=[1,0,1;3,1,0;0,0,0];
a2=[2,1,0;0,1.5,2;1,1,0.5];
b2=[0,1;1,1;1,1];
g2=[1;0;1];c2=[1,1,1];
d2=0.4;v2=[0;0;2];
f2=[0;0.1;0.1];
n12=[0.1,0.1,0.1];
n22=[0.1,0.1];
deltax=1;
N=8;dd=9;

pi11=0.6;pi12=0.4;
pi21=0.3;pi22=0.7;
```

```
% To assess feasibility Zith feasp, first enter the LMIs
setlmis([])
p1=lmivar(1,[3 1]);%X1
p2=lmivar(1,[3 1]);%X2
w1=lmivar(2,[3 1]);%X3
w2=lmivar(2,[3 1]);%X4
l1=lmivar(2,[2 3]);%X5
l2=lmivar(2,[2 3]);%X6
theta1=lmivar(1,[1 0]);%X7
theta2=lmivar(1,[1 0]);%X8
sigma=lmivar(1,[1 0]);%X9
epsilon1=lmivar(1,[1 0]);%X10
epsilon2=lmivar(1,[1 0]);%X11
gamma22=lmivar(1,[1 0]);%X12% gamma22= $ \gamma^2 $
cc=lmivar(1,[1 0]);%X13   %cc= $ \epsilon^2 $

%% LMI #1 i=1 时  %%%
lmiterm([1 1 1 theta1],1,a1-e1,'s')
lmiterm([1 1 1 l1],b1,1,'s')
lmiterm([1 1 1 p1],pi11  transpose(e1),e1)
lmiterm([1 1 1 p2],pi12  transpose(e1),e1)
lmiterm([1 1 1 p1],-x  transpose(e1),e1)
lmiterm([1 2 1 theta1],1,a1-e1)
lmiterm([1 2 1 l1],b1,1)
lmiterm([1 1 2 w1],1,transpose(v1))
lmiterm([1 2 1 theta1],-1,1)
lmiterm([1 2 1 p1],pi11,e1)
lmiterm([1 2 1 p2],pi12,e1)
lmiterm([1 2 2 theta1],-2,1)
lmiterm([1 2 2 p1],pi11,1)
lmiterm([1 2 2 p2],pi12,1)
lmiterm([1 3 1 theta1],1,transpose(g1))
lmiterm([1 3 2 theta1],1,transpose(g1))
lmiterm([1 3 3 gamma22],-x^(-N),1)
lmiterm([1 4 1 0],c1)
lmiterm([1 4 3 0],d1)
lmiterm([1 4 4 0],-1)
```

```
lmiterm([1 5 1 theta1],1,n11)
lmiterm([1 5 1 l1],n21,1)
lmiterm([1 5 5 epsilon1],-1,1)
lmiterm([1 6 1 epsilon1],1,transpose(f1))
lmiterm([1 6 2 epsilon1],1,transpose(f1))
lmiterm([1 6 6 epsilon1],-1,1)

%% LMI #1 i=2 时  %%%
lmiterm([2 1 1 theta2],1,a2-e2,'s') %LMI#1 i=2 时
lmiterm([2 1 1 l2],b2,1,'s')
lmiterm([2 1 1 p1],pi21  transpose(e2),e2)
lmiterm([2 1 1 p2],pi22  transpose(e2),e2)
lmiterm([2 1 1 p2],-x  transpose(e2),e2)
lmiterm([2 2 1 theta2],1,a2-e2)
lmiterm([2 2 1 l2],b2,1)
lmiterm([2 1 2 w2],1,transpose(v2))
lmiterm([2 2 1 theta2],-1,1)
lmiterm([2 2 1 p1],pi21,e2)
lmiterm([2 2 1 p2],pi22,e2)
lmiterm([2 2 2 theta2],-2,1)
lmiterm([2 2 2 p1],pi21,1)
lmiterm([2 2 2 p2],pi22,1)
lmiterm([2 3 1 theta2],1,transpose(g2))
lmiterm([2 3 2 theta2],1,transpose(g2))
lmiterm([2 3 3 gamma22],-x^(-N),1)
lmiterm([2 4 1 0],c2)
lmiterm([2 4 3 0],d2)
lmiterm([2 4 4 0],-1)
lmiterm([2 5 1 theta2],1,n12)
lmiterm([2 5 1 l2],n22,1)
lmiterm([2 5 5 epsilon2],-1,1)
lmiterm([2 6 1 epsilon2],1,transpose(f2))
lmiterm([2 6 2 epsilon2],1,transpose(f2))
lmiterm([2 6 6 epsilon2],-1,1)

% 以下是 LMI#3-11

lmiterm([3 1 1 p1],-1,1)
```

```
lmiterm([3 1 1 0],1)

lmiterm([4 1 1 p1],1,1)
lmiterm([4 1 1 sigma],-1,1)

lmiterm([5 1 1 p2],-1,1)
lmiterm([5 1 1 0],1)

lmiterm([6 1 1 p2],1,1)
lmiterm([6 1 1 sigma],-1,1)

lmiterm([7 1 1 sigma],deltax,1)
lmiterm([7 1 1 gamma22],x^(-N)  dd,1)

lmiterm([7 1 1 cc],-x^(-N),1)

lmiterm([8 1 1 p1],-1,1)

lmiterm([9 1 1 p2],-1,1)

lmiterm([10 1 1 gamma22],-1,1)

lmiterm([11 1 1 cc],-1,1)

lmis = getlmis;
matnbr(lmis)
c=mat2dec(lmis,zeros(3,3),zeros(3,3),zeros(3,1),zeros(3,1),zeros(2,3),zeros
(2,3),0,0,0,0,0,1,1);
[copt,xopt] = mincx(lmis,c,[0,0,0,0,0])

p1=dec2mat(lmis,xopt,p1)
p2=dec2mat(lmis,xopt,p2)
w1=dec2mat(lmis,xopt,w1)
w2=dec2mat(lmis,xopt,w2)
l1=dec2mat(lmis,xopt,l1)
l2=dec2mat(lmis,xopt,l2)
k1=inv(theta1)  l1
k2=inv(theta2)  l2
```

```
ab1=a1+b1  k1
ab2=a2+b2  k2
fn1=f1  (n11+n21  k1)
fn2=f2  (n12+n22  k2)
theta1=dec2mat(lmis,xopt,theta1)
theta2=dec2mat(lmis,xopt,theta2)
sigma=dec2mat(lmis,xopt,sigma)
epsilon1=dec2mat(lmis,xopt,epsilon1)
epsilon2=dec2mat(lmis,xopt,epsilon2)
Gamma22=dec2mat(lmis,xopt,gamma22)^(1/2)
CC=(dec2mat(lmis,xopt,cc))^(1/2)
f=CC^2+Gamma22^2
```

A.3 第3章图3.1的Matlab程序

```
clear all
%mu 取值范围最小值 mu=1.29;最大值 mu=8.59;
mu(1)=1.3;
ee=[0,0,1];
e1=[1,0,1;3,1,0;0,0,0];
a1=[1,1,0.2;0,2,1.8;1,1.5,1];
b1=[0,1;1,0;1,1];
g1=[1;1;1];
c1=[1,1,0];
d1=0.1;
v1=[0;0;1];
f1=[0;0.1;0.1];
n11=[0.1,0.1,0.1];
n21=[0.1,0.1];
e2=[1,0,1;3,1,0;0,0,0];
a2=[2,1,0;0,1.5,2;1,1,0.5];
b2=[0,1;1,1;1,1];
g2=[1;0;1];c2=[1,1,1];
d2=0.4;v2=[0;0;2];
f2=[0;0.1;0.1];
n12=[0.1,0.1,0.1];
n22=[0.1,0.1];
```

```
delta1=0;delta2=0;
deltax=1;
N=8;dd=9;
pi11=0.6;pi12=0.4;
pi21=0.3;pi22=0.7;

setlmis([])
%以下是矩阵变量描述
p1=lmivar(1,[3 1]);%X1
p2=lmivar(1,[3 1]);%X2
w1=lmivar(2,[3 1]);%X3
w2=lmivar(2,[3 1]);%X4
l1=lmivar(2,[2 3]);%X5
l2=lmivar(2,[2 3]);%X6
theta1=lmivar(1,[1 0]);%X7
theta2=lmivar(1,[1 0]);%X8
sigma=lmivar(1,[1 0]);%X9
epsilon1=lmivar(1,[1 0]);%X10
epsilon2=lmivar(1,[1 0]);%X11
gamma22=lmivar(1,[1 0]);%X12   %gamma22=$ \gamma^2 $
cc=lmivar(1,[1 0]);%X13   cc= $ \epsilon^2 $

%以下是LMI#1 矩阵不等式描述
lmiterm([1 1 1 theta1],1,a1-e1,'s') % LMI \#1  $ i=1 $时
lmiterm([1 1 1 l1],b1,1,'s')
lmiterm([1 1 1 p1],pi11*transpose(e1),e1)
lmiterm([1 1 1 p2],pi12*transpose(e1),e1)
lmiterm([1 1 1 p1],-mu(1)*transpose(e1),e1)
lmiterm([1 2 1 theta1],1,a1-e1)
lmiterm([1 2 1 l1],b1,1)
lmiterm([1 1 2 w1],1,transpose(v1))
lmiterm([1 2 1 theta1],-1,1)
lmiterm([1 2 1 p1],pi11,e1)
lmiterm([1 2 1 p2],pi12,e1)
lmiterm([1 2 2 theta1],-2,1)
lmiterm([1 2 2 p1],pi11,1)
lmiterm([1 2 2 p2],pi12,1)
lmiterm([1 3 1 theta1],1,transpose(g1))
```

```
lmiterm([1 3 2 theta1],1,transpose(g1))
lmiterm([1 3 3 gamma22],-mu(1)^(-N),1)
lmiterm([1 4 1 0],c1)
lmiterm([1 4 3 0],d1)
lmiterm([1 4 4 0],-1)
lmiterm([1 5 1 theta1],1,n11)
lmiterm([1 5 1 l1],n21,1)
lmiterm([1 5 5 epsilon1],-1,1)
lmiterm([1 6 1 epsilon1],1,transpose(f1))
lmiterm([1 6 2 epsilon1],1,transpose(f1))
lmiterm([1 6 6 epsilon1],-1,1) %

%以下是 LMI#2 矩阵不等式描述
lmiterm([2 1 1 theta2],1,a2-e2,'s') %LMI #2    $i=2$时
lmiterm([2 1 1 l2],b2,1,'s')
lmiterm([2 1 1 p1],pi21 * transpose(e2),e2)
lmiterm([2 1 1 p2],pi22 * transpose(e2),e2)
lmiterm([2 1 1 p2],-mu(1) * transpose(e2),e2)
lmiterm([2 2 1 theta2],1,a2-e2)
lmiterm([2 2 1 l2],b2,1)
lmiterm([2 1 2 w2],1,transpose(v2))
lmiterm([2 2 1 theta2],-1,1)
lmiterm([2 2 1 p1],pi21,e2)
lmiterm([2 2 1 p2],pi22,e2)
lmiterm([2 2 2 theta2],-2,1)
lmiterm([2 2 2 p1],pi21,1)
lmiterm([2 2 2 p2],pi22,1)
lmiterm([2 3 1 theta2],1,transpose(g2))
lmiterm([2 3 2 theta2],1,transpose(g2))
lmiterm([2 3 3 gamma22],-mu(1)^(-N),1)
lmiterm([2 4 1 0],c2)
lmiterm([2 4 3 0],d2)
lmiterm([2 4 4 0],-1)
lmiterm([2 5 1 theta2],1,n12)
lmiterm([2 5 1 l2],n22,1)
lmiterm([2 5 5 epsilon2],-1,1)
lmiterm([2 6 1 epsilon2],1,transpose(f2))
lmiterm([2 6 2 epsilon2],1,transpose(f2))
```

```
lmiterm([2 6 6 epsilon2],-1,1)

%以下是 LMI#3
lmiterm([3 1 1 sigma],deltax,1)
lmiterm([3 1 1 gamma22],mu(1)^(-N) * dd,1)
lmiterm([3 1 1 cc],-mu(1) ^(-N),1)

%以下是 LMI#4-11
lmiterm([4 1 1 p1],-1,1)
lmiterm([4 1 1 0],1)

lmiterm([5 1 1 p1],1,1)
lmiterm([5 1 1 sigma],-1,1)

lmiterm([6 1 1 p2],-1,1)
lmiterm([6 1 1 0],1)

lmiterm([7 1 1 p2],1,1)
lmiterm([7 1 1 sigma],-1,1)

lmiterm([8 1 1 p1],-1,1)

lmiterm([9 1 1 p2],-1,1)

lmiterm([10 1 1 gamma22],-1,1)

lmiterm([11 1 1 cc],-1,1)

lmis = getlmis;
matnbr(lmis)
c=mat2dec(lmis,zeros(3,3),zeros(3,3),zeros(3,1),zeros(3,1),zeros(2,3),zeros
(2,3),0,0,0,0,0,1,1);
[copt,xopt] = mincx(lmis,c,[0,0,0,0,0])

%以下是矩阵变量描述
p1=dec2mat(lmis,xopt,p1)
p2=dec2mat(lmis,xopt,p2)
w1=dec2mat(lmis,xopt,w1)
```

```
w2 = dec2mat(lmis,xopt,w2)
l1 = dec2mat(lmis,xopt,l1)
l2 = dec2mat(lmis,xopt,l2)

k1 = inv(theta1) * l1
k2 = inv(theta2) * l2
theta1 = dec2mat(lmis,xopt,theta1)
theta2 = dec2mat(lmis,xopt,theta2)
sigma = dec2mat(lmis,xopt,sigma)
epsilon1 = dec2mat(lmis,xopt,epsilon1)
epsilon2 = dec2mat(lmis,xopt,epsilon2)
Gamma22(1)= dec2mat(lmis,xopt,gamma22)^(1/2)
CC(1)= (dec2mat(lmis,xopt,cc))^(1/2)

ts=0.01;
for i=2:250 %
mu(i)= mu(i-1)+ts;% mu 取值范围

ee=[0,0,1];
e1=[1,0,1;3,1,0;0,0,0];
a1=[1,1,0.2;0,2,1.8;1,1.5,1];
b1=[0,1;1,0;1,1];
g1=[1;1;1];
c1=[1,1,0];
d1=0.1;
v1=[0;0;1];
f1=[0;0.1;0.1];
n11=[0.1,0.1,0.1];
n21=[0.1,0.1];
e2=[1,0,1;3,1,0;0,0,0];
a2=[2,1,0;0,1.5,2;1,1,0.5];
b2=[0,1;1,1;1,1];
g2=[1;0;1];
c2=[1,1,1];
d2=0.4;
v2=[0;0;2];
f2=[0;0.1;0.1];
n12=[0.1,0.1,0.1];
```

```
n22=[0.1,0.1];
delta1=0;delta2=0;
deltax=1;
N=8;dd=9;
pi11=0.6;pi12=0.4;
pi21=0.3;pi22=0.7;

%To assess feasibility Zith feasp,first enter the LMIs
setlmis([])

p1=lmivar(1,[3 1]);%X1
p2=lmivar(1,[3 1]);%X2
w1=lmivar(2,[3 1]);%X3
w2=lmivar(2,[3 1]);%X4
l1=lmivar(2,[2 3]);%X5
l2=lmivar(2,[2 3]);%X6
theta1=lmivar(1,[1 0]);%X7
theta2=lmivar(1,[1 0]);%X8
sigma=lmivar(1,[1 0]);%X9
epsilon1=lmivar(1,[1 0]);%X10
epsilon2=lmivar(1,[1 0]);%X11
gamma22=lmivar(1,[1 0]);%X12
cc=lmivar(1,[1 0]);%X13 cc:=epsilon^2

%以下是LMI#1矩阵不等式描述

lmiterm([1 1 1 theta1],1,a1-e1,'s') %LMI #1 i=1时
lmiterm([1 1 1 l1],b1,1,'s')
lmiterm([1 1 1 p1],pi11*transpose(e1),e1)
lmiterm([1 1 1 p2],pi12*transpose(e1),e1)
lmiterm([1 1 1 p1],-mu(i)*transpose(e1),e1)
lmiterm([1 2 1 theta1],1,a1-e1)
lmiterm([1 2 1 l1],b1,1)
lmiterm([1 1 2 w1],1,transpose(v1))
lmiterm([1 2 1 theta1],-1,1)
lmiterm([1 2 1 p1],pi11,e1)
lmiterm([1 2 1 p2],pi12,e1)
lmiterm([1 2 2 theta1],-2,1)
```

```
lmiterm([1 2 2 p1],pi11,1)
lmiterm([1 2 2 p2],pi12,1)
lmiterm([1 3 1 theta1],1,transpose(g1))
lmiterm([1 3 2 theta1],1,transpose(g1))
lmiterm([1 3 3 gamma22],-mu(i)^(-N),1)
lmiterm([1 4 1 0],c1)
lmiterm([1 4 3 0],d1)
lmiterm([1 4 4 0],-1)
lmiterm([1 5 1 theta1],1,n11)
lmiterm([1 5 1 l1],n21,1)
lmiterm([1 5 5 epsilon1],-1,1)
lmiterm([1 6 1 epsilon1],1,transpose(f1))
lmiterm([1 6 2 epsilon1],1,transpose(f1))
lmiterm([1 6 6 epsilon1],-1,1)

%以下是 LMI#2 描述
lmiterm([2 1 1 theta2],1,a2-e2,'s') %LMI#1 i=2 时
lmiterm([2 1 1 l2],b2,1,'s')
lmiterm([2 1 1 p1],pi21 * transpose(e2),e2)
lmiterm([2 1 1 p2],pi22 * transpose(e2),e2)
lmiterm([2 1 1 p2],-mu(i) * transpose(e2),e2)
lmiterm([2 2 1 theta2],1,a2-e2)
lmiterm([2 2 1 l2],b2,1)
lmiterm([2 1 2 w2],1,transpose(v2))
lmiterm([2 2 1 theta2],-1,1)
lmiterm([2 2 1 p1],pi21,e2)
lmiterm([2 2 1 p2],pi22,e2)
lmiterm([2 2 2 theta2],-2,1)
lmiterm([2 2 2 p1],pi21,1)
lmiterm([2 2 2 p2],pi22,1)
lmiterm([2 3 1 theta2],1,transpose(g2))
lmiterm([2 3 2 theta2],1,transpose(g2))
lmiterm([2 3 3 gamma22],-mu(i)^(-N),1)
lmiterm([2 4 1 0],c2)
lmiterm([2 4 3 0],d2)
lmiterm([2 4 4 0],-1)
lmiterm([2 5 1 theta2],1,n12)
lmiterm([2 5 1 l2],n22,1)
```

```
lmiterm([2 5 5 epsilon2],-1,1)
lmiterm([2 6 1 epsilon2],1,transpose(f2))
lmiterm([2 6 2 epsilon2],1,transpose(f2))
lmiterm([2 6 6 epsilon2],-1,1)

% 以下是 LMI#3 描述
lmiterm([3 1 1 sigma],deltax,1)
lmiterm([3 1 1 gamma22],mu(i)^(-N) * dd,1)
lmiterm([3 1 1 cc],-mu(i) ^(-N),1)

% 以下是 LMI\#4-11 描述
lmiterm([4 1 1 p1],-1,1)
lmiterm([4 1 1 0],1)

lmiterm([5 1 1 p1],1,1)
lmiterm([5 1 1 sigma],-1,1)

lmiterm([6 1 1 p2],-1,1)
lmiterm([6 1 1 0],1)

lmiterm([7 1 1 p2],1,1)
lmiterm([7 1 1 sigma],-1,1)

lmiterm([8 1 1 p1],-1,1)

lmiterm([9 1 1 p2],-1,1)

lmiterm([10 1 1 gamma22],-1,1)

lmiterm([11 1 1 cc],-1,1)

lmis = getlmis;
matnbr(lmis)
c=mat2dec(lmis,zeros(3,3),zeros(3,3),zeros(3,1),zeros(3,1),zeros(2,3),zeros
(2,3),0,0,0,0,0,1,1);
[copt,xopt]= mincx(lmis,c,[0,0,0,0,0])

p1=dec2mat(lmis,xopt,p1)
```

```
p2 = dec2mat(lmis,xopt,p2)
w1 = dec2mat(lmis,xopt,w1)
w2 = dec2mat(lmis,xopt,w2)
l1 = dec2mat(lmis,xopt,l1)
l2 = dec2mat(lmis,xopt,l2)
k1 = inv(theta1) * l1
k2 = inv(theta2) * l2
theta1 = dec2mat(lmis,xopt,theta1)
theta2 = dec2mat(lmis,xopt,theta2)
sigma = dec2mat(lmis,xopt,sigma)
epsilon1 = dec2mat(lmis,xopt,epsilon1)
epsilon2 = dec2mat(lmis,xopt,epsilon2)
Gamma22(i) = dec2mat(lmis,xopt,gamma22)^(1/2)
CC(i) = (dec2mat(lmis,xopt,cc))^(1/2)

end

figure(1);
plot3(mu,CC,Gamma22,'-')
grid on
xlabel('$ \mu $');
ylabel('$ \epsilon $');
zlabel('$ \gamma $');
```

A.4　第 8 章图 8.1 与 8.2 的 Matlab 程序

```
clear all
%初值 alpha(1)>=0.34;
alpha(1) = 0.38;
e = [1,0,0;0,1,0;0,0,0];
a1 = [0.2,1,1;3,2.5,1.0;0.1,3,2];
b1 = [1;1;1];g1 = 0.3;
l1 = [1,0.1,1];
c1 = [1,1,1];
d1 = 0.2;
a2 = [-4,1,1;1,-3,1;1,2,1];
b2 = [1;0;1];
```

```
g2=0.5;
l2=[0.7,1,2];
c2=[0.8,4,1];
d2=0.1;
psi=[0;0;1];
T1=2;dd=0.36;
pi11=-1;pi12=1;
pi21=2;pi22=-2;
f1=[0.05,0,0;0,0.04,0;0,0.01,0];
e11=[0.2,0,0.03;0.03,0.02,0;0.05,0,0.01];
e21=[0.03;0.02;0.05];
f2=[0.05,0,0;0,0.04,0;0,0.01,0.02];
e12=[0.02,0,0.03;0.03,0.03,0;0.02,0,0.1];
e22=[0.03;0.02;0.02];

%To assess feasibility with feasp,first enter the LMIs
setlmis([])

[p111,n,sp111]=lmivar(1,[2 1]);%X1
[Lambda1,n,sLambda1]=lmivar(1,[1 1]);%X2
x11=lmivar(3,[sp111,zeros(2,1);zeros(1,2),sLambda1]);%X3 x11=x(1)
y11=lmivar(2,[1 3]);%X4 y11=y(1)
[p112,n,sp112]=lmivar(1,[2 1]);%X5
[Lambda2,n,sLambda2]=lmivar(1,[1 1]);%X6
x12=lmivar(3,[sp112,zeros(2,1);zeros(1,2),sLambda2]);%x7 x12=x(2)
y12=lmivar(2,[1 3]);%X8 y12=y(2)
u1=lmivar(2,[3 3]);%X9
v1=lmivar(2,[3 1]);%X10
u2=lmivar(2,[3 3]);%X11
v2=lmivar(2,[3 1]);%X12
cf1=lmivar(2,[1 3]);%X13
cf2=lmivar(2,[1 3]);%X14
cc=lmivar(1,[1 1]);%X15
gamma2=lmivar(1,[1 1]);%X16
eta2=lmivar(1,[1 1]);%X17
epsilon1=lmivar(1,[1 1]);%X18
epsilon2=lmivar(1,[1 1]);%X19
```

```
lmiterm([1 1 1 gamma2],dd,1)
lmiterm([1 1 1 cc],-1,1)

lmiterm([2 1 1 x11],-1,1)
lmiterm([2 1 1 0],1)

lmiterm([3 1 1 x12],-1,1)
lmiterm([3 1 1 0],1)

lmiterm([4 1 1 x11],transpose(a1),e,'s')
lmiterm([4 1 1 y11],transpose(a1)  psi,1,'s')
lmiterm([4 1 1 x12],pi12  transpose(e),e)
lmiterm([4 1 1 y12],pi12  transpose(e)  psi,1)
lmiterm([4 1 1 x11],(pi11-alpha(1))  transpose(e),e)
lmiterm([4 1 1 y11],(pi11-alpha(1))  transpose(e)  psi,1)
lmiterm([4 1 1 epsilon1],1,transpose(e11)  e11)
lmiterm([4 1 2 x11],transpose(a1),e)
lmiterm([4 1 2 y11],transpose(a1)  psi,1)
lmiterm([4 2 1 v1],-1,c1)
lmiterm([4 2 1 u1],-1,1)
lmiterm([4 2 2 u1],1,1,'s')
lmiterm([4 2 2 x12],pi12  transpose(e),e)
lmiterm([4 2 2 y12],pi12  transpose(e)  psi,1)
lmiterm([4 2 2 x11],(pi11-alpha(1))  transpose(e),e)
lmiterm([4 2 2 y11],(pi11-alpha(1))  transpose(e)  psi,1)
lmiterm([4 3 1 x11],transpose(b1),e)
lmiterm([4 3 1 y11],transpose(b1)  psi,1)
lmiterm([4 3 1 epsilon1],1,transpose(e21)  e11)
lmiterm([4 3 2 x11],transpose(b1),e)
lmiterm([4 3 2 y11],transpose(b1)  psi,1)
lmiterm([4 2 3 v1],-1,d1) % LMI #1
lmiterm([4 3 3 gamma2],-exp(-alpha(1)  T1),1)
lmiterm([4 3 3 epsilon1],1,transpose(e21)  e21)
lmiterm([4 4 1 x11],transpose(f1),e)
lmiterm([4 4 1 y11],transpose(f1)  psi,1)
lmiterm([4 4 2 x11],transpose(f1),e)
lmiterm([4 4 2 y11],transpose(f1)  psi,1)
lmiterm([4 4 4 epsilon1],-1,1)
```

```
lmiterm([4 5 1 0],l1)
lmiterm([4 5 1 cf1],-1,1)
lmiterm([4 5 2 cf1],1,1)
lmiterm([4 5 3 0],transpose(g1))
lmiterm([4 5 5 0],-1)

lmiterm([5 1 1 x12],transpose(a2),e,'s')
lmiterm([5 1 1 y12],transpose(a2)  psi,1,'s')
lmiterm([5 1 1 x11],pi21  transpose(e),e)
lmiterm([5 1 1 y11],pi21  transpose(e)  psi,1)
lmiterm([5 1 1 x12],(pi22-alpha(1))  transpose(e),e)
lmiterm([5 1 1 y12],(pi22-alpha(1))  transpose(e)  psi,1)
lmiterm([5 1 1 epsilon2],1,transpose(e12)  e12)
lmiterm([5 1 2 x12],transpose(a2),e)
lmiterm([5 1 2 y12],transpose(a2)  psi,1)
lmiterm([5 2 1 v2],-1,c2)
lmiterm([5 2 1 u2],-1,1)
lmiterm([5 2 2 u2],1,1,'s')
lmiterm([5 2 2 x11],pi21  transpose(e),e)
lmiterm([5 2 2 y11],pi21  transpose(e)  psi,1)
lmiterm([5 2 2 x12],(pi22-alpha(1))  transpose(e),e)
lmiterm([5 2 2 y12],(pi22-alpha(1))  transpose(e)  psi,1)
lmiterm([5 3 1 x12],transpose(b2),e)
lmiterm([5 3 1 y12],transpose(b2)  psi,1)
lmiterm([5 3 1 epsilon2],1,transpose(e22)  e12)
lmiterm([5 3 2 x12],transpose(b2),e)
lmiterm([5 3 2 y12],transpose(b2)  psi,1)
lmiterm([5 2 3 v2],-1,d1)
lmiterm([5 3 3 gamma2],-exp(-alpha(1)  T1),1)
lmiterm([5 3 3 epsilon2],1,transpose(e22)  e22)
lmiterm([5 4 1 x12],transpose(f2),e)
lmiterm([5 4 1 y12],transpose(f2)  psi,1)
lmiterm([5 4 2 x12],transpose(f2),e)
lmiterm([5 4 2 y12],transpose(f2)  psi,1)
lmiterm([5 4 4 epsilon2],-1,1)
lmiterm([5 5 1 0],l2)
lmiterm([5 5 1 cf2],-1,1)
lmiterm([5 5 2 cf2],1,1)
```

```
lmiterm([5 5 3 0],transpose(g2))
lmiterm([5 5 5 0],-1)

%lmiterm([6 1 1 eta1],-1,1)

lmiterm([7 1 1 cc],-1,1)

lmiterm([8 1 1 gamma2],-1,1)

lmiterm([9 1 1 x11],1,1)
lmiterm([9 1 1 eta2],-1,1)

lmiterm([10 1 1 x12],1,1)
lmiterm([10 1 1 eta2],-1,1)

lmiterm([11 1 1 eta2],-1,1)

lmiterm([12 1 1 epsilon1],-1,1)

lmiterm([13 1 1 epsilon2],-1,1)

lmis = getlmis;
matnbr(lmis)
c=mat2dec(lmis,zeros(2,2),0,zeros(3,3),zeros(1,3),zeros(2,2),0,zeros(3,3),
zeros(1,3),zeros(3,3),zeros(3,1),zeros(3,3),zeros(3,1),zeros(1,3),zeros(1,3),1,
1,0,0,0);
[copt,xopt] = mincx(lmis,c,[0,0,0,0,0])

X1=dec2mat(lmis,xopt,x11)
X2=dec2mat(lmis,xopt,x12)
Y1=dec2mat(lmis,xopt,y11)
Y2=dec2mat(lmis,xopt,y12)
P1=X1    e+psi    Y1
P2=X2    e+psi    Y2
U1=dec2mat(lmis,xopt,u1)
U2=dec2mat(lmis,xopt,u2)
V1=dec2mat(lmis,xopt,v1)
V2=dec2mat(lmis,xopt,v2)
```

```
eta2 = dec2mat( lmis, xopt, eta2)
af1 = transpose( inv( P1 ) )   U1
af2 = transpose( inv( P2 ) )   U2
Bf1 = transpose( inv( P1 ) )   V1
Bf2 = transpose( inv( P2 ) )   V2
cf1 = dec2mat( lmis, xopt, cf1 )
cf2 = dec2mat( lmis, xopt, cf2 )
CC(1) = ( dec2mat( lmis, xopt, cc ) )^(1/2)
gamma22(1) = dec2mat( lmis, xopt, gamma2 )^(1/2)

ts = 0.01;
for i = 2 : 362
alpha(i) = alpha(i-1) +ts;

e = [1,0,0;0,1,0;0,0,0];
a1 = [0.2,1,1;3,2.5,1.0;0.1,3,2];
b1 = [1;1;1];
g1 = 0.3;
l1 = [1,0.1,1];
c1 = [1,1,1];
d1 = 0.2;
a2 = [-4,1,1;1,-3,1;1,2,1];
b2 = [1;0;1];
g2 = 0.5;
l2 = [0.7,1,2];
c2 = [0.8,4,1];
d2 = 0.1;
psi = [0;0;1];
T1 = 2; dd = 0.36;
pi11 = -1; pi12 = 1;
pi21 = 2; pi22 = -2;
f1 = [0.05,0,0;0,0.04,0;0,0.01,0];
e11 = [0.2,0,0.03;0.03,0.02,0;0.05,0,0.01];
e21 = [0.03;0.02;0.05];
f2 = [0.05,0,0;0,0.04,0;0,0.01,0.02];
e12 = [0.02,0,0.03;0.03,0.03,0;0.02,0,0.1];
e22 = [0.03;0.02;0.02];
% To assess feasibility with feasp, first enter the LMIs
```

```
setlmis([])

[p111,n,sp111]=lmivar(1,[2 1]);%X1
[Lambda1,n,sLambda1]=lmivar(1,[1 1]);%X2
x11=lmivar(3,[sp111,zeros(2,1);zeros(1,2),sLambda1]);%X3 x11=x(1)
y11=lmivar(2,[1 3]);%X4 y11=y(1)
[p112,n,sp112]=lmivar(1,[2 1]);%X5
[Lambda2,n,sLambda2]=lmivar(1,[1 1]);%X6
x12=lmivar(3,[sp112,zeros(2,1);zeros(1,2),sLambda2]);%x7 x12=x(2)
y12=lmivar(2,[1 3]);%X8 y12=y(2)
u1=lmivar(2,[3 3]);%X9
v1=lmivar(2,[3 1]);%X10
u2=lmivar(2,[3 3]);%X11
v2=lmivar(2,[3 1]);%X12
cf1=lmivar(2,[1 3]);%X13
cf2=lmivar(2,[1 3]);%X14
cc=lmivar(1,[1 1]);%X15
gamma2=lmivar(1,[1 1]);%X16
eta2=lmivar(1,[1 1]);%X17
epsilon1=lmivar(1,[1 1]);%X18
epsilon2=lmivar(1,[1 1]);%X19

lmiterm([1 1 1 gamma2],dd,1)
lmiterm([1 1 1 cc],-1,1)

lmiterm([2 1 1 x11],-1,1)
lmiterm([2 1 1 0],1)

lmiterm([3 1 1 x12],-1,1)
lmiterm([3 1 1 0],1)

lmiterm([4 1 1 x11],transpose(a1),e,'s')
lmiterm([4 1 1 y11],transpose(a1)  psi,1,'s')
lmiterm([4 1 1 x12],pi12  transpose(e),e)
lmiterm([4 1 1 y12],pi12  transpose(e)  psi,1)
lmiterm([4 1 1 x11],(pi11-alpha(i))  transpose(e),e)
lmiterm([4 1 1 y11],(pi11-alpha(i))  transpose(e)  psi,1)
lmiterm([4 1 1 epsilon1],1,transpose(e11)  e11)
```

```
lmiterm([4 1 2 x11],transpose(a1),e)
lmiterm([4 1 2 y11],transpose(a1) psi,1)
lmiterm([4 2 1 v1],-1,c1)
lmiterm([4 2 1 u1],-1,1)

lmiterm([4 2 2 u1],1,1,'s')
lmiterm([4 2 2 x12],pi12 transpose(e),e)
lmiterm([4 2 2 y12],pi12 transpose(e) psi,1)
lmiterm([4 2 2 x11],(pi11-alpha(i)) transpose(e),e)
lmiterm([4 2 2 y11],(pi11-alpha(i)) transpose(e) psi,1)
lmiterm([4 3 1 x11],transpose(b1),e)
lmiterm([4 3 1 y11],transpose(b1) psi,1)
lmiterm([4 3 1 epsilon1],1,transpose(e21) e11)
lmiterm([4 3 2 x11],transpose(b1),e)
lmiterm([4 3 2 y11],transpose(b1) psi,1)
lmiterm([4 2 3 v1],-1,d1)
lmiterm([4 3 3 gamma2],-exp(-alpha(i) T1),1)
lmiterm([4 3 3 epsilon1],1,transpose(e21) e21)
lmiterm([4 4 1 x11],transpose(f1),e)
lmiterm([4 4 1 y11],transpose(f1) psi,1)
lmiterm([4 4 2 x11],transpose(f1),e)
lmiterm([4 4 2 y11],transpose(f1) psi,1)
lmiterm([4 4 4 epsilon1],-1,1)
lmiterm([4 5 1 0],l1)
lmiterm([4 5 1 cf1],-1,1)
lmiterm([4 5 2 cf1],1,1)
lmiterm([4 5 3 0],transpose(g1))
lmiterm([4 5 5 0],-1)

lmiterm([5 1 1 x12],transpose(a2),e,'s')
lmiterm([5 1 1 y12],transpose(a2) psi,1,'s')
lmiterm([5 1 1 x11],pi21 transpose(e),e)
lmiterm([5 1 1 y11],pi21 transpose(e) psi,1)
lmiterm([5 1 1 x12],(pi22-alpha(i)) transpose(e),e)
lmiterm([5 1 1 y12],(pi22-alpha(i)) transpose(e) psi,1)
lmiterm([5 1 1 epsilon2],1,transpose(e12) e12)
lmiterm([5 1 2 x12],transpose(a2),e)
lmiterm([5 1 2 y12],transpose(a2) psi,1)
```

```
lmiterm([5 2 1 v2],-1,c2)
lmiterm([5 2 1 u2],-1,1)
lmiterm([5 2 2 u2],1,1,'s')
lmiterm([5 2 2 x11],pi21  transpose(e),e)
lmiterm([5 2 2 y11],pi21  transpose(e)  psi,1)
lmiterm([5 2 2 x12],(pi22-alpha(i))  transpose(e),e)
lmiterm([5 2 2 y12],(pi22-alpha(i))  transpose(e)  psi,1)
lmiterm([5 3 1 x12],transpose(b2),e)
lmiterm([5 3 1 y12],transpose(b2)  psi,1)
lmiterm([5 3 1 epsilon2],1,transpose(e22)  e12)
lmiterm([5 3 2 x12],transpose(b2),e)
lmiterm([5 3 2 y12],transpose(b2)  psi,1)
lmiterm([5 2 3 v2],-1,d1)
lmiterm([5 3 3 gamma2],-exp(-alpha(i)  T1),1)
lmiterm([5 3 3 epsilon2],1,transpose(e22)  e22)
lmiterm([5 4 1 x12],transpose(f2),e)
lmiterm([5 4 1 y12],transpose(f2)  psi,1)
lmiterm([5 4 2 x12],transpose(f2),e)
lmiterm([5 4 2 y12],transpose(f2)  psi,1)
lmiterm([5 4 4 epsilon2],-1,1)
lmiterm([5 5 1 0],l2)
lmiterm([5 5 1 cf2],-1,1)
lmiterm([5 5 2 cf2],1,1)
lmiterm([5 5 3 0],transpose(g2))
lmiterm([5 5 5 0],-1)

lmiterm([6 1 1 cc],-1,1)

lmiterm([7 1 1 gamma2],-1,1)

lmiterm([8 1 1 x11],1,1)

lmiterm([8 1 1 eta2],-1,1)

lmiterm([9 1 1 x12],1,1)
lmiterm([9 1 1 eta2],-1,1)

lmiterm([10 1 1 eta2],-1,1)
```

```
lmiterm([11 1 1 epsilon1],-1,1)

lmiterm([12 1 1 epsilon2],-1,1)

lmis = getlmis;
matnbr(lmis)
c=mat2dec(lmis,zeros(2,2),0,zeros(3,3),zeros(1,3),zeros(2,2),0,zeros(3,3),
zeros(1,3),zeros(3,3),zeros(3,1),zeros(3,3),zeros(3,1),zeros(1,3),zeros(1,3),1,
1,0,0,0);
[copt,xopt]= mincx(lmis,c,[0,0,0,0,0])

X1=dec2mat(lmis,xopt,x11)
X2=dec2mat(lmis,xopt,x12)
Y1=dec2mat(lmis,xopt,y11)
Y2=dec2mat(lmis,xopt,y12)
P1=X1   e+psi   Y1
P2=X2   e+psi   Y2
U1=dec2mat(lmis,xopt,u1)
U2=dec2mat(lmis,xopt,u2)
V1=dec2mat(lmis,xopt,v1)
V2=dec2mat(lmis,xopt,v2)
af1=transpose(inv(P1))   U1
af2=transpose(inv(P2))   U2
Bf1=transpose(inv(P1))   V1
Bf2=transpose(inv(P2))   V2
cf1=dec2mat(lmis,xopt,cf1)
cf2=dec2mat(lmis,xopt,cf2)
CC(i)=(dec2mat(lmis,xopt,cc))^(1/2)
gamma22(i)=dec2mat(lmis,xopt,gamma2)^(1/2)

end

figure(1);
plot(alpha,CC,'-')
grid on

xlabel('$ \alpha $');
```

```
ylabel('$ c_2 $');

figure(2);
plot(alpha,gamma22,'-')
grid on
xlabel('$ \alpha $');
ylabel('$ \gamma $');
```

参考文献

[1]DAI L. Singular Control Systems, Volume 118 of Lecture Notes in Control and Information Sciences[M]. New York: Springer, 1989.

[2]徐胜元.广义不确定系统的鲁棒控制[D/OL].南京:南京理工大学,1999[2003-10-14]. https/ jour. duxiu. com/thesisDetail. isp? dxNumber = 30000302540&d = 3C527C99801ED21872FC90E3O5BC8D5&fenlei = 1817030503%3B8%7C130115.

[3]DUAN GR. Analysis and Design of Descriptor Linear Systems, Advances in Mechanics and Mathematics[M]. New York: Springer, 1989.

[4]WU Z G, SU H, SHI P, et al. Analysis and Synthesis of Singular Systems with Time-Delays [M]. Berlin: Springer, 2013.

[5]ROSENBROCK H H. Structural properties of linear dynamical systems[J]. International Journal of Control, 1974, 20(2): 191-202.

[6]LUENBERGER D G. Time-invariant descriptor systems[J]. Automatica, 1978, 14(5): 473-480.

[7] COBB D. Controllability, observability, and duality in singular systems [J]. IEEE Transactions on Automatic Control, 1984, 29(12): 1076-1082.

[8] DAI L. Observers for discrete singular systems [J]. IEEE Transactions on Automatic Control, 1988, 33(2): 187-191.

[9]FAHMY M M, O'REILLY J. Observers for descriptor systems[J]. International Journal of Control, 1989, 49(6): 2013-2028.

[10]BENDEr D, LAUB A L. The linear quadratic regulator for descriptor systems[J]. IEEE Transactions on Automatic Control, 1987, 32(3): 672-688.

[11]FLETCHER L R. Pole assignment and controllability subspaces in descriptor systems[J]. International Journal of Control, 1997, 66: 677-709.

[12]KABLAR N A, DEBEUKOVIC D. Finite-time instability of time-varying linear singular systems[C]//Proceedings of the 1999 American Control Conference, vol. 3, June 2-4, 1999: 1796-1800.

[13]LIN J, CHEN S. Robustness analysis of uncertain linear singular systems with output feedback control [J]. IEEE Transactions on Automatic Control, 1999, 44 (10):

1924-1929.

[14] LIU X. Input-output decoupling of linear time-varying singular systems [J]. IEEE Transactions on Automatic Control, 1999, 44(5): 1016-1021.

[15] LIU X, WANG X, HO D. Input-output block decoupling of linear time-varying singular systems [J]. IEEE Transactions on Automatic Control, 2000, 45(2): 312-318.

[16] MA S, CHENG Z. An LMI approach to robust stabilization for uncertain discrete-time singular systems [C]//Proceeding 41st IEEE Conference Decision and Control, vol. 1, December 10-13, 2002: 1090-1095.

[17] XU S, DOOREN P V, STEFAN R, et al. Robust stability and stabilization for singular systems with state delay and parameter uncertainty [J]. IEEE Transactions on Automatic Control, 2002, 47(7): 1122-1128.

[18] XU S, LAM J. Robust stability and stabilization of discrete singular systems: An equivalent characterization [J]. IEEE Transactions on Automatic Control, 2004, 49(4): 568-574.

[19] XU S, YANG C. Stabilization of discrete-time singular systems: A matrix inequalities approach [J]. Automatica, 1999, 35: 1613-1617.

[20] XU S, YANG C. H_∞ state feedback control for discrete singular systems [J]. IEEE Transactions on Automatic Control, 2000, 45(7): 1405-1409.

[21] ZHANG H, XIE L, AND SOH Y C. Optimal recursive filtering, prediction, and smoothing for singular stochastic discrete-time systems [J]. IEEE Transactions on Automatic Control, 1999, 44(11): 2154-2158.

[22] MA S, ZHANG C, CHENG Z. Delay-dependent robust H_∞ control for discrete singular systems with time-delays [J]. Journal of Computational and Applied Mathematics, 2008, 217(1): 194-211.

[23] DAROUACH M. Observers and observer-based control for descriptor systems revisited [J]. IEEE Transactions on Automatic Control, 2014, 59(5): 1367-1373.

[24] FENG Z, SHI P. Two equivalent sets: Application to singular systems [J]. Automatica, 2017, 77: 198-205.

[25] FRIDMAN E. A Lyapunov-based approach to stability of descriptor systems with delay [C]//Proceeding the 40th IEEE Conference Control and Decision, Orlando, FL, USA, December 4-7, 2001: 2850-2855.

[26] TAKABA K, MORIHIRA N, KATAYAMA T. A generalized Lyapunov theorem for descriptor system [J]. Systems Control Letters, 1995, 24: 49-51.

[27] WU L, SHI P, GAO H. State estimation and sliding-mode control of Markovian jump singular systems [J]. IEEE Transactions on Automatic Control, 2010, 55(5): 1213-1219.

[28] ISHIHARA J Y, TERRA M H. On the Lyapunov theorem for singular systems [J]. IEEE Transactions on Automatic Control, 2002, 47(11): 1926-1930.

[29] KURINA G A, MARZ R. On linear quadratic optimal control problems for time-varying descriptor systems [J]. SIAM Journal on Control and Optimization, 2004, 42(6):

2062-2077.

[30]ZHANG G, XIA Y, SHI P. New bounded real lemma for discrete-time singular systems [J]. Automatica, 2008, 44(3): 886-890.

[31] MAO X. Stability of stochastic differential equations with Markovian switching [J]. Stochastic Processes and their Applications, 1999, 79: 45-67.

[32] MARITONM. Jump Linear Systems in Automatic Control [M]. New York: Marcel Dekker, 1990.

[33] MARITON M. Control of nonlinear systems with Markovian parameter changes [J]. IEEE Transactions on Automatic Control, 1991, 36: 233-238.

[34] SHI P, BOUKASE K. H_∞ control for Markovian jumping linear systems with parametric uncertainty [J]. Journal of Optimization Theory and Applications, 1997, 95: 75-99.

[35] SOUZA C E. Robust stability and stabilization of uncertain discrete-time Markovian jump linear systems [J]. IEEE Transactions on Automatic Control, 2006, 51(5): 836-841.

[36] SHI P, XIA Y, LIU G, Rees D. On designing of sliding mode control for stochastic jump systems [J]. IEEE Transactions on Automatic Control, 2006, 51(1): 97-103.

[37] WU L, SHI P, GAO H. State estimation and sliding mode control of Markovian jump singular systems [J]. IEEE Transactions on Automatic Control, 2010, 55(5): 1213-1219.

[38] WANG Z, HUANG L, YANG X. H_∞ performance for a class of uncertain stochastic nonlinear Markovian jump systems with time-varying delay via adaptive control method [J]. Applied Mathematical Modelling, 2011, 35: 1983-1993.

[39] XU S, CHEN T, LAM J. Robust H_∞ filtering for uncertain Markovian jump systems with mode-dependent time delays [J]. IEEE Transactions on Automatic Control, 2003, 48(5): 900-907.

[40] MAHMOUD M S, SHI P, ISMAIL A. Robust Kalman filtering for discrete-time Markovian jump systems with parameter uncertainty [J]. Journal of Computational and Applied Mathematics, 2004, 169: 53-69.

[41] KRASOVSKII N N, Lidskii E A. Analysis design of controller in systems with random attributes, Part 1 [J]. Automation and Remote Control, 1961, 22: 1021-1025.

[42] KRASOVSKII N N, Lidskii E A. Analysis design of controller in systems with random attributes, part 2 [J]. Automation and Remote Control, 1961, 22: 1141-1146.

[43] BOUKAS E K, SHIP. Stochastic stability and guaranteed cost control of discrete-time uncertain systems with Markovian jumping parameters [J]. International Journal of Robust and Nonlinear Control, 1998, 8: 1155-1167.

[44] MAO W. An LMI approach to $\mathcal{D}$-stability and $\mathcal{D}$-stabilization of linear discrete singular systems with state delay [J]. Applied Mathematics and Computation, 2011, 218(5): 1694-1704.

[45] BOUKAS E K. On Robust stability of singular systems with random abrupt changes [J]. Nonlinear Analysis, 2005, 63(3): 301-310.

[46] BOUKAS E K. On state feedback stabilization of singular systems with random abrupt changes[J]. Journal of Optimization Theory and Applications, 2008, 137(2): 335-345

[47] BOUKASE K, Xia Y. Descriptor discrete-time systems with random abrupt changes: Stability and stabilisation[J]. International Journal of Control, 2008, 81(8): 1311-1318.

[48] BOUKAS E K. Communications and control engineering, Control of Singular Systems with Random Abrupt Changes[M]. New York: Springer, 2008.

[49] BOUKAS E K. Optimal guaranteed cost for singular linear systems with random abrupt changes[J]. Optimal Control Applications and Methods, 2010, 31(4): 335-349.

[50] BOUKAS E K, LIU Z K. Robust H_∞ control of discrete-time Markovian jump linear systems with mode-dependent time-delay[J]. IEEE Transaction on Automatic Control, vol. 46, 2001: 1918-1924.

[51] BOUKAS E K, Liu Z K. Delay-dependent stabilization of singularly perturbed jump linear systems[J]. International Journal of Control, 2004, 77(3): 310-319.

[52] BOUKAS E K, YANG H. Exponential stability of stochastic systems with Markovian jumping parameters[J]. Automatica, 1999, 35: 1437-1441.

[53] MA S. A, BOUKAS E K. Robust H_∞ filtering for uncertain discrete Markov jump singular systems with mode-dependent time delay[J]. IET Control Theory and Applications, 2009, 3: 351-361.

[54] TARBOURIECH S, GARCIA G. Stabilization of linear discrete-time systems with saturating controls and norm-bounded time-varying uncertainty, chapter 5, pp. 75-96, in Control of uncertain systems with bounded inputs[M]. Lecture Notes in Control and Information Science, vol. 227, Springer-Verlag, 1997.

[55] AMATO F, ARIOLA M, ABDALLAH C T, et al. Application of finite-time stability concepts to the control of ATM networks[C]//Proceedings of the Annual Allerton Conference on Communication, Control and Computer, 2022: 1071-1079.

[56] MASTELLONE S, ABDALLAH C T, DORATO P. Stability and finite-time stability analysis of discrete-time nonlinear networked control systems[C]//Proceedings of the American Control Conference, June 8-10, 2005: 1239-1244.

[57] KAMENKOV G. On stability of motion over a finite interval of time[in Russian][J]. Journal of Applied Mathematics and Mechanics, 1953, 17: 529-540.

[58] DORATO P. Short time stability in linear time-varying systems[C]//Proceedings of IRE International Convention Record, Part 4, May 9, 1961: 83-87.

[59] KUSHNER H J. Finite-time stochastic stability and the analysis of tracking systems[J]. IEEE Transactions on Automatic Control, 1966, 11: 219-227.

[60] WEISS L, INFANTE E F. Finite time stability under perturbing forces and on product spaces[J]. IEEE Transactions on Automatic Control, 1967, 12: 54-59.

[61] AMATO F, ARIOLA M, DORATO P. Finite-time control of linear systems subject to parametric uncertainties and disturbances[J]. Automatica, 2001, 37: 1459-1463.

[62] AMATO F, ARIOLAM. Finite-time control of discrete-time linear systems[J]. IEEE Transactions on Automatic Control, 2005, 50(5): 724-729.
[63] XIANG Z R, SUN Y, MAHMOUD M S. Robust finite-time H_∞ control for a class of uncertain switched neutral systems[J]. Communications in Nonlinear Science and Numerical Simulation, 2012, 17(4): 1766-1778.
[64] YAN Z G, ZHANG W, ZHANG G S. Finite-time stability and stabilization of Itô stochastic systems with Markovian switching: mode-dependent parameter approach[J]. IEEE Transactions on Automatic Control, 2015, 60(9): 2428-2433.
[65] AMATO F, CARANNANTE G. Tommasi G D, Pironti A. Input-output finite-time stability of linear systems: necessary and sufficient conditions[J]. IEEE Transactions on Automatic Control, 2012, 57(12): 3051-3063.
[66] YANG R, ZANG F, SUN L, et al. Finite-time adaptive robust control of nonlinear time-delay uncertain systems with disturbance[J]. International Journal of Robust and Nonlinear Control, 2019, 29(4): 919-934.
[67] KWON N K, PARK I S, PARK P, et al. Dynamic output-feedback control for singular Markovian jump system: LMI approach[J]. IEEE Transactions on Automatic Control, 2017, 62(10): 5396-5400.
[68] WEN J, PENG L, NGUANG S K. Stochastic finite-time boundedness on switching dynamics Markovian jump linear systems with saturated and stochastic nonlinearities[J]. Information Sciences, 2016, 334: 65-82.
[69] 严志国,张国山. 线性随机系统有限时间 H_∞ 控制[J],控制与决策,2011,26(8): 1224-1228.
[70] 何舒平,沈浩. 随机 Markov 跳变系统的有限短时间控制与综合[M]. 北京:科学出版社,2018.
[71] ZHANG Y Q, SHI P, NGUANG S K, et al. Robust finite-time fuzzy H_∞ control for uncertain time-delay systems with stochastic jumps[J]. Journal of the Franklin Institute, 2014, 351(8): 4211-4229.
[72] ZHANG Y Q, SHI P, NGUANG S K, et al. Observer-based finite-time fuzzy H_∞ control for discrete-time systems with stochastic jumps and time-delays[J]. Signal Processing, 2014, 97: 252-261.
[73] ZHANG Y Q, SHI P, ZHANG J, et al. Finite-time boundedness for uncertain discrete neural networks with time-delays and Markovian jumps[J]. Neurocomputing, 2014, 140: 1-7.
[74] SHI P, ZHANG Y Q, AGARWAL R K. Stochastic finite-time state estimation for discrete time-delay neural networks with Markovian jumps[J]. Neurocomputing, 2015, 151: 168-174.
[75] YANG Y, HUA C, GUAN X. Finite time control design for bilateral teleoperation system with position synchronization error constrained[J]. IEEE Transactions on Cybernetics,

2016,46(3):609-619.

[76]CHENG J,ZHU H,ZHONG S,et al. Finite-time filtering for switched linear systems with a mode-dependent average dwell time[J]. Nonlinear Analysis:Hybrid Systems,2015,15:145-156.

[77]SHEN H, XING M, HUO S, et al. Finite-time H_∞ asynchronous state estimation for discrete-time fuzzy Markov jump neural networks with uncertain measurements[J]. Fuzzy Sets and Systems,2019,356:113-128.

[78]ZHANG Y Q,LIU C. Observer-based finite-time H_∞ control of discrete-time Markovian jump systems[J]. Applied Mathematical Modelling,2013,37(6):3748-3760.

[79]ZHANG Y Q,LIU C,SONG Y D. Finite-time H_∞ filtering for discrete-time Markovian jump systems[J]. Journal of the Franklin Institute,2013,350(6):1579-1595.

[80]MA Y C,CHEN H. Reliable finite-time H_∞ filtering for discrete time-delay systems with Markovian jump and randomly occurring nonlinearities[J]. Applied Mathematics and Computation,2015,268:897-915.

[81]WU Y,CAO J,ALOFI A,et al. Finite-time boundedness and stabilization of uncertain switched neural networks with time-varying delay[J]. Neural Networks,2015,69:135-143.

[82]SHEN H,LI F,WU Z G,et al. Finite-time asynchronous filtering for discrete-time Markov jump systems over a lossy network[J]. International Journal of Robust and Nonlinear Control,2016,26(17):3831-3848.

[83]SHEN H,PARK J H,WU Z G. Finite-time synchronization control for uncertain Markov jump neural networks with input constraints[J]. Nonlinear Dynamics,2014,77(4):1709-1720.

[84]ZHANG L,WANG S,KARIMI H R,et al. Robust finite-time control of switched linear systems and application to a class of servomechanism Systems[J]. IEEE/ASME Transactions on Mechatronics,2015,20(5):2476-2485.

[85]ZHANG Y Q,SHI,Y,SHI P. Resilient and robust finite-time H_∞ control for uncertain discrete-time jump nonlinear systems[J]. Applied Mathematical Modelling,2017,49:612-629.

[86]ZHANG Y Q,LIU C,MU X. On stochastic finite-time control of discrete-time fuzzy systems with packet dropout[J]. Discrete Dynamics in Nature and Society,2012,2012:752950.

[87]ZHANG Y Q,CHENG W,MU X,et al. Stochastic H_∞ finite-time control of discrete-time systems with packet loss,Mathematical Problems in Engineering[J]. 2012,2012:897481.

[88]KABLAR N A,DEBEUKOVICD. Finite-time stability of time-varying linear singular systems[C]. Processing. 37th IEEE Conference Decision and Control,vol. 4,December 1998:3831-3836.

[89]孙甲冰,程兆林. 一类不确定线性奇异系统的有限时控制问题[J]. 山东大学学报(理

学版),2004,39(2):1-6.

[90]李翠翠,沈艳军,朱琳.不确定线性奇异系统的有限时间控制[J].山东大学学报(理学版),2007,42(12):104-109.

[91]ZHAO S,SUN J,LIU L. Finite-time stability of linear time-varying singular systems with impulsive effects[J]. International Journal of Control,2008,81(11):1824-1829.

[92]ZHANG Y Q, LIU C, MU X. Robust finite-time stabilization of uncertain singular Markovian jump systems [J]. Applied Mathematical Modelling, 2012, 36 (10): 5109-5121.

[93]ZHANG Y Q,LIU C,MU X. Robust finite-time H_∞ control of singular stochastic systems via static output feedback[J]. Applied Mathematics and Computation,2012,218(9): 5629-5640.

[94]ZHANG Y Q,CHENG W,MU X. Guo X. Observer-based finite-time control of singular Markovian jump systems[J]. Journal of Applied Mathematics,2012,2012:205727.

[95]LIU C,ZHANG Y Q,SUN H. Finite-time H_∞ filtering for singular stochastic systems[J]. Journal of Applied Mathematics,2012:615790(1-16).

[96]ZHANG Y Q,LIU C,MU X. Stochastic finite-time guaranteed cost control of Markovian jumping singular systems [J]. Mathematical Problems in Engineering 2011, 2011:431751.

[97]ZHANG Y Q,SHI P,NGUANG S K,et al. Robust finite-time H_∞ control for uncertain discrete-time singular systems with Markovian jumps[J]. IET Control Theory and Applications,2014,8(12):1105-1111.

[98]ZHANG Y Q,SHI P,NGUANGS K. Observer-based finite-time H_∞ control for discrete singular stochastic systems[J]. Applied Mathematics Letters,2014,38:115-121.

[99]LIL,ZHANG Q L. Finite-time H_∞ control for singular Markovian jump systems with partly unknown transition rates[J]. Applied Mathematical Modelling,2016,40:302-314.

[100]XU D,ZHANG Q L,HU Y. Reduced-order H_∞ controller design for uncertain descriptor systems[J]. Acta AutomaticaSinica,2007,33 (1):44-47.

[101]MA Y C, JIA X, ZHANG Q L. Robust observer-based finite-time H_∞ control for discrete-time singular Markovian jumping system with time delay and actuator saturation [J]. Nonlinear Analysis: Hybrid Systems,2018,28:1-22.

[102]MA Y C, JIA X, ZHANG Q L. Robust observer-based finite-time H_∞ control for discrete-time singular Markovian jumping system with time delay and actuator saturation [J]. Nonlinear Analysis: Hybrid Systems,2018,28:1-22.

[103]ZHANG Y Q,SHI P,BASIN M V. Event-based finite-time H_∞ filtering of discrete-time singular jump network systems[J]. International Journal of Robust and Nonlinear Control,2022,32:4038-4054. https://doi.org/10.1002/rnc.6009.

[104]WANG J,MA S,ZHANG C,et al. Finite-time H_∞ filtering for nonlinear singular systems with nonhomogeneous Markov jumps[J]. IEEE Transactions on Cybernetics,2018,49

(6):2133-2143.

[105]WANG J,MA S,ZHANG C. Finite-time H_∞ control for T-S fuzzy descriptor semi-Markov jump systems via static output feedback[J]. Fuzzy Sets and Systems,2019,365:60-80.

[106]俞立. 鲁棒控制-线性矩阵不等式处理方法[M]. 北京:清华大学出版社,2002.

[107]FRIDMANE,SHAKEDU. A descriptor system approach to H_∞ control of linear time-delay systems[J]. IEEE Transactions on Automatic Control,2002,47(2):253-270.

[108]ZHAI G,XU X. A commutation condition for stability analysis of switched linear descriptor systems[J]. Nonlinear Analysis:Hybrid Systems,2011,5(3):383-393.

[109]ZHAI G,XU X,DANIEL W C Ho. Stability of switched linear discrete-time descriptor systems:a new commutation condition[J]. International Journal of Control,2012,85(11):1779-1788.

[110]ZHANG D,YU L,WANG Q G,et al. Exponential H_∞ filtering for discrete-time switched singular systems with time-varying delays[J]. Journal of the Franklin Institute,2012,349(7):2323-2342.

[111]SOUZA C E. Robust stability and stabilization of uncertain discrete-time Markovian jump linear systems[J]. IEEE Transactions on Automatic Control,2006,51(5):836-841.

[112]LIBERZOND,Trenn S. On stability of linear switched differential algebraic equations[C]//Proceedings of the 48h IEEE Conference on Decision and Control(CDC) held jointly with 2009 28th Chinese Control Conference, December 15-18, 2009, pp. 2156-2161.

[113]ZHOU L,DANIEL W C Ho,Zhai G. Stability analysis of switched linear singular systems[J]. Automatica,2013,49(5):1481-1487.

[114]ZHANG Y,SHI P,AGARWAL R K,et al. Event-based dissipative analysis for discrete time-delay singular jump neural networks[J]IEEE Transactions on Neural Networks and Learning Systems,2020,31(4):1232-1241.

[115]YUE D,TIAN E G,HAN Q L. A delay system method for designing event-triggered controllers of networked control systems[C]//IEEE Transactions on Automatic Control,2013,58(2):475-481.

[116]BOYD S,GHAOUI L E,FERONE,et al. Linear Matrix Inequalities in System and Control Theory[M]. Philadelphia:SIAM Studies in Applied Mathematic,1994.